网络安全工具与攻防图解与实操

（AI超值版）

网络安全技术联盟 ◎ 编

清华大学出版社

北 京

内容简介

本书在剖析用户使用网络安全工具与攻防中迫切需要用到或迫切想要用到的技术时，力求对其进行"傻瓜式"的讲解，使读者对网络安全工具与攻防技术形成系统了解，能够更好地维护网络安全。全书共分为 13 章，包括网络安全的相关知识、扫描与嗅探工具、漏洞扫描工具、恶意软件清除工具、病毒与木马清除工具、远程控制工具、数据备份与恢复工具、加密解密工具、系统优化工具、局域网安全防护工具、入侵痕迹清理工具、系统备份与还原工具、AI 工具等。另外，本书还赠送教学 PPT 课件、教学教案、108 个黑客工具速查手册、200 页热门 AI 工具的使用手册、100 款黑客攻防工具包、网站入侵与黑客脚本编程手册、8 大经典密码破解工具电子书、160 个常用黑客命令速查手册、180 页计算机常见故障维修手册、加密与解密技术快速入门电子书，供读者学习和使用。

本书内容丰富，图文并茂，深入浅出，适用于没有任何网络安全基础的初学者，也适用于有一定的网络安全知识、想成为网络安全高手的人员。

图书在版编目（CIP）数据

网络安全工具与攻防图解与实操 ：AI超值版 / 网络安全技术联盟编.
北京 ：清华大学出版社，2025. 7. -- ISBN 978-7-302-69680-3

Ⅰ．TP393.08-64

中国国家版本馆CIP数据核字第2025YQ1009号

责任编辑：张　敏
封面设计：郭二鹏
责任校对：徐俊伟
责任印制：沈　露

出版发行：清华大学出版社
　　　　网　　　　址：https://www.tup.com.cn，https://www.wqxuetang.com
　　　　地　　　　址：北京清华大学学研大厦A座　　　　邮　　编：100084
　　　　社　　总　　机：010-83470000　　　　　　　　邮　　购：010-62786544
　　　　投稿与读者服务：010-62776969，c-service@tup.tsinghua.edu.cn
　　　　质　量　反　馈：010-62772015，zhiliang@tup.tsinghua.edu.cn
　　　　课　件　下　载：https://www.tup.com.cn，010-83470236
印　装　者：三河市东方印刷有限公司
经　　销：全国新华书店
开　　本：185mm×260mm　　　印　　张：15　　　字　　数：427千字
版　　次：2025年8月第1版　　　印　　次：2025年8月第1次印刷
定　　价：79.80元

产品编号：110810-01

前言

▼▼▼

在当今数字化浪潮中，互联网编织起全球信息交互的巨网，深刻融入社会运转与日常生活的每一处肌理。从便捷的移动支付，到远程办公与在线教育，网络已然成为经济发展、社会进步不可或缺的基石。但与此同时，网络空间的阴影中，恶意攻击的暗流涌动，数据泄露、勒索软件、网络诈骗等安全事件频发，给个人隐私、企业资产乃至国家主权带来严峻挑战。网络安全的战场硝烟弥漫，攻防对抗的激烈程度与日俱增，而在这场战争中，AI 技术正扮演着越来越关键的角色，本书便应运而生，旨在深度剖析网络安全工具与 AI 技术交织下的攻防世界。

随着 AI 技术的蓬勃发展，其强大的数据分析、模式识别与智能决策能力，为网络安全领域注入了全新活力。一方面，AI 赋能的安全工具成为防守方的有力武器。机器学习算法能够实时监测海量网络流量，精准识别异常行为，提前预警潜在威胁；深度学习模型则可以深度挖掘恶意软件特征，快速进行检测与查杀，极大提升安全防护的效率与准确性。

本书系统梳理了网络安全工具与 AI 技术的融合，全面展现攻防对抗的前沿态势。从基础概念入手，深入浅出地介绍常见网络安全工具的原理与应用场景，无论是扫描漏洞的 Nessus，还是嗅探网络数据的 SmartSniff，都进行了细致剖析，让读者对传统网络安全工具形成清晰认知。在 AI 技术部分，不仅讲解了 AI 大模型，还讲解了 AI 在恶意代码检测、系统入侵检测、用户行为分析、检测伪造图片、检测未知威胁的应用原理与实现方式。

本书的主要特色如下：

（1）精选安全热门主题内容，知识涵盖面广。

（2）主题配插图，将理论知识通过绘图的方式直观、清晰地进行讲解，使学习变得更加容易。将操作过程中的问题、经验以图解的方式展示。

（3）针对学校老师教学过程中的教学教案、考试试卷、毕业面试、安全实训和科技比赛等需求，提供资源和技术服务。

（4）解决学生的毕业就业等需求痛点，针对学生面试、刷题、毕业项目设计等需求，提供丰富的资源，可以直接拿来使用，节省学生查找资源的时间，解决技术困难。

赠送资源

本书赠送教学 PPT 课件、教学教案、108 个黑客工具速查手册、200 页热门 AI 工具的使用手册、100 款黑客攻防工具包、网站入侵与黑客脚本编程手册、8 大经典密码破解工具电子书、160 个常用黑客命令速查手册、180 页计算机常见故障维修手册、加密与解密技术快速入门手册，读者扫码下方二维码可下载获取。

PPT 课件　　　　　　　教学教案　　　　　　　其他资料

　　本书面向网络安全从业者、AI 技术爱好者及对网络空间安全感兴趣的广大读者。对于网络安全从业者而言，书中丰富的技术细节与实战经验，能为其日常工作提供实用的指导与借鉴；AI 技术爱好者可以通过本书了解 AI 在网络安全领域的创新应用，拓宽技术视野；而普通读者则能通过通俗易懂的语言，认识到网络安全的重要性，以及 AI 技术在其中扮演的关键角色，增强自身的网络安全意识。

　　在本书的编写过程中，我们虽已尽可能地将最好的讲解呈现给读者，但也难免有疏漏和不妥之处，敬请不吝指正。

编者

目录

第 1 章

你所在的网络安全吗

随着信息时代的发展和网络的普及，越来越多的人走进了网络生活，然而人们在享受网络带来的便利的同时，也时刻面临着攻击者残酷攻击的危险。

1.1 网络中的相关概念

在网络安全中，经常会接触到很多与网络有关的概念，如浏览器、URL、FTP、IP 地址及域名等，熟悉并理解这些概念，对保护网络安全有一定的帮助。

1.1.1 互联网与因特网

互联网是指将两台计算机或者两台以上的计算机终端、客户端、服务端通过计算机信息技术的手段互相联系起来的结果。互联网在现实生活中的应用很广泛，在互联网上人们可以聊天、玩游戏、查阅资料等。互联网是全球性的，这就意味着这个网络不管是谁发明了它，都是属于全人类的。图 1-1 所示为互联网的结构示意图。

因特网是一个把分布于世界各地的计算机用传输介质互相连接起来的网络，因特网是基于 TCP/IP 实现的，TCP/IP 由很多协议组成，不同类型的协议又被放在不同的层。其中，位于应用层的协议就有很多，如 FTP、SMTP、HTTP 等。图 1-2 所示为因特网的结构示意图。

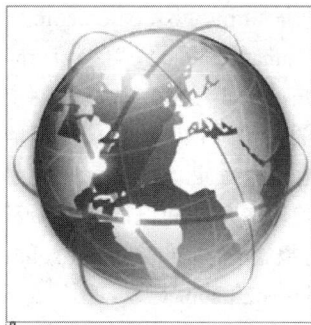

图 1-1　互联网结构示意图

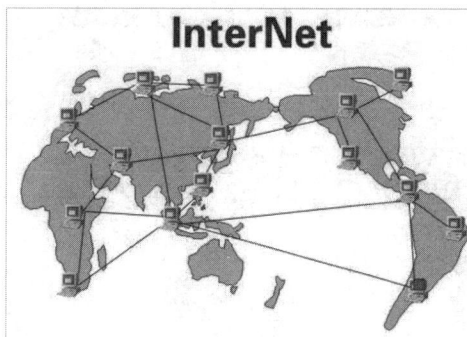

图 1-2　因特网结构示意图

1.1.2 万维网与浏览器

万维网（World Wide Web，WWW）简称为 3W，它是无数个网络站点和网页的集合，也是

Internet 提供的最主要的服务。它是由多媒体链接而形成的集合，通常人们上网看到的内容就是万维网的内容。图 1-3 所示为使用万维网打开的百度首页。

提示： 凡是由能够彼此通信的设备组成的网络就称为互联网。所以，即使仅有两台计算机，不论用何种技术使其彼此通信，也被称为互联网。

浏览器是将互联网上的文本文档（或其他类型的文件）翻译成网页，并让用户与这些文件交互的一种软件工具，主要用于查看网页的内容。目前，常用的浏览器有微软公司的 Microsoft Edge、Chrome 浏览器等。图 1-4 所示为使用 Microsoft Edge 浏览器打开的页面。

图 1-3　百度首页

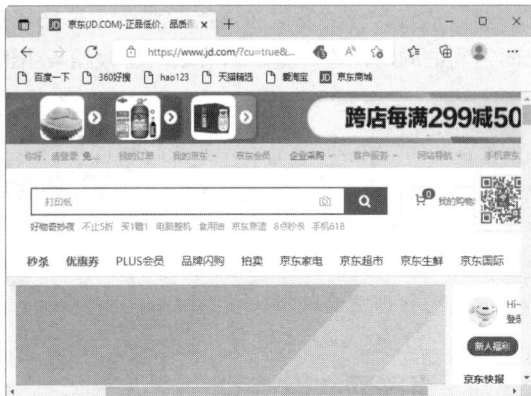

图 1-4　Microsoft Edge 浏览器

1.1.3　URL 地址与域名

URL（Uniform Resource Locator）即统一资源定位器，也就是网络地址，是在 Internet 上用来描述信息资源，并将 Internet 提供的服务统一编址的系统。简单来说，通常在 IE 浏览器或 Netscape 浏览器中输入的网址就是 URL 的一种，如百度网址 http://www.baidu.com。

域名（Domain Name）类似于 Internet 上的门牌号，是用于识别和定位互联网上计算机的层次结构的字符标识，与该计算机的因特网协议（IP）地址相对应。相对于 IP 地址而言，域名更便于使用者理解和记忆。URL 和域名是两个不同的概念，如 http://www.sohu.com/ 是 URL，而 www.sohu.com 是域。图 1-5 所示为使用 URL 地址打开的网页。

图 1-5　使用 URL 地址打开的网页

1.1.4　IP 地址与 MAC 地址

IP 地址用于在 TCP/IP 通信协议中标记每台计算机的地址，通常使用十进制来表示，如 192.168.1.100，但在计算机内部，IP 地址是一个 32 位的二进制数值，如 11000000 10101000

00000001 00000110（192.168.1.6）。

　　MAC 地址与网络无关，也即无论将带有这个地址的硬件（如网卡、集线器、路由器等）接入到网络的何处，都是相同的 MAC 地址，它由厂商写在网卡的 BIOS 里。MAC 地址通常表示为 12 个十六进制数，每两个十六进制数之间用冒号隔开，例如，08:00:20:0A:8C:6D 就是一个 MAC 地址。

　　IP 地址与 MAC 地址是有区别的，IP 地址基于逻辑，比较灵活，不受硬件限制，也容易记忆。MAC 地址在一定程度上与硬件一致，基于物理，能够具体标识。这两种地址均有各自的长处，使用时也因条件不同而采取不同的地址。

1.1.5　网络通信协议

　　网络通信协议是计算机网络的一个重要组成部分，是不同网络之间通信、"交流"的公共语言。有了它，使用不同系统的计算机或网络之间才可以彼此识别，以识别出不同的网络操作指令，建立信任关系。

　　1. TCP/IP

　　TCP/IP 包括两个子协议，即 TCP（Transmission Control Protocol，传输控制协议）和 IP（Internet Protocol，因特网协议）。在这两个子协议中又包括许多应用型的协议和服务，使得 TCP/IP 的功能非常强大。

　　TCP/IP 中除了包括 TCP、IP 两个协议，还包括许多子协议。它的核心协议包括用户数据包协议（UDP）、地址解析协议（ARP）及因特网控制消息协议（ICMP）等。

　　2. IP

　　IP，即因特网协议（Internet Protocol），可以实现两个基本功能：寻址和分段。IP 可以根据数据包报头中包括的目的地址将数据包传送到目的地址。另外，IP 使用 4 个关键技术提供服务：服务类型、生存时间、选项和报头校验码。

　　IP 的基本任务是通过互联网传送数据包，各个 IP 数据包之间是相互独立的。IP 从源运输实体取得数据，通过它的数据链路层服务传给目的主机的 IP 层。在传送时，高层协议将数据传给 IP，IP 再将数据封装为互联网数据包，并交给数据链路层协议通过局域网传送。

　　3. ARP

　　ARP（Address Resolution Protocol，地址解析协议）的基本功能就是通过目标设备的 IP 地址，查询目标设备的 MAC 地址，以保证通信的顺利进行。在局域网中，网络中实际传输的是"帧"，帧里面是有目标主机的 MAC 地址的。

　　在以太网中，一个主机要与另一个主机进行直接通信，必须要知道目标主机的 MAC 地址，这个 MAC 地址就是通过地址解析协议获得的。所谓"地址解析"，就是主机在发送数据帧前将目标 IP 地址转换成目标 MAC 地址的过程。

　　4. ICMP

　　ICMP（Internet Control Message Protocol，因特网控制消息协议）是 TCP/IP 中的子协议，主要用于在 IP 主机、路由器之间传递控制消息。控制消息是指网络通不通、主机是否可达、路由是否可用等网络本身的消息。这些控制消息虽然并不传输用户数据，但是对于用户数据的传递起着重要作用。

　　ICMP 对于网络安全非常重要，因为 ICMP 本身的特点决定了它非常容易被用来攻击网络上的路由器和主机。例如，可以利用操作系统规定的 ICMP 数据包最大尺寸不超过 64KB 这一规定，向主机发起"Ping of Death"（死亡之 Ping）攻击。

1.2　网络系统面临的安全威胁

网络系统所面临的安全威胁主要是指针对网络本身的安全攻击，如恶意代码、远程入侵、拒绝服务攻击、身份假冒、信息窃取和篡改等。这些攻击手段的目的就是破坏网络的可用性、完整性和保密性，从而窃取敏感信息、干扰正常业务或造成经济损失。

1.2.1　恶意代码

恶意代码，又称恶意软件或恶意程序，是指那些在计算机系统中，未经用户授权或同意，即自行安装并执行对系统造成损害或窃取用户数据的程序。这些软件也可称为广告软件（adware）、间谍软件（spyware）或恶意共享软件（malicious shareware），有时也被称为流氓软件。

另外，恶意代码还指故意编制或设置的、对网络或系统会产生威胁或潜在威胁的计算机代码。最常见的恶意代码有计算机病毒（简称病毒）、特洛伊木马（简称木马）、计算机蠕虫（简称蠕虫）、后门、逻辑炸弹等。这些恶意软件可能会潜伏在下载的软件、邮件附件或链接中，一旦运行，就会破坏计算机系统、窃取数据或控制设备。例如，勒索病毒会加密重要文件，要求支付赎金才能解锁。

1.2.2　远程入侵

如今，信息化在人们生活中普及的程度非常高，远程访问的需求也越来越高，虽然远程访问的便捷使得人们的工作效率大大提升，但同时也增加了网络的危险性，因为大多数的远程访问应用程序本身并没有安全策略，所以远程入侵又成了网络安全的新隐患。

最典型的远程入侵就是攻击者可以远程激活用户计算机上的摄像头，来获取用户的视频资料，从而截获或篡改计算机数据。

1.2.3　拒绝服务攻击

拒绝服务攻击（DoS 攻击）是一种网络攻击手段，该攻击方式通过消耗目标系统的网络或系统资源，导致服务暂时中断或停止。拒绝服务攻击问题一直存在的原因是网络协议本身的安全缺陷，这就导致拒绝服务攻击成为了攻击者的终极手法。

攻击者进行拒绝服务攻击，实际上就是让服务器实现两种效果：一种是迫使服务器的缓冲区满，不接收新的请求；另一种是使用 IP 欺骗，迫使服务器把非法用户的连接复位，影响合法用户的连接。

常见的 DoS 攻击如 SYN Flood，这是一种利用 TCP 缺陷的攻击方式，通过发送大量伪造的 TCP 连接请求，使被攻击方的资源耗尽。当服务器为了维护大量的半连接列表而消耗大量资源时，正常的用户请求就无法得到处理，从而导致服务中断。

1.2.4　身份假冒

根据网络安全基础，网络攻击可分为主动攻击和被动攻击，主动攻击包括假冒、重放、修改信息和拒绝服务等，因此身份假冒属于网络攻击手段中的主动攻击类型。

身份假冒就是攻击者冒充合法用户的身份获得访问权限或发起攻击。例如，攻击者通过各种手段获取账号密码登录到银行账户，或者盗用社交账号、游戏账号等，进行非法活动。还有一些攻击者利用人性的弱点，如好奇心、同情心等，通过欺骗手段获取用户的信任，从而获取敏感信息，再伪装成熟人向用户求助，借机询问密码等重要信息。

1.2.5　信息窃取和篡改

窃取或篡改信息的攻击方式有很多，常见的有网络诈骗、个人信息泄露、网络钓鱼等。网络诈骗是指不法分子通过各种手段，如虚假网站、中奖信息、网络兼职等，诱骗用户提供个人信息或转账汇款，从而达到骗取钱财的目的。还有冒充公检法机关进行诈骗，声称用户涉及某项重大案件，要求将资金转移到"安全账户"配合调查。

在网上注册账号、填写表单、使用公共 Wi-Fi 等过程中，个人信息可能会被攻击者窃取或非法收集，从而导致个人信息泄露，甚至被用于非法活动。例如，一些不法分子获取个人信息后进行精准的电话推销或诈骗。

网络钓鱼是指攻击者通过发送看似来自合法机构的电子邮件或短信，引导用户点击链接并输入个人敏感信息，从而实施诈骗。此外，还有"伪基站"钓鱼，通过伪装成运营商基站发送虚假短信，骗取用户信息。

1.3　网络安全的研究内容

随着网络技术的不断发展，网络安全威胁也日益复杂多变，因此，构建一个完善的网络安全体系对企业和个人而言都至关重要。

1.3.1　网络安全体系

网络安全体系是指为保护网络环境免受恶意攻击、数据泄露等威胁而建立的一系列制度、技术和管理措施的总和，覆盖了从物理层到应用层的全方位防护，是确保信息安全、维护网络稳定的重要保障。

网络安全体系按照 OSI 七层模型，可以划分为物理层、数据链路层、网络层、传输层、会话层、表示层和应用层，每个层次都有其特定的安全关注点和防护措施。例如，物理层关注数据中心的物理访问控制；数据链路层则负责数据帧的传输错误检测；网络层用于处理数据包传输和路径选择的安全问题；传输层则通过数据加密和完整性验证来确保数据传输的安全。这种层次化的结构有助于针对性解决不同层面的安全问题，形成全面而有效的防护网。图1-6 所示为网络安全体系结构图。

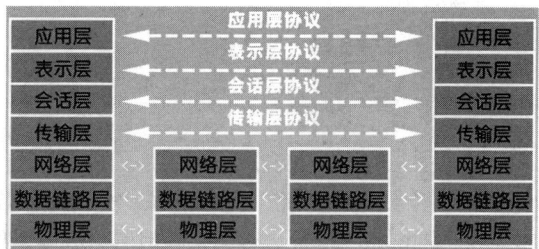

图 1-6　网络安全体系 OSI 七层模型

1.3.2　网络攻击技术

常见的网络攻击技术包括网络监听、网络扫描、网络入侵、网络后门、网络隐身等，其中，网络监听是通过在计算机上设置程序来监听目标计算机与其他计算机的通信数据；网络扫描是利用程序扫描目标计算机的开放端口，从而发现漏洞，为入侵做准备，当探测到对方存在漏洞后，就可以入侵目标计算机来获取信息。入侵成功后，就会在目标计算机中种植木马等后门程序，实现长期控制。有时，为了防止被管理员发现，还会进行网络隐身，即清除入侵痕迹。

常见的网络攻击手段主要包括以下几种：

（1）口令入侵：攻击者通过非法手段获取用户的账户和密码，然后登录到用户的系统或应用中实施攻击活动。

（2）特洛伊木马：攻击者会伪装成一个看似无害的文件或程序（即"鱼饵"），诱骗用户下载、安装和运行。一旦运行，特洛伊木马就会潜伏在用户的系统中，窃取用户的账户信息、密码等敏感数据。

（3）网站欺骗：攻击者会伪造一个与目标网站相似的虚假网站（B 网站），当用户试图访问目标网站（A 网站）时，会被重定向到虚假网站上。在虚假网站上，攻击者可以欺骗用户输入个人信息或进行其他恶意操作。

（4）电子邮件攻击：攻击者会向用户的邮箱发送大量的垃圾邮件或包含恶意代码的邮件，这些邮件可能会导致用户的系统瘫痪、泄露个人信息或执行其他恶意操作。

（5）节点攻击：攻击者会先攻击并控制用户的计算机（称为"肉鸡"或"僵尸机"），然后利用这些计算机作为跳板去攻击其他重要的网站或系统。由于攻击路径被隐藏，因此事后调查往往只能追溯到被控制的计算机。

（6）黑客软件：攻击者使用黑客软件非法取得用户计算机的管理员权限，然后对其进行完全控制。黑客软件不仅可以进行文件操作，还可以进行桌面抓图、获取密码等操作。

（7）安全漏洞：许多系统都存在安全漏洞（Bugs），如 Windows 操作系统经常需要打补丁来弥补这些漏洞。如果漏洞没有被及时修复，攻击者就可以利用这些漏洞获取用户的计算机权限或数据。

上述几种网络攻击手段虽然看似复杂多样，但其实都是通过一系列的技术操作来达到控制、窃取及破坏的目的。因此，用户需要提高网络安全意识，采取必要的防护措施来抵御这些攻击。

1.3.3　网络防御技术

防范网络攻击手段需要用户从多个层面入手，构建全方位的安全防护体系。下面介绍一些具体的防范措施：

1. 个人意识方面

网络用户要保持安全警惕，对不明来源的信息保持高度警惕，不要轻易点击陌生人发来的链接或附件；对于声称来自银行、政府机构等的重要通知，一定要通过官方渠道进行核实。

当需要进行密码保护时，一定要使用复杂且独特的密码，包含字母、数字和特殊字符，且长度不少于 8 位，还要避免在多个网站使用相同的密码，并定期更换密码。另外，不要在公共场合或不安全的网络环境下透露个人敏感信息，谨慎处理垃圾邮件和陌生人的社交信息。

在使用网络时，尤其在使用公共无线网络时要格外小心，避免进行敏感的金融交易或输入个人隐私信息，可以使用虚拟专用网络（VPN）来加密网络连接，提高安全性。不要浏览不正规的网站，不要下载来路不明的软件。

对于重要数据，如文件、照片、联系人等，要定期备份，以防数据丢失。用户可以使用外部硬盘、云存储等多种方式进行备份，并确保备份数据的安全性。

2. 技术防护措施

除了个人的安全防护意识外，还需要一些技术方面的防护措施，比如，在设备上安装可靠的杀毒软件和防火墙，定期进行全盘扫描和病毒查杀，防火墙可以有效监控和阻止恶意流量的入侵，杀毒软件可以查杀设备上的病毒。

启用双重身份验证是保护账户安全的一项重要措施，例如可以为重要账户启用双重身份验证功能，如短信验证码、指纹识别、面部识别等，增加一层额外的安全保护，防止未经授权访问账户。

对于系统而言，要及时安装系统补丁和更新，以修复已知的安全漏洞，还要开启自动更新功能，确保设备在有新的安全补丁时自动进行更新。对于内部网络而言，要进行运行监控、流量监控和威胁监控，从而生成网络安全日志，以便及时发现和响应异常行为。

3. 针对特定攻击类型的防范措施

用户首先需要注意的是防范网络钓鱼，注意识别可疑的电子邮件、链接和网站。不要轻易输入个人信息或从不信任的网站下载文件。对于 DDoS 攻击行为，要使用防火墙或入侵防御系统（IPS）来检测和响应流量异常，同时还要将服务器部署在不同的数据中心，以实现网络冗余和故障切换。

对于 SQL 注入的防范，要确保 Web 开发人员已正确清理所有输入，验证输入数据以符合预定义标准，还要使用参数化查询和存储过程来防止 SQL 注入攻击。

总之，防范网络攻击需要用户从多个层面入手，包括提高个人安全意识、养成良好的网络使用习惯、采取技术防护措施，以及针对特定攻击类型制定防范措施等。只有这样，才能构建稳固的安全防护体系，确保网络环境的稳定和安全。

4. 网络安全检测工具

此外，还有一些简单且实用的网络安全检测工具，可以帮助用户提升网络安全性。

1）漏洞扫描工具

Nessus 是一款 UNIX 平台的漏洞评估工具，被认为是最好的、免费的网络漏洞扫描程序。它拥有超过 11000 个插件，可以快速识别网络中的安全漏洞。Nessus 的关键特性包括安全和本地的安全检查、GTK 图形接口的客户端 / 服务器体系结构，以及一个嵌入式脚本语言，方便用户编写自己的插件或理解现有的插件。

OpenVAS 也是一款强大的开源漏洞扫描器，可以检测网络上的各种漏洞。它提供了丰富的扫描选项和报告功能，帮助用户全面了解网络的安全状况。

2）网络流量分析工具

Wireshark 是一款开源的网络协议分析程序，支持 UNIX 和 Windows 两种平台。它允许用户用一个活动的网络或磁盘上的捕获文件来检查数据，交互地浏览捕获的数据，并深入探究数据包的详细信息。Wireshark 拥有丰富的显示过滤程序语言和查看一次 TCP 会话的结构化数据流的能力，是分析网络流量的必备工具。

Tcpdump 是一款经典的网络监视和数据获取嗅探程序。在 Wireshark 之前，Tcpdump 曾被广泛使用。它虽然没有华丽的图形用户界面，但几乎没有安全漏洞，并且需要很少的系统资源。Tcpdump 对于跟踪网络问题或监视网络活动极有价值。

3）入侵检测系统（IDS）

Snort 是一个开源的入侵检测系统，对 IP 网络中的通信分析和数据包的日志记载都表现出色。通过协议分析、内容搜索及各种各样的预处理程序，Snort 可以检测成千上万的蠕虫、漏洞、端口扫描和其他的可疑行为。它还提供了一个分析 Snort 警告的 Web 界面，方便用户查看和管理安全事件。

4）其他实用工具

Nmap 是一个非常好的端口扫描应用，支持 Linux 和 Windows 平台。它可以从命令或图形用户界面（GUI）执行任务，具有 TCP 扫描、UDP 扫描和操作系统识别等多种功能。Nmap 是渗透测试人员常用的工具之一，可以帮助他们发现目标系统上的开放端口和服务。

Nikto 是一个综合性的开源 Web 扫描程序，可以对 Web 服务器的多种项目进行扫描，包括潜在的危险文件和特定服务器上的问题。它采用 Whisker/libwhisker 支持其底层功能，并经常更新扫描项目和插件，以保持其准确性。

上述工具都具有各自的特点和优势，可以根据自身需求选择合适的工具进行检测。同时，为了提升网络安全水平，建议用户定期更新这些工具并保持警惕，及时发现潜在的安全威胁。

1.3.4　密码技术应用

在网络通信中，密码技术是保证通信安全的重要手段，通过使用加密算法对传输的数据进行加密处理，可以防止信息在传输过程中被窃听或篡改。

密码技术是一门涉及信息安全和隐私保护的学科，其核心原理在于利用数学和计算机科学原理，设计并实现加密算法、密钥管理及安全协议等技术手段。密码技术的主要任务包括信息加密、解密、完整性验证和身份认证。通过加密，明文信息被转换成难以理解的密文，确保信息在传输和存储过程中的机密性，解密则是将密文还原为明文的过程。

密码技术主要分为对称加密、非对称加密、哈希函数和数字签名等几大类。在网络通信中，密码技术是保证通信安全的重要手段。通过使用加密算法对传输的数据进行加密处理，可以防止信息在传输过程中被窃听或篡改。同时，密码协议用于实现安全通信，包括身份认证、密钥协商和安全传输等。例如，在 VPN（虚拟专用网络）和 SSL/TLS（安全套接层 / 传输层安全协议）中，密码技术被广泛应用于建立安全的通信通道，保护网络通信的机密性和完整性。

1.4　网络设备信息的获取

网络设备包含的类型有很多，如路由器、计算机、手机、平板等，但最主要的还是计算机。下面以获取计算机设备信息为例，介绍网络设备信息获取的方法。一台计算机的基本信息包括 IP 地址、物理地址、端口信息等。

1.4.1　获取 IP 地址

IP 地址用于在 TCP/IP 通信协议中标记每台计算机的地址，通常使用十进制来表示，如192.168.1.100。计算机的 IP 地址一旦被分配，可以说是固定不变的，因此，查找出计算机的 IP

地址，在一定程度上就实现了攻击者入侵的前提工作。

使用 ipconfig 命令可以获取计算机的 IP 地址，具体的操作步骤如下：

步骤01 右击"开始"按钮，在弹出的快捷菜单中选择"运行"命令，如图 1-7 所示。

步骤02 弹出"运行"对话框，在"打开"文本框中输入"cmd"命令，如图 1-8 所示。

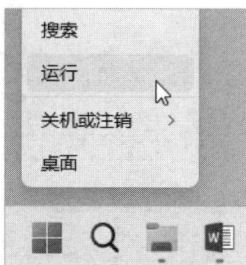

图 1-7　选择"运行"命令

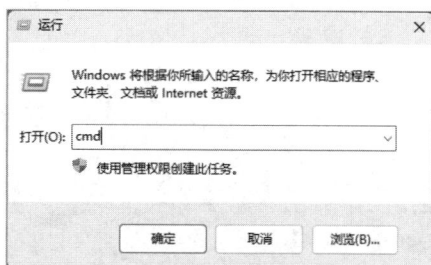

图 1-8　输入 cmd 命令

步骤03 单击"确定"按钮，打开"命令提示符"窗口，在其中输入 ipconfig，按 Enter 键，即可显示出本机的 IP 配置相关信息，如图 1-9 所示。

提示：在"命令提示符"窗口中，192.168.2.125 表示本机在局域网中的 IP 地址。

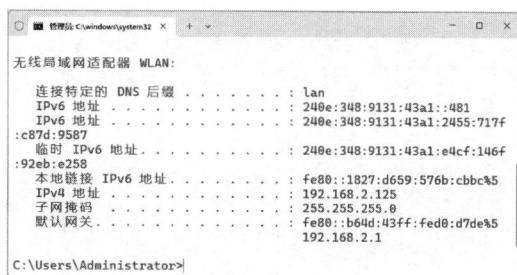

图 1-9　查看 IP 地址

1.4.2　获取物理地址

MAC 地址与网络无关，即无论将带有这个地址的硬件（如网卡、集线器、路由器等）接入到网络的何处，都是相同的 MAC 地址，它由厂商写在网卡的 BIOS 里。

在"命令提示符"窗口中输入"ipconfig /all"命令，然后按 Enter 键，可以在显示的结果中看到一个物理地址：00-23-24-D9-B6-E5，这就是本台计算机的网卡地址，它是唯一的，如图 1-10 所示。

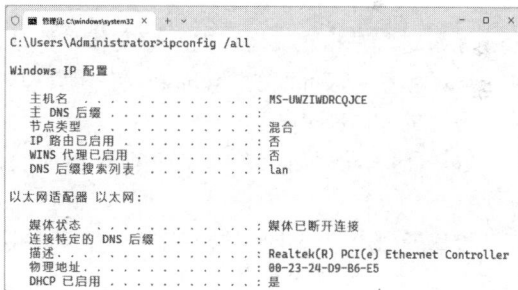

图 1-10　查看 MAC 地址

提示：IP 地址与 MAC 地址的区别在于，IP 地址基于逻辑，比较灵活，不受硬件限制，也容易记忆。MAC 地址在一定程度上与硬件一致，基于物理，能够具体标识。这两种地址均有各自的长处，使用时也因条件不同而采取不同的地址。

1.4.3　查看开放端口

"端口"可以认为是计算机与外界通信交流的出口。一个 IP 地址的端口有 65536（即 256×256）个，端口是通过端口号来标记的，端口号只有整数，范围为 0 ～ 65535（256×256-1）。经常查看系统开放端口的状态变化，可以帮助用户及时提高计算机系统安全，防止攻击者通过端口入侵计算机。

用户可以使用 netstat 命令查看系统的端口状态，具体的操作步骤如下：

步骤01 打开"命令提示符"窗口，在其中输入"netstat –a –n"命令，如图 1-11 所示。

步骤02 按 Enter 键，即可看到以数字显示的 TCP 和 UCP 连接的端口号及其状态，如图 1-12 所示。

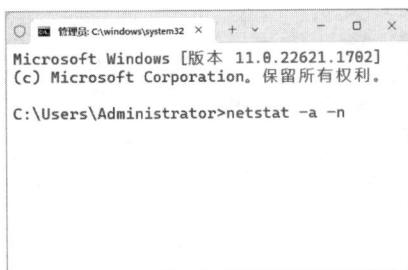

图 1-11　输入 netstat –a –n 命令

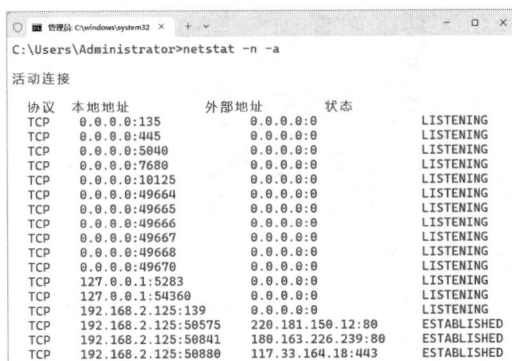

图 1-12　TCP 和 UCP 连接的端口号及其状态

1.5　实战演练

1.5.1　实战 1：查看系统进程

系统进程是指正在运行的程序实体，并且包括这个运行的程序中占据的所有系统资源。在 Windows 系统中，可以在"Windows 任务管理器"窗口中获取系统进程。

具体的操作步骤如下：

步骤01 右击"开始"按钮，在弹出的快捷菜单中选择"任务管理器"命令，如图 1-13 所示。

步骤02 打开"任务管理器"窗口，在其中即可看到当前系统正在运行的进程，如图 1-14 所示。

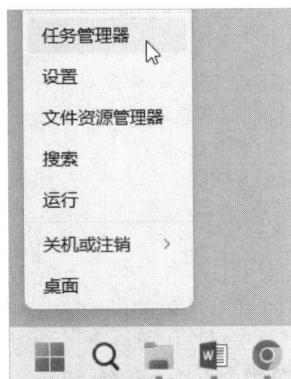

图 1-13　选择"任务管理器"命令

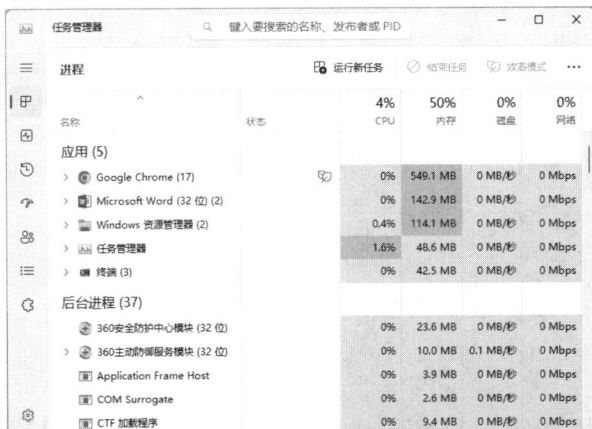

图 1-14　"任务管理器"窗口

提示：通过在 Windows 系统桌面上，按 Ctrl+Alt+Del 组合键，在打开的工作界面中选择"任务管理器"选项，也可以打开"任务管理器"窗口，在其中查看系统进程。

1.5.2　实战 2：显示文件扩展名

Windows 系统默认情况下并不显示文件的扩展名，用户可以通过设置来显示文件的扩展名。具体的操作步骤如下：

步骤 01 打开"此电脑"窗口，然后单击" … "按钮，在打开的下拉列表框中选择"选项"选项，如图 1-15 所示。

步骤 02 弹出"文件夹选项"对话框，选择"查看"选项卡，在"高级设置"列表框中取消选择"隐藏已知文件类型的扩展名"复选框，如图 1-16 所示。

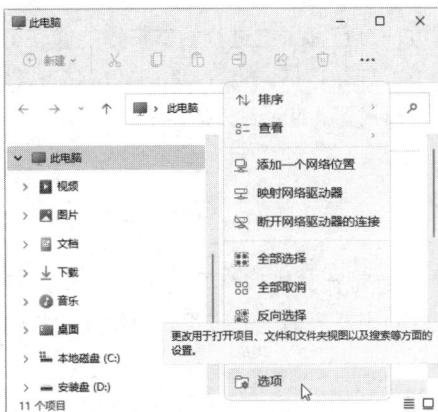

图 1-15　选择"选项"选项

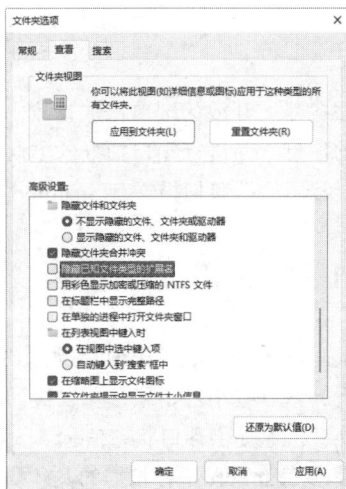

图 1-16　"文件夹选项"对话框

步骤 03 此时打开一个文件夹，用户便可以查看到文件的扩展名，如图 1-17 所示。

提示：在"此电脑"窗口中单击"查看"按钮，在打开的下拉列表框中选择"显示"→"文件扩展名"选项，可以快速显示文件的扩展名，如图 1-18 所示。

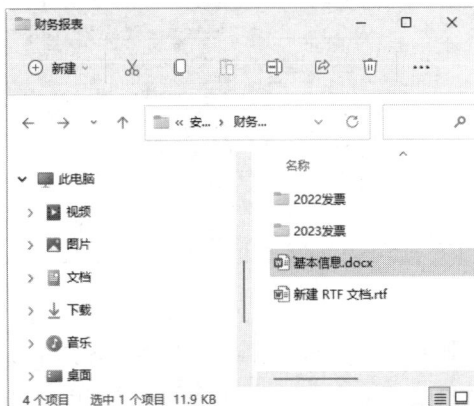

图 1-17　查看文件的扩展名

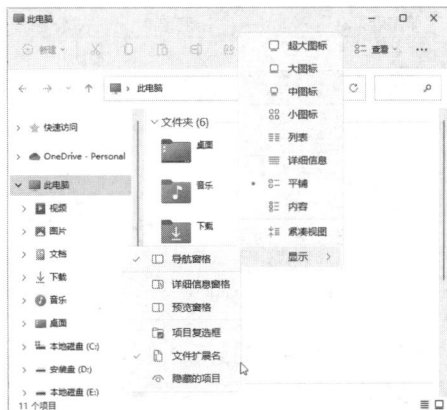

图 1-18　显示文件的扩展名

第 2 章

扫描与嗅探工具，收集网络信息的"先行官"

要想收集网络信息，扫描与嗅探工具是必不可少的，网络扫描与嗅探也是网络攻击者进行攻击之前的第一步。

2.1　端口扫描器工具

服务器上开放的端口往往是攻击者潜在的入侵通道，对目标主机进行端口扫描能够获得许多有用的信息，而进行端口扫描的方法也很多，可以是手工进行扫描，也可以用端口扫描软件进行扫描，常用的端口扫描器有 ScanPort 扫描器、极速端口扫描器、Nmap 扫描器等。

2.1.1　ScanPort 扫描器

ScanPort 是一款易于使用的网络端口扫描工具，支持对计算机网络中的 TCP 端口进行检测和分析。它具有小巧、绿色免安装的特点，并提供直观的用户界面，允许用户自定义扫描端口范围，能够快速提供端口状态信息。

使用 ScanPort 进行扫描的具体操作方法如下：

步骤01 下载并运行 ScanPort 程序，打开"ScanPort"主窗口，在其中设置起始 IP、结束 IP 及要扫描的端口号，如图 2-1 所示。

步骤02 单击"扫描"按钮，开始扫描，从扫描结果中可以看出设置的 IP 地址段中计算机开启的端口，如图 2-2 所示。

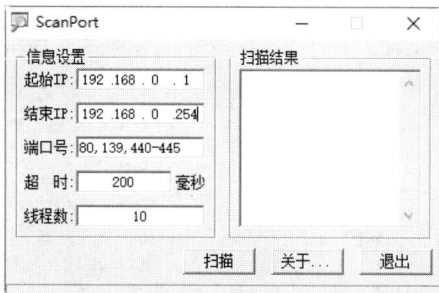

图 2-1　"ScanPort"主窗口

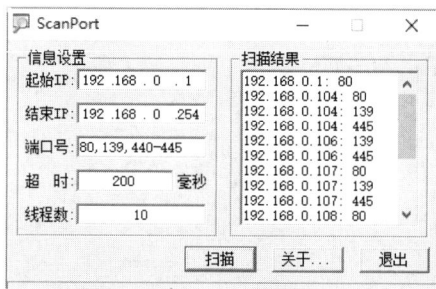

图 2-2　扫描结果

步骤03 如果要扫描某台计算机中开启的端口，则将起始 IP 和结束 IP 都设置为该主机的 IP 地址，如图 2-3 所示。

步骤04 设置完要扫描的端口号后，单击"扫描"按钮，将扫描出该主机中开启的端口（设置端口范围之内），如图 2-4 所示。

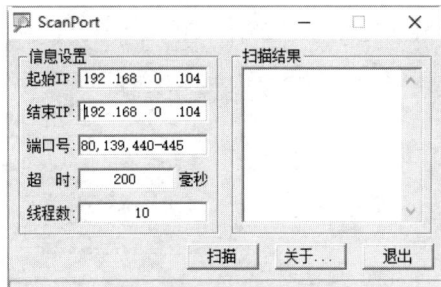

图 2-3　设置单一主机的 IP

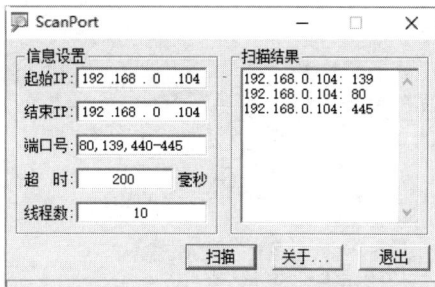

图 2-4　扫描出单个主机的端口

2.1.2　极速端口扫描器

极速端口扫描器是一款专门扫描端口的工具，利用该工具不仅可以扫描端口，还可以实现在线更新 IP 地址，另外，还可以将扫描结果导出为记事本、网页及 XLS 格式。

使用极速端口扫描器进行扫描的具体操作方法如下：

步骤01 下载并运行"极速端口扫描器 V2.0.500"，打开"极速端口扫描器"主窗口，如图 2-5 所示。

步骤02 选择"参数设置"选项卡，在其中可以看到该工具自带的 IP 地址段及各种参数，如图 2-6 所示。

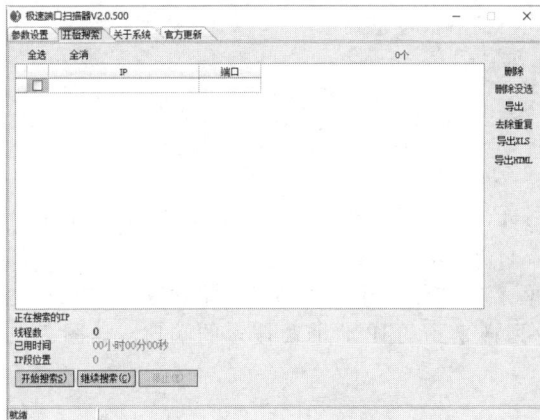

图 2-5　"极速端口扫描器"主窗口

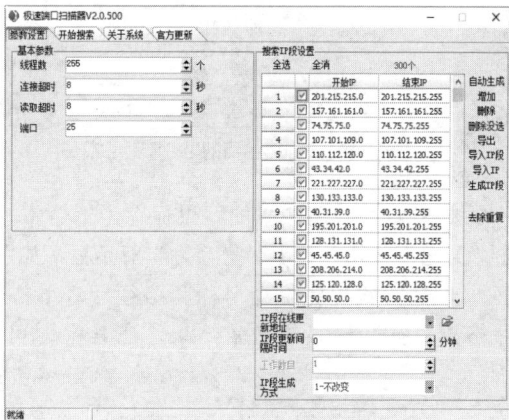

图 2-6　"参数设置"选项卡

步骤03 如果要对目标主机进行扫描，则需要添加指定的 IP 段。在"参数设置"选项卡中单击"增加"按钮，弹出"IP 段编辑"对话框，在"开始 IP"和"结束 IP"文本框中分别输入相应的 IP 地址，如图 2-7 所示。

步骤04 单击"确定"按钮，即可将该 IP 段添加到"搜索 IP 段设置"列表框中，如图 2-8 所示。

步骤05 单击"全消"按钮，即可取消选择所有的 IP 段，然后选择刚添加的 IP 段，并将要扫描的端口设置为 445，如图 2-9 所示。

步骤06 设置完毕后，选择"开始搜索"选项卡，单击"开始搜索"按钮，将扫描指定的 IP

段，最终的扫描结果如图 2-10 所示。

图 2-7 "IP 段编辑"对话框

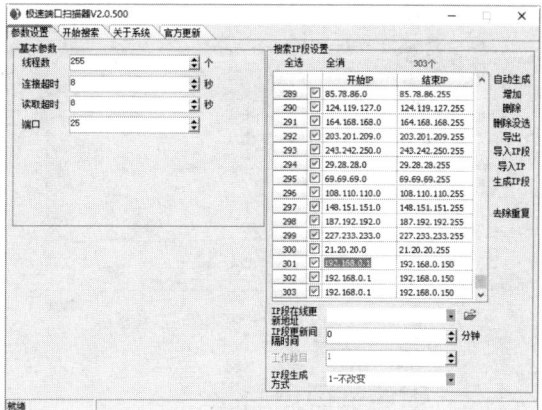

图 2-8 添加扫描 IP 段

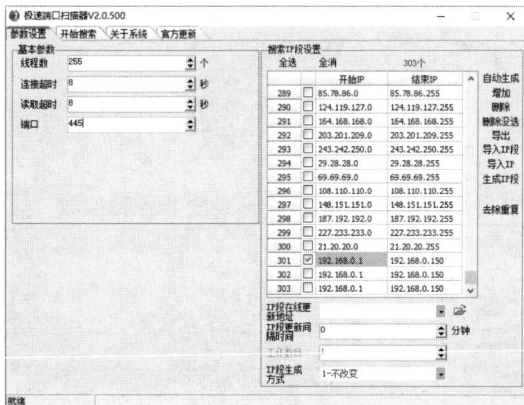

图 2-9 选择要扫描的 IP 段

图 2-10 指定 IP 段的扫描结果

步骤07 可以将扫描的结果保存为记事本、网页、XLS 等格式。在"开始搜索"选项卡中单击"导出"按钮，弹出"另存为"对话框，如图 2-11 所示。

步骤08 设置完保存名称和路径后，单击"保存"按钮，即可将扫描结果保存为记事本文件格式。打开保存的搜索结果，在其中即可看到搜索到的 IP 地址及搜索的端口，如图 2-12 所示。

图 2-11 "另存为"对话框

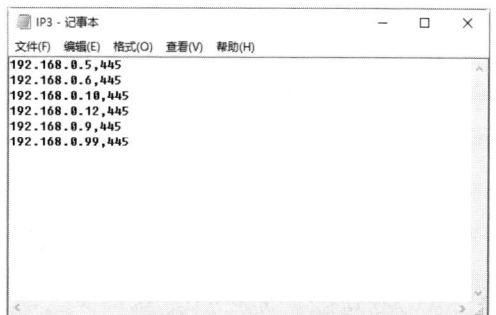

图 2-12 打开记事本文件

2.1.3 Nmap 扫描器

Nmap 扫描器是一款针对大型网络的端口扫描工具，包含多种扫描选项，它对网络中被检测到的主机按照选择的扫描选项和显示节点进行探查。用户可以建立一个需要扫描的范围，避免输入大量的 IP 地址和主机名。

使用 Nmap 进行扫描的具体操作方法如下：

步骤01 在桌面上双击 Nmap 程序图标，打开 Nmap 操作界面，如图 2-13 所示。

步骤02 若要扫描单台主机，可以在"目标"文本框内输入主机的 IP 地址或网址，若要扫描某个范围内的主机，可以在该文本框中输入"192.168.0.1-150"，如图 2-14 所示。

图 2-13 Nmap 操作界面   图 2-14 输入主机的 IP 地址

提示：在扫描时，还可以用"*"替换掉 IP 地址中的任何一部分，如"192.168.1.*"等同于"192.168.1.1-255"；若要扫描一个更大范围内的主机，可以输入"192.168.1，2，3.*"，此时将扫描"192.168.1.0""192.168.2.0""192.168.3.0"3 个网络中的所有地址。

步骤03 设置网络扫描的不同配置文件，可以单击"配置"下拉按钮，在打开的下拉列表框中选择 Intense scan、Intense scan plus UDP、Intense scan, all TCP ports 等选项，从而对网络主机进行不同方面的扫描，如图 2-15 所示。

步骤04 单击"扫描"按钮开始扫描，稍等一会儿，将在"Nmap 输出"选项卡中显示扫描信息，在其中可以看到扫描对象当前开放的端口，如图 2-16 所示。

图 2-15 选择配置文件   图 2-16 显示扫描信息

步骤05 选择"端口 / 主机"选项卡，在打开的界面中可以看到当前主机显示的端口、协议、状态和服务信息，如图 2-17 所示。

步骤06 选择"拓扑"选项卡，在打开的界面中可以查看当前网络中计算机的拓扑结构，如图 2-18 所示。

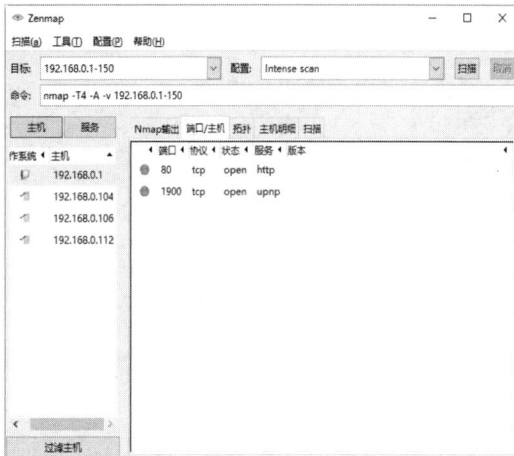

图 2-17 "端口 / 主机"选项卡

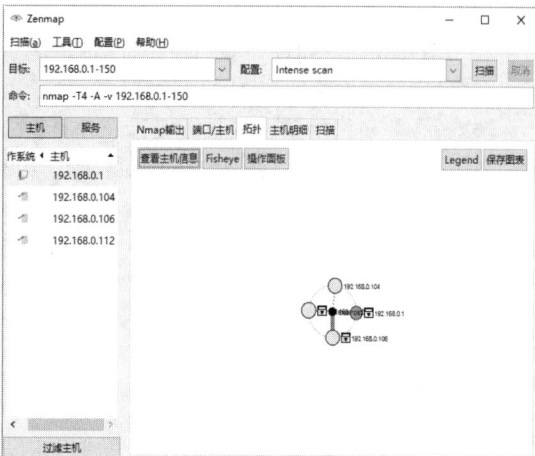

图 2-18 "拓扑"选项卡

步骤07 单击"查看主机信息"按钮，打开"查看主机信息"窗口，在其中可以查看当前主机的一般信息、操作系统信息等，如图 2-19 所示。

步骤08 在"查看主机信息"窗口中选择"服务"选项卡，可以查看当前主机的服务信息，如端口、协议、状态等，如图 2-20 所示。

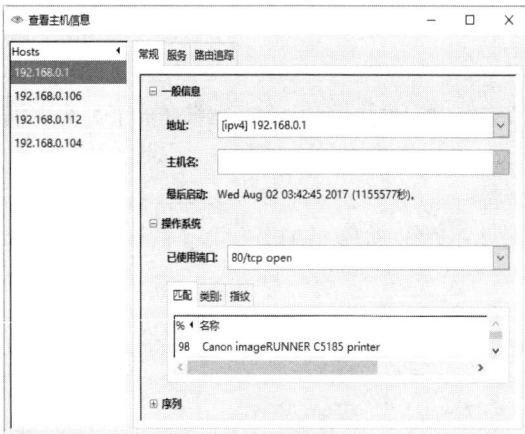

图 2-19 "查看主机信息"窗口

图 2-20 查看当前主机的服务信息

步骤09 选择"路由追踪"选项卡，在打开的界面中可以查看当前主机的路由器信息，如图 2-21 所示。

步骤10 在 Nmap 操作界面中选择"主机明细"选项卡，在打开的界面中可以查看当前主机的明细信息，包括主机状态、地址列表、操作系统等，如图 2-22 所示。

图 2-21　查看当前主机的路由器信息

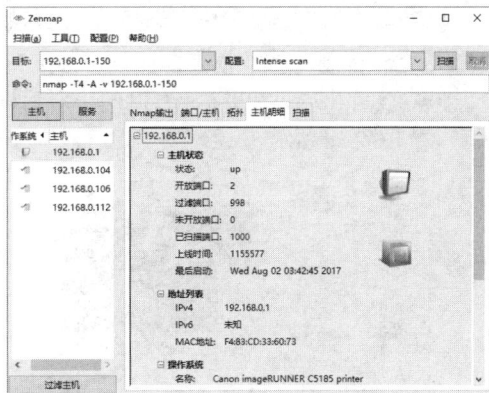

图 2-22　查看当前主机的明细信息

2.2　多功能扫描器工具

除了端口扫描器，还有很多具备不同功能的扫描器，比较常用的多功能扫描器有流光扫描器、X-Scan 扫描器、S-GUI Ver 扫描器等。

2.2.1　流光扫描器

流光扫描器是一款非常出名的中文多功能专业扫描器，其功能强大，扫描速度快，可靠性强。流光扫描器还可以探测 POP3、FTP、HTTP、SQL 等各种漏洞，并为不同的漏洞设计不同的破解方案。

1. 探测开放端口

利用流光扫描器可以轻松探测目标主机的开放端口，下面以探测 POP3 主机的开放端口为例进行介绍，具体的操作步骤如下：

步骤01　双击桌面上的流光扫描器程序图标，启动流光扫描器，如图 2-23 所示。

步骤02　选择"选项"→"系统设置"命令，弹出"系统设置"对话框，对优先级、线程数、单词数 / 线程及扫描端口等进行设置，如图 2-24 所示。

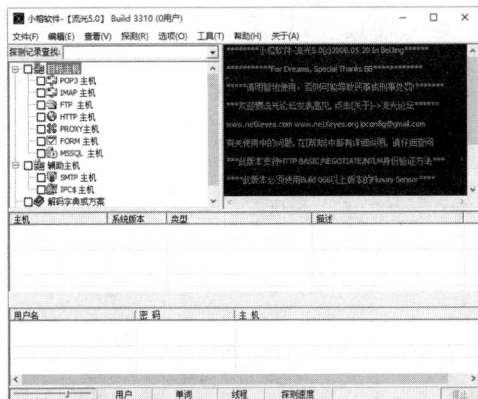

图 2-23　启动流光扫描器

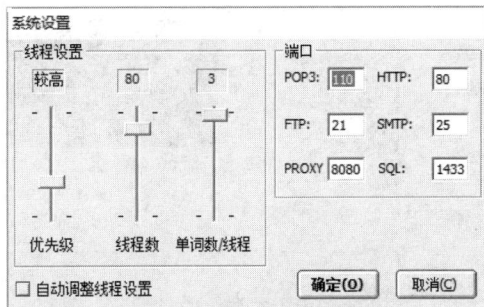

图 2-24　"系统设置"对话框

17

步骤 03 在扫描器主窗口中选择"HTTP 主机"复选框，然后右击，在弹出的快捷菜单中选择"编辑"→"添加"命令，如图 2-25 所示。

步骤 04 弹出"添加主机（HTTP）"对话框，输入要扫描主机的 IP 地址（这里以 192.168.0.105 为例），如图 2-26 所示。

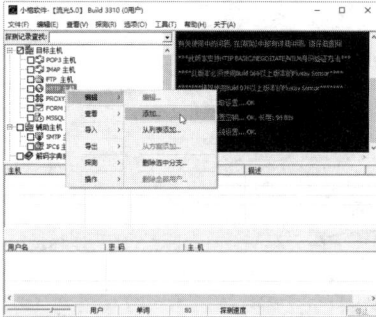

图 2-25　选择"添加"命令

图 2-26　输入要扫描主机的 IP 地址

步骤 05 此时在主窗口中将显示出刚刚添加的 HTTP 主机，右击此主机，在弹出的快捷菜单中选择"探测"→"扫描主机端口"命令，如图 2-27 所示。

步骤 06 弹出"端口探测设置"对话框，选择"自定义端口探测范围"复选框，然后在"范围"选项组中设置要探测端口的范围，如图 2-28 所示。

图 2-27　选择"扫描主机端口"命令

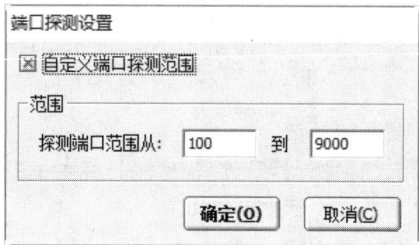

图 2-28　设置要探测端口的范围

步骤 07 设置完成后，单击"确定"按钮，开始探测目标主机的开放端口，如图 2-29 所示。

步骤 08 扫描完毕后，将会自动弹出"探测结果"对话框，如果目标主机存在开放端口，就会在该对话框中显示出来，如图 2-30 所示。

图 2-29　探测目标主机的开放端口

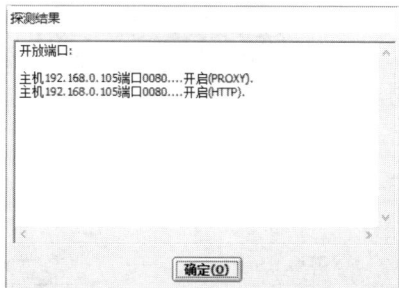

图 2-30　"探测结果"对话框

2. 探测目标主机的 IPC$ 用户列表

IPC$（Internet Process Connection）是共享"命名管道"的资源，它是为了让进程间通信而开放的命名管道，可以通过验证用户名和密码获得相应的权限，在远程管理计算机和查看计算机的共享资源时使用。

利用 IPC$ 可以与目标主机建立一个空的连接，利用这个空的连接，连接者可以获得目标主机上的用户列表，通过猜测密码或者穷举密码，从而获得管理员权限。利用流光扫描器探测目标主机的 IPC$ 用户列表的具体操作方法如下：

步骤01 在流光扫描器主窗口中选择"IPC$ 主机"复选框，然后右击，在弹出的快捷菜单中选择"编辑"→"添加"命令，如图 2-31 所示。

步骤02 弹出"添加主机（NT Server）"对话框，输入要扫描主机的 IP 地址（这里以192.168.0.105 为例），如图 2-32 所示。

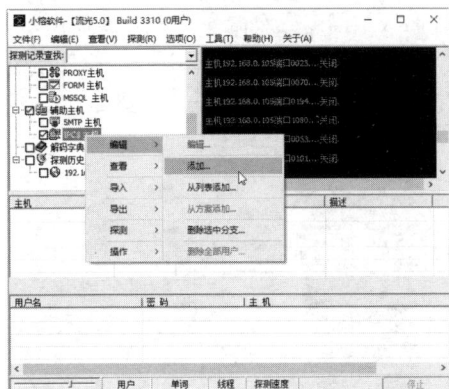

图 2-31 选择"添加"命令

图 2-32 "添加主机"对话框

步骤03 选中刚刚添加的 IPC$ 主机，然后右击，在弹出的快捷菜单中选择"探测"→"探测IPC$ 用户列表"命令，如图 2-33 所示。

步骤04 弹出"IPC 自动探测"对话框，提示用户是否在成功获得用户名后立即开始简单模式探测，如图 2-34 所示。

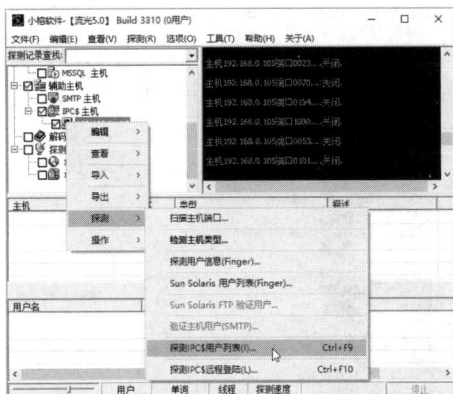

图 2-33 选择"探测 IPC$ 用户列表"命令

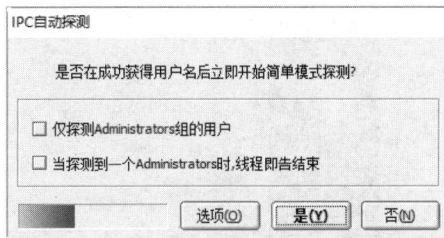

图 2-34 "IPC 自动探测"对话框

步骤05 单击"选项"按钮，在弹出的"用户列表选项"对话框中进行设置，如图 2-35 所示。

步骤06 单击"确定"按钮，程序开始自动探测目标主机，如图 2-36 所示。

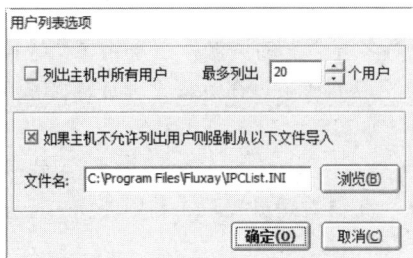

图 2-35 "用户列表选项"对话框

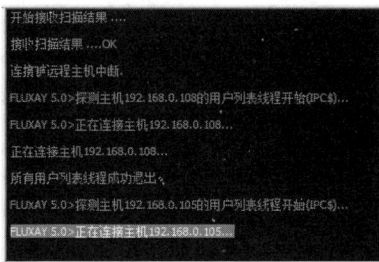

图 2-36 探测目标主机

3. 扫描指定地址范围内的目标主机

使用流光扫描器的高级扫描向导，可以快速地对指定地址范围内的目标主机进行扫描，具体的操作步骤如下：

步骤01 在流光扫描器主窗口中选择"文件"→"高级扫描向导"命令，如图 2-37 所示。

步骤02 弹出"设置"对话框，在"起始地址"和"结束地址"文本框中分别输入指定地址范围的开始和结束 IP 地址，并选择"获取主机名"和"PING 检查"复选框，如图 2-38 所示。

图 2-37 选择"高级扫描向导"命令

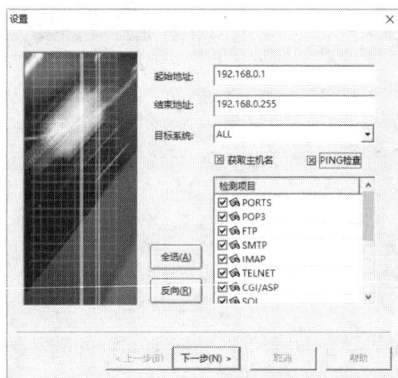

图 2-38 "设置"对话框

步骤03 单击"下一步"按钮，弹出"PORTS"对话框，在该对话框中可以对要扫描的端口范围进行设置，这里选择"标准端口扫描"复选框，如图 2-39 所示。

步骤04 单击"下一步"按钮，弹出"POP3"对话框，在其中可以对 POP3 检测项目进行设置，这里选择"获取 POP3 版本信息"和"尝试猜解用户"复选框，如图 2-40 所示。

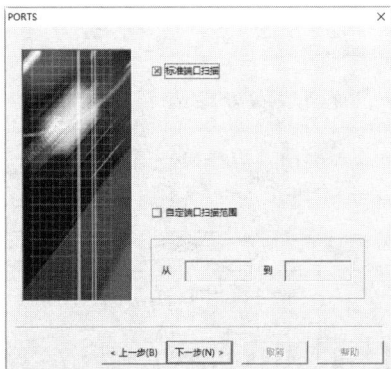

图 2-39 "PORTS"对话框

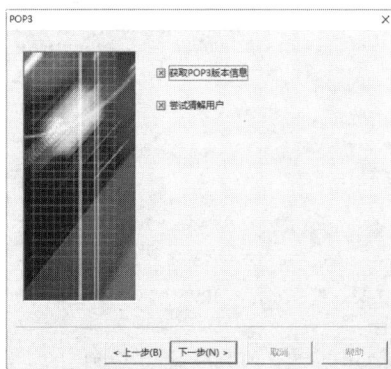

图 2-40 "POP3"对话框

步骤05 单击"下一步"按钮，弹出"IPC"对话框，在该对话框中可以对 IPC 检测项目进行设置，这里取消选择"仅对 Administraotors 组进行猜解"复选框，如图 2-41 所示。

步骤06 单击"下一步"按钮，直至系统弹出"选项"对话框，在该对话框中设置用户名字典、密码字典和扫描报告的保存路径，如图 2-42 所示。

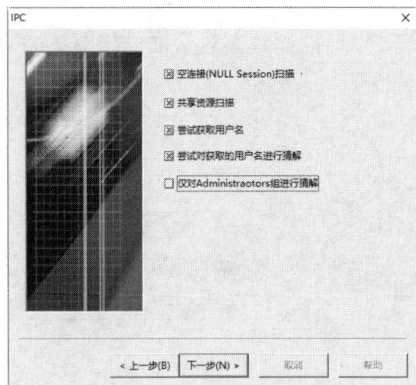

图 2-41　"IPC"对话框

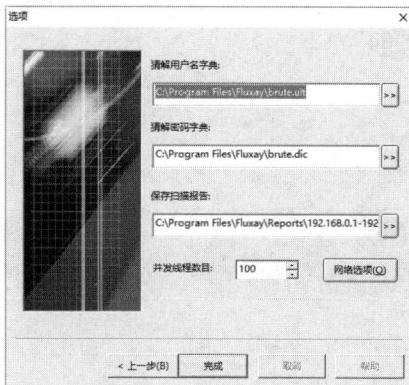

图 2-42　"选项"对话框

步骤07 单击"完成"按钮，弹出"选择流光主机"对话框，如图 2-43 所示。

步骤08 单击"开始"按钮，程序开始扫描指定的地址范围，这可能需要较长时间，在扫描过程中还会打开探测结果对话框提示用户，如图 2-44 所示。

图 2-43　"选择流光主机"对话框

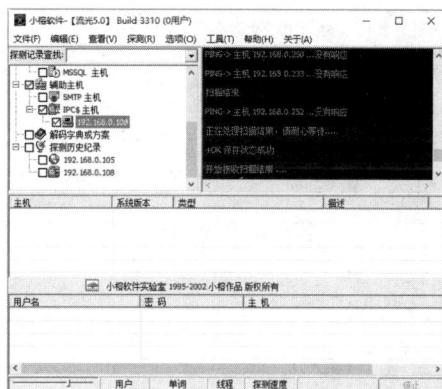

图 2-44　扫描指定的地址范围

提示：扫描完毕后，系统会弹出"注意"提示信息框，提醒用户是否要查看扫描报告，如图 2-45 所求。单击"是"按钮，此时会打开一个 HTML 格式的扫描报告，其中列出了扫描到的主机的详细信息。

图 2-45　信息提示框

2.2.2　X-Scan 扫描器

X-Scan 是国内最著名的综合扫描器之一，该工具采用多线程方式对指定 IP 地址段（或单机）进行安全漏洞检测，而且支持插件功能。它可以扫描出操作系统类型及版本、标准端口状态及端口 BANNER 信息、CGI 漏洞、IIS 漏洞等信息。

1. 设置 X-Scan 扫描器

在使用 X-Scan 扫描器扫描系统之前，需要先对该工具的一些属性进行设置，如扫描参数、检测范围等。设置和使用 X-Scan 的具体操作步骤如下：

步骤01 在 X-Scan 文件夹中双击"X-Scan_gui.exe"应用程序，打开"X-Scan v3.3 GUI"主窗口。在其中可以浏览此软件的功能简介、常见问题解答等信息，如图 2-46 所示。

步骤02 单击工具栏中的"扫描参数"按钮 ⊙，弹出"扫描参数"对话框，如图 2-47 所示。

图 2-46 "X-Scan v3.3 GUI"主窗口

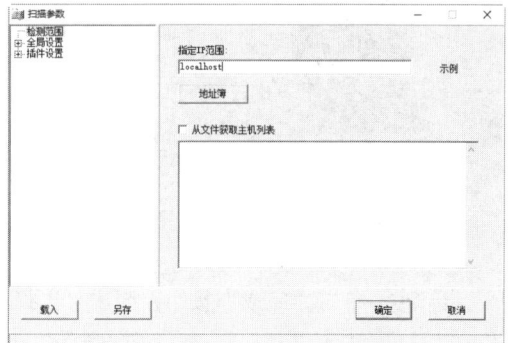

图 2-47 "扫描参数"对话框

步骤03 在左边的列表框中选择"检测范围"选项，然后在"指定 IP 范围"文本框中输入要扫描的 IP 地址范围。若不知道输入的格式，则可以单击"示例"按钮，即可弹出"示例"对话框，在其中可以看到各种有效格式，如图 2-48 所示。

步骤04 选择"全局设置"选项，并选择其中的"扫描模块"子选项，选择扫描过程中需要扫描的模块。在选择扫描模块的同时，还可以在右侧窗格中查看所选择的模块的相关说明，如图 2-49 所示。

图 2-48 "示例"对话框

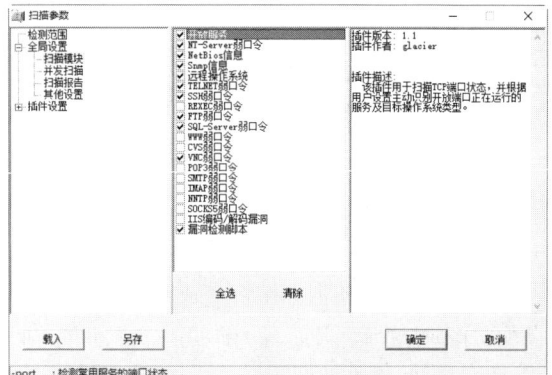

图 2-49 "全局设置"选项

步骤05 由于 X-Scan 是一款多线程扫描工具，所以在"并发扫描"子选项中，可以设置扫描时的线程数量，如图 2-50 所示。

步骤06 选择"扫描报告"子选项，在其中可以设置扫描报告存放的路径和文件格式，如图 2-51 所示。

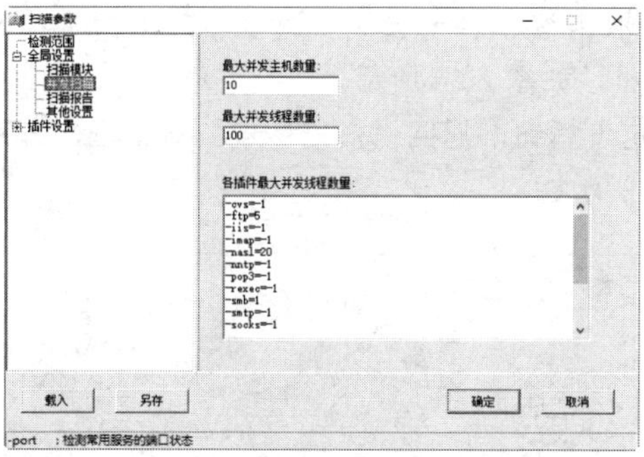

图 2-50　"并发扫描"子选项

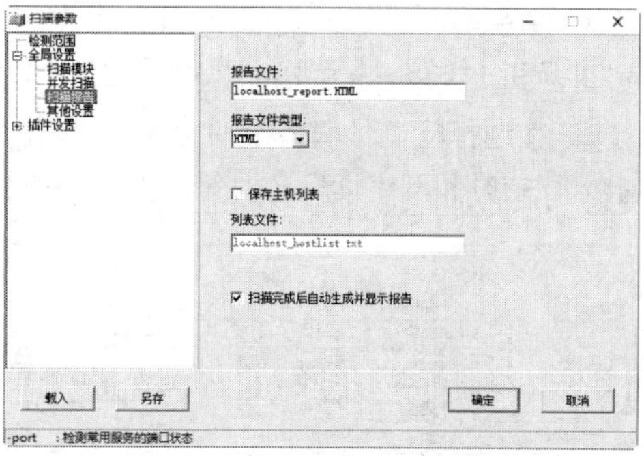

图 2-51　"扫描报告"子选项

提示：如果需要保存自己设置的扫描 IP 地址范围，则可在选择"保存主机列表"复选框后，输入保存文件名称，这样，以后就可以直接调用这些 IP 地址范围；如果用户需要在扫描结束时自动生成报告文件并显示报告，则可选择"扫描完成后自动生成并显示报告"复选框。

步骤07 选择"其他设置"子选项，在其中可以设置扫描过程的其他属性，如设置扫描方式、显示详细进度等，如图 2-52 所示。

步骤08 选择"插件设置"选项，并选择"端口相关设置"子选项，在其中可以设置扫描端口范围及检测方式。如图 2-53 所示。

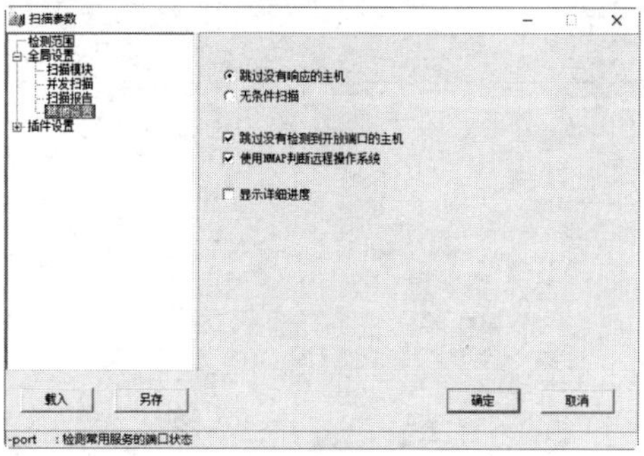

图 2-52　"其他设置"子选项

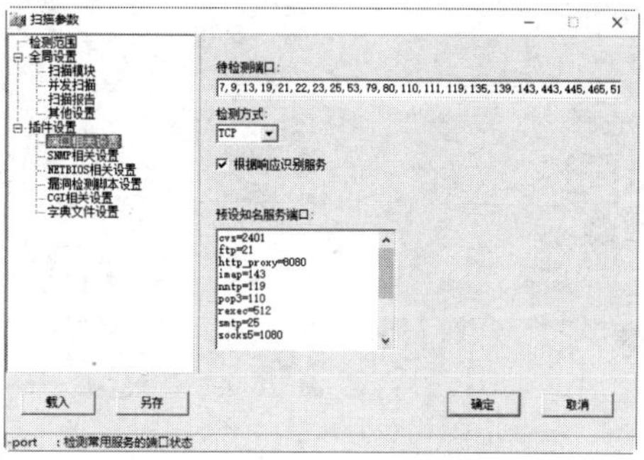

图 2-53　"端口相关设置"子选项

步骤09 选择"SNMP 相关设置"子选项，在其中选择相应的复选框，设置在扫描时获取 SNMP 信息的内容，如图 2-54 所示。

步骤10 选择"NETBIOS 相关设置"子选项，在其中设置需要获取的 NETBIOS 信息类型，如图 2-55 所示。

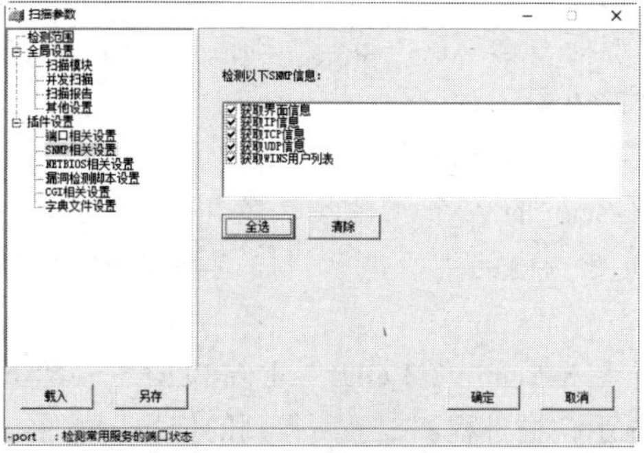

图 2-54　"SNMP 相关设置"子选项

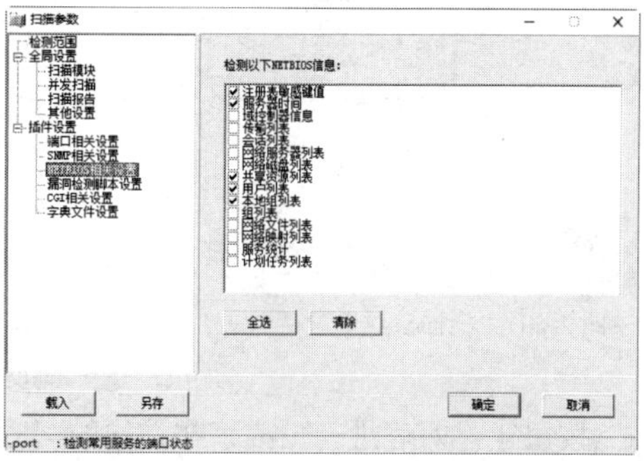

图 2-55　"NETBIOS 相关设置"子选项

步骤11 选择"漏洞检测脚本设置"子选项，取消选择"全选"复选框后，单击"选择脚本"按钮，弹出"Select Scripts（选择脚本）"对话框，如图 2-56 所示。

步骤12 选择检测的脚本文件之后，单击"确定"按钮，返回"扫描参数"对话框，分别设置脚本运行超时和网络读取超时等属性，如图 2-57 所示。

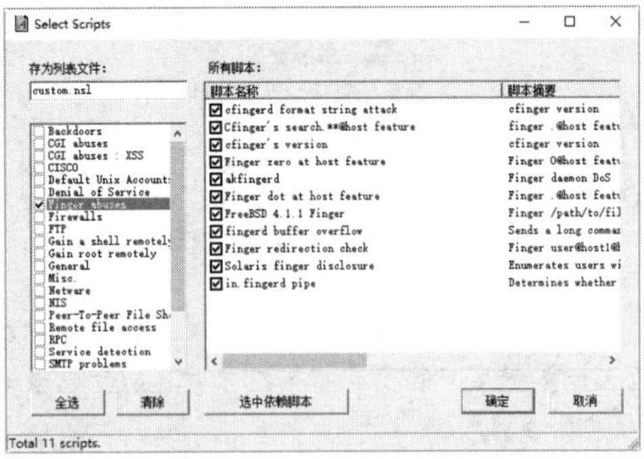

图 2-56 "Select Scripts"对话框

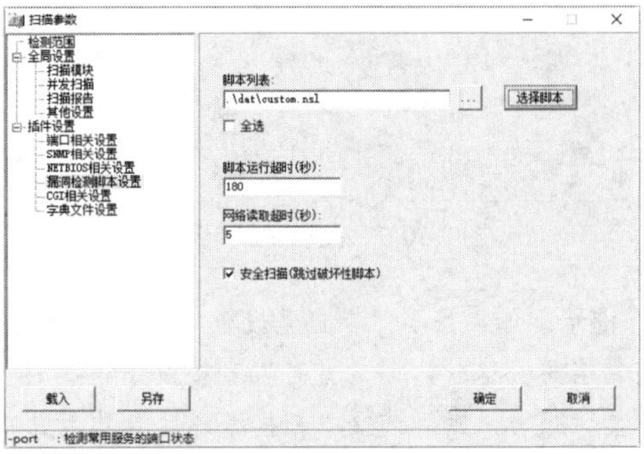

图 2-57 "扫描参数"对话框

步骤13 选择"CGI 相关设置"子选项，在其中可以设置扫描时需要使用的 CGI 选项，如图 2-58 所示。

步骤14 选择"字典文件设置"子选项，通过双击字典类型，弹出"打开"对话框，如图 2-59 所示。

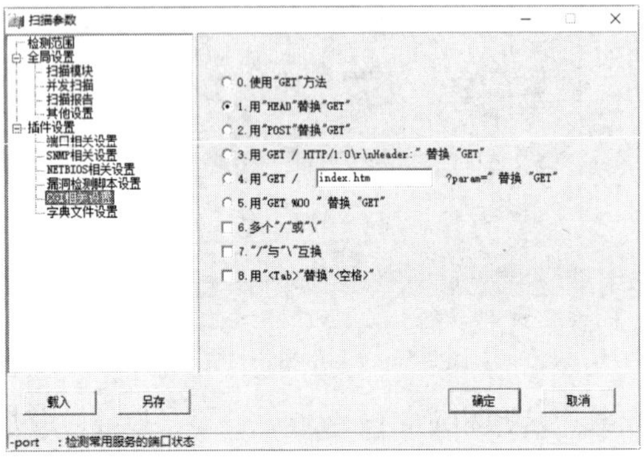

图 2-58 "CGI 相关设置"子选项

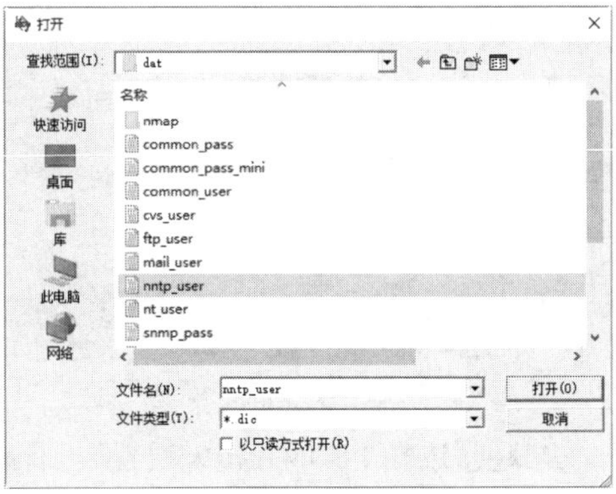

图 2-59 "打开"对话框

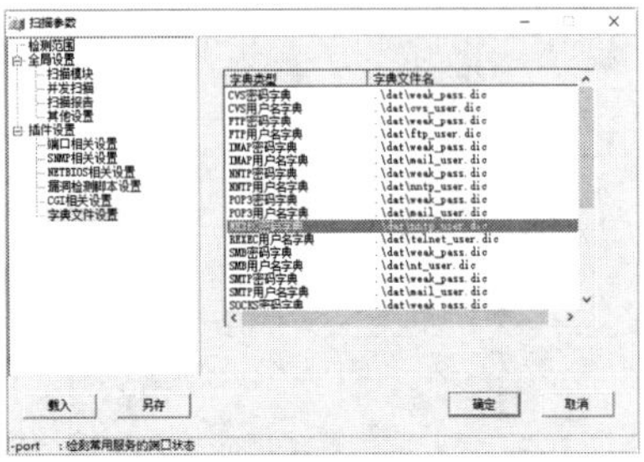

图 2-60 "扫描参数"对话框

步骤15 在其中选择相应的字典文件后，单击"打开"按钮，返回"扫描参数"对话框，即可完成字典文件的添加操作。设置好所有选项后，单击"确定"按钮，即可完成设置，如图 2-60 所示。

2. 使用 X-Scan 进行扫描

设置完 X-Scan 的各个属性后，就可以利用该工具对指定 IP 地址范围内的主机进行扫描，具体的操作步骤如下：

步骤01 在"X-Scan v3.3 GUI"主窗口中单击"开始扫描"按钮 ▶，即可进行扫描，在扫描的同时还会显示扫描进程和扫描所得到的信息，如图 2-61 所示。

步骤02 扫描完成后，即可看到 HTML 格式的扫描报告。在其中可以看到活动主机 IP 地址、存在的系统漏洞和其他安全隐患，同时还提出了安全隐患的解决方案，如图 2-62 所示。

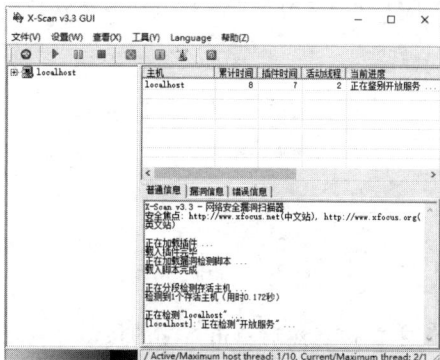

图 2-61　扫描主机信息

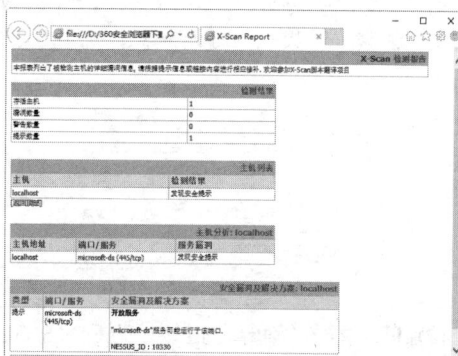

图 2-62　HTML 格式的扫描报告

步骤03 在"X-Scan v3.3 GUI"主窗口中切换到"漏洞信息"选项卡，在其中可以看到存在漏洞的主机信息，如图 2-63 所示。

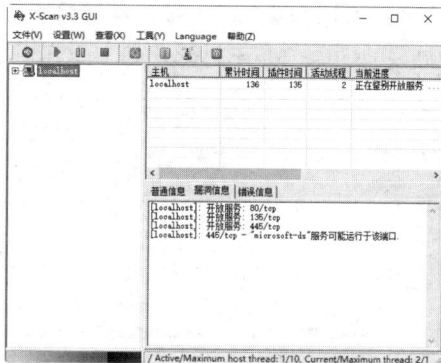

2.2.3　S-GUI Ver 扫描器

S-GUI Ver 扫描器是以 S.EXE 为核心的可视化端口扫描工具，该工具支持多端口扫描、线程控制、隐藏扫描、扫描列表、去掉端口、自动整理扫描结果等，是一款使用起来比较方便的端口扫描工具。

使用 S-GUI Ver 扫描端口的具体操作步骤如下：

步骤01 下载并解压"S-GUI Ver 2.0"软件，双击"S-GUI Ver 2.0.exe"图标，打开"S-GUI Ver 2.0"主窗口，如图 2-64 所示。

步骤02 在"S-GUI Ver 2.0"窗口的"扫描分段"选项组中分别输入开始 IP 和结束 IP，然后在"扫描设置"选项组的"端口"文本框中输入要扫描的端口，最后在"协议"选项区中选择"TCP"单选按钮，如图 2-65 所示。

图 2-63　"漏洞信息"选项卡

图 2-64　"S-GUI Ver 2.0"主窗口

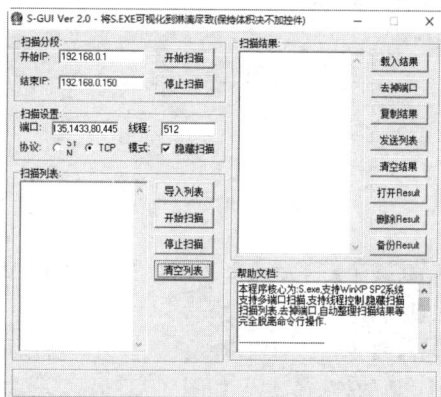

图 2-65　输入扫描 IP 地址段

步骤03 设置完毕后，单击"开始扫描"按钮，弹出"提示"对话框，在其中可以看到"扫描已经开始，正在扫描中，扫描完毕后有提示"提示信息，如图 2-66 所示。

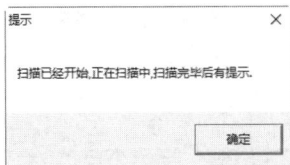

步骤04 单击"确定"按钮，将会弹出"Windows Script Host"对话框，在其中可以看到"扫描完毕，请载入结果…"提示信息，如图 2-67 所示。

图 2-66　"提示"对话框

图 2-67　扫描完毕

步骤05 单击"确定"按钮，返回"S-GUI Ver 2.0"主窗口，然后单击右侧的按钮"载入结果"，弹出"提示"对话框，在其中可以看到"你真的要【载入结果】吗？如果'是'将会覆盖掉【扫描结果】中的原有数据"提示信息，如图 2-68 所示。

步骤06 单击"是"按钮，将扫描结果添加到"扫描结果"列表框中，在其中可以看到扫描到的开放指定端口主机的 IP 地址及端口号，如图 2-69 所示。

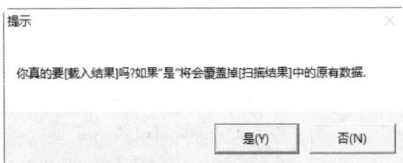

图 2-68　"提示"对话框

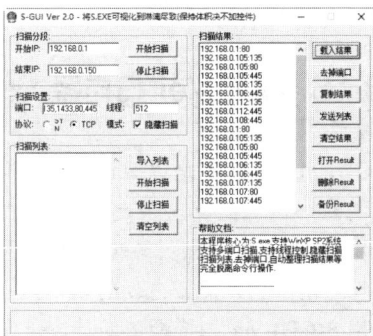

图 2-69　"扫描结果"列表框

步骤07 如果想要将扫描结果放入左侧的"扫描列表"中，则需要单击"发送列表"按钮，弹出"提示"对话框，在其中可以看到"你真的要将 [扫描结果] 发送到 [扫描列表] 吗？如果'是'将会覆盖掉 [扫描列表] 中的原有数据"提示信息，如图 2-70 所示。

步骤08 单击"是"按钮，弹出"提示"对话框，如图 2-71 所示。

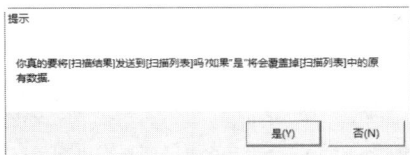

图 2-70　"提示"对话框

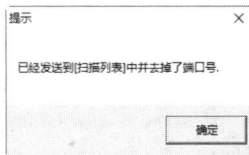

图 2-71　信息提示框

步骤09 单击"确定"按钮，在"S-GUI Ver 2.0"主窗口左侧的"扫描列表"中可以看到扫描到的主机列表，如图 2-72 所示。

步骤10 单击"打开 Result"按钮，将以记事本的形式打开"Result"记事本文件，在其中可以看到具体的扫描信息，如图 2-73 所示。

图 2-72　扫描到的主机列表

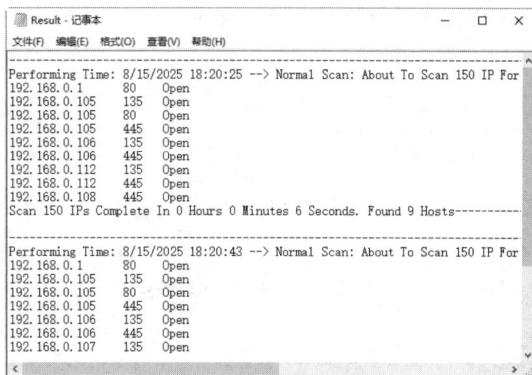

图 2-73　"Result"记事本文件

2.3　网络数据嗅探工具

　　网络嗅探是指利用计算机的网络接口截获目的地为其他计算机的数据包文的一种手段。网络嗅探的目的是数据捕获，网络嗅探系统并接在网络中，实现对于数据的捕获，这种方式和入侵检测系统相同，因此被称为网络嗅探。

2.3.1　嗅探利器 SmartSniff

　　SmartSniff 可以让用户捕获自己的网络适配器的 TCP/IP 数据包，并且可以按顺序查看客户端与服务器之间会话的数据。用户可以使用 ASCII 模式（用于基于文本的协议，如 HTTP、SMTP、POP3 与 FTP）、十六进制模式来查看 TCP/IP 会话（用于基于非文本的协议，如 DNS）。

　　利用 SmartSniff 捕获 TCP/IP 数据包的具体操作步骤如下：

　　步骤 01　双击桌面上的"SmartSniff"程序图标，打开"SmartSniff"主窗口，如图 2-74 所示。

　　步骤 02　单击"开始捕捉"按钮▶或按 F5 键，开始捕获当前主机与网络服务器之间传输的数据包，如图 2-75 所示。

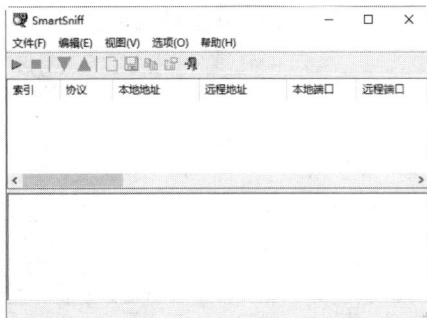

图 2-74　"SmartSniff"主窗口

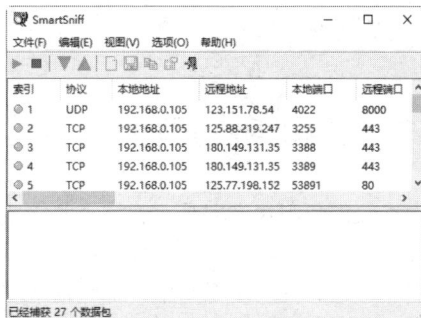

图 2-75　捕获数据包信息

　　步骤 03　单击"停止捕获"按钮■或按 F6 键，停止捕获数据，在列表框中选择任意一个 TCP 类型的数据包，即可查看其数据信息，如图 2-76 所示。

步骤 04 在列表框中选择任意一个 UDP 协议类型的数据包，即可查看其数据信息，如图 2-77 所示。

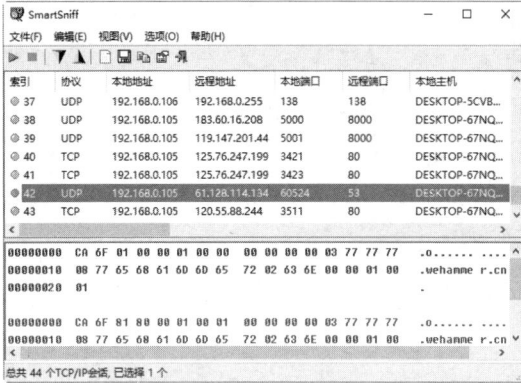

图 2-76　查看 TCP 类型的数据信息

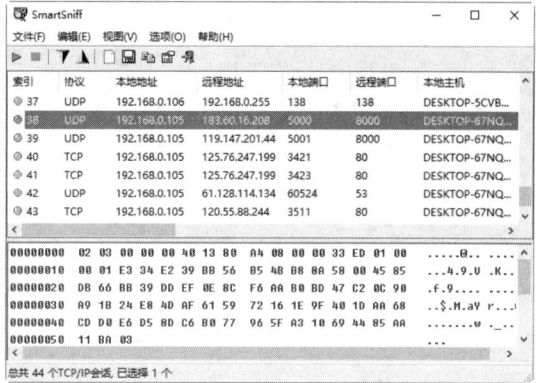

图 2-77　查看 UDP 类型的数据信息

步骤 05 在列表框中选择任意一个数据包，选择"文件"→"属性"命令，在弹出的"属性"对话框中可以查看其属性信息，如图 2-78 所示。

步骤 06 在列表框中选择任意一个数据包，选择"视图"→"网页报告 -TCP/IP 数据流"命令，将以网页形式查看数据流报告，如图 2-79 所示。

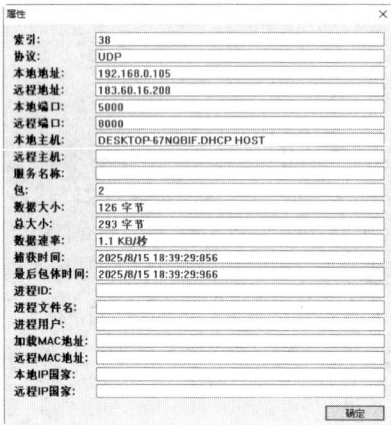

图 2-78　"属性"对话框

图 2-79　查看数据流报告

2.3.2　网络数据包嗅探专家

网络数据包嗅探专家是一款监视网络数据运行的嗅探器，它能够完整地捕捉到所处局域网中所有计算机的上行、下行数据包，用户可以将捕捉到的数据包保存下来，进行监视网络流量、分析数据包、查看网络资源利用、执行网络安全操作规则、鉴定分析网络数据，以及诊断并修复网络问题等操作。

使用网络数据包嗅探专家的具体操作方法如下：

步骤 01 打开网络数据包嗅探专家程序，其工作界面如图 2-80 所示。

步骤 02 单击"开始嗅探"按钮▶，开始捕获当前网络数据，如图 2-81 所示。

图 2-80 网络数据包嗅探专家

图 2-81 捕获当前网络数据

步骤03 单击"停止嗅探"按钮■，停止捕获数据包，当前的所有网络连接数据将在下方显示出来，如图 2-82 所示。

步骤04 单击"IP 地址连接"按钮，将在上方窗格中显示前一段时间内输入与输出数据的源地址与目标地址，如图 2-83 所示。

图 2-82 停止捕获数据包

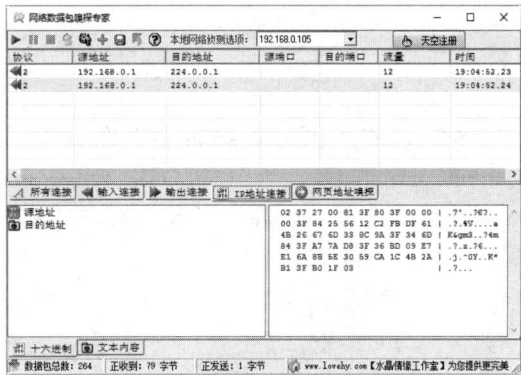

图 2-83 显示源地址与目标地址

步骤05 单击"网页地址嗅探"按钮，即可查看当前所连接网页的详细地址和文件类型，如图 2-84 所示。

图 2-84 显示详细地址和文件类型

2.4　实战演练

2.4.1　实战 1：在网络邻居中隐藏自己

如果不想让别人在"网络邻居"窗口中看到自己的计算机，则可以把自己的计算机在"网络邻居"窗口中隐藏，具体的操作步骤如下：

步骤01 右击"开始"按钮，在弹出的快捷菜单中选择"运行"命令，弹出"运行"对话框，在"打开"文本框中输入"regedit"命令，如图 2-85 所示。

步骤02 单击"确定"按钮，打开"注册表编辑器"窗口，如图 2-86 所示。

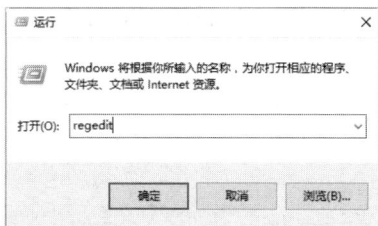

图 2-85　"运行"对话框

图 2-86　"注册表编辑器"窗口

步骤03 在"注册表编辑器"窗口中，展开分支到 HKEY_LOCAL_MACHINE\System\CurrentControlSet\Services\LanManServer\Parameters 子键下，如图 2-87 所示。

步骤04 选择"Hidden"子键，右击，在弹出的快捷菜单中选择"修改"命令，弹出"编辑字符串"对话框，如图 2-88 所示。

图 2-87　选择相应的子键

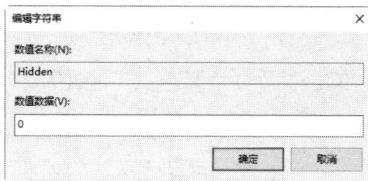

图 2-88　"编辑字符串"对话框

步骤05 在"数值数据"文本框中将 DWORD 类键值设置为 1，如图 2-89 所示。

步骤06 单击"确定"按钮，即可在"网络邻居"中隐藏自己的计算机，如图 2-90 所示。

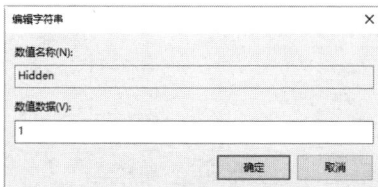

图 2-89　设置参数

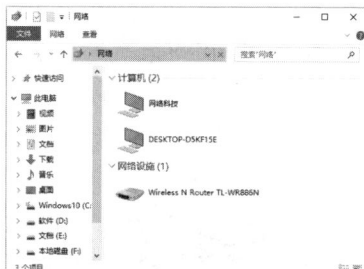

图 2-90　隐藏自己的计算机

2.4.2　实战 2：查看系统中的 ARP 缓存表

在利用网络欺骗实施攻击的过程中，经常用到的一种欺骗方式是 ARP 欺骗，但在实施 ARP 欺骗之前，需要查看 ARP 缓存表。那么如何查看系统的 ARP 缓存表信息呢？

具体的操作步骤如下：

步骤01 右击"开始"按钮，在弹出的快捷菜单中选择"运行"命令，弹出"运行"对话框，在"打开"文本框中输入"cmd"命令，如图 2-91 所示。

步骤02 单击"确定"按钮，打开"命令提示符"窗口，如图 2-92 所示。

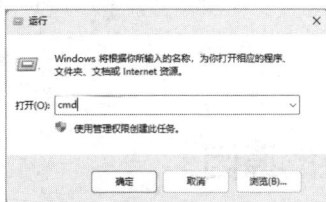

图 2-91　"运行"对话框

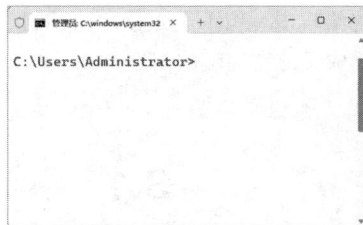

图 2-92　"命令提示符"窗口

步骤03 在其中输入"arp -a"命令，按 Enter 键执行命令，即可显示出本机系统的 ARP 缓存表中的内容，如图 2-93 所示。

步骤04 在"命令提示符"窗口中输入"arp -d"命令，按 Enter 键执行命令，即可删除 ARP 表中所有的内容，如图 2-94 所示。

图 2-93　显示 ARP 缓存表中的内容

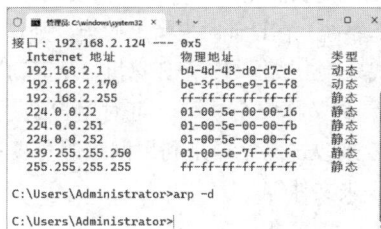

图 2-94　删除 ARP 表中的内容

第3章

漏洞扫描工具，让漏洞无处遁形

目前，用户普遍使用的操作系统为 Windows 操作系统，不过，该系统也存在系统漏洞与安全隐患，这就给攻击者留下了入侵攻击的机会。作为计算机用户，如何才能有效地防止攻击者的入侵攻击，就成了迫在眉睫的问题。

3.1　系统漏洞产生的原因

计算机系统漏洞也被称为系统安全缺陷，这些安全缺陷会被技术高低不等的入侵者所利用，从而达到控制目标主机或造成一些更具破坏性的影响的目的。

3.1.1　什么是系统漏洞

系统漏洞是指应用软件或操作系统软件在逻辑设计上的缺陷或在编写时产生的错误。某个程序（包括操作系统）在设计时未考虑周全，则这个缺陷或错误将可能被不法分子或黑客利用，通过植入病毒等方式来攻击或控制整个计算机，从而窃取计算机中的重要资料和信息，甚至破坏系统。

系统漏洞又称安全缺陷，可对用户造成不良后果。若漏洞被恶意用户利用，会造成信息泄露。攻击者来攻击网站即是利用网络服务器操作系统的漏洞，对用户操作造成不便，如不明原因的死机和丢失文件等。

3.1.2　产生系统漏洞的原因分析

系统漏洞的产生不是安装不当，也不是使用不当。归结起来，其产生的原因主要有以下几点：

（1）人为因素：编程人员在编写程序过程中故意在程序代码的隐蔽位置保留了后门。

（2）硬件因素：由于硬件的原因，编程人员无法弥补硬件的漏洞，从而使硬件问题通过软件表现出来。

（3）客观因素：受编程人员的能力、经验和当时的安全技术及加密方法发展水平所限，在程序中难免存在不足之处，而这些不足恰恰会导致系统漏洞的产生。

3.2　使用 Nessus 扫描漏洞

Nessus 是一款全面的漏洞扫描工具，能够快速识别网络上的各种漏洞和安全问题。不同于传统的漏洞扫描软件，Nessus 可同时在本机或远端进行系统的漏洞分析扫描。该软件的用户界面友好，适用于安全专业人士。

3.2.1　下载 Nessus

在使用 Nessus 扫描系统漏洞之前，首先需要下载 Nessus 软件，具体的操作步骤如下：

步骤01 在浏览器的地址栏中输入网址"https://www.tenable.com/downloads"，在下载页面中找到 Tenable Nessus 下载，如图 3-1 所示。

步骤02 单击 Tenable Nessus 会跳转到 Tenable Nessus 软件下载页面，如图 3-2 所示。

图 3-1　下载页面

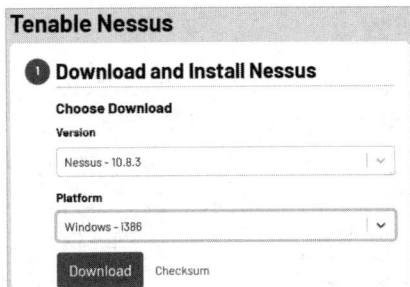

图 3-2　Nessus 软件下载页面

步骤03 选择要下载的版本，然后单击"Download"按钮，弹出一个许可协议，如图 3-3 所示。

步骤04 单击"I Agree"按钮，浏览器开始下载 Nessus 并显示下载的进度，如图 3-4 所示。

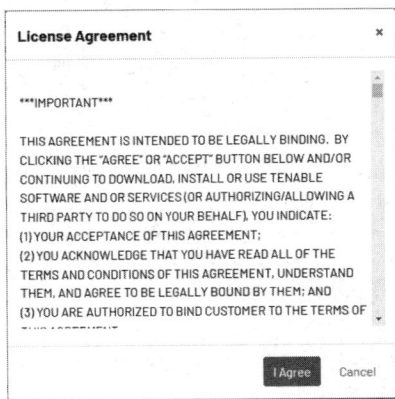

图 3-3　许可协议

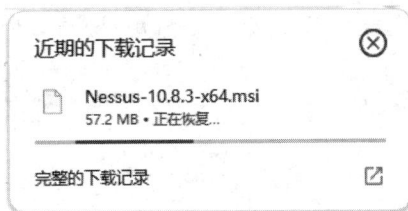

图 3-4　下载并保存 Nessus

3.2.2　安装 Nessus

Nessus 软件下载完成后，需要安装 Nessus 软件，具体的操作步骤如下：

步骤01 双击下载的 Nessus 可执行文件，打开如图 3-5 所示的安装界面。

步骤02 单击"Next（下一步）"按钮，弹出"License Agreement（许可协议）"对话框，如图 3-6 所示。

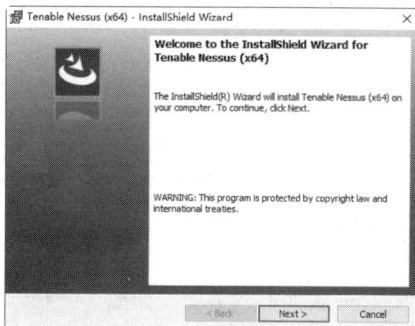

图 3-5　安装界面

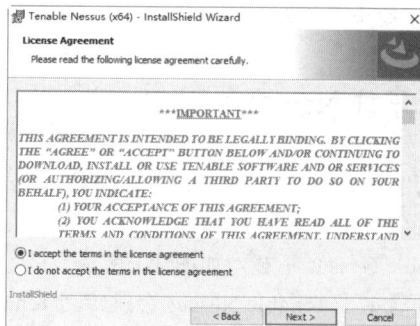

图 3-6　"许可协议"对话框

步骤03 单击"Next（下一步）"按钮，弹出"Destination Folder（目标文件夹）"对话框，这里采用默认目标文件夹，如图 3-7 所示。

步骤04 单击"Next（下一步）"按钮，弹出"Ready to Install the Program（准备安装此程序）"对话框，如图 3-8 所示。

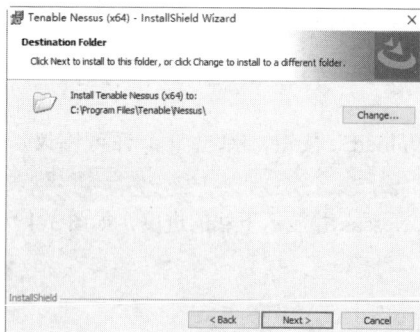

图 3-7　"目标文件夹"对话框

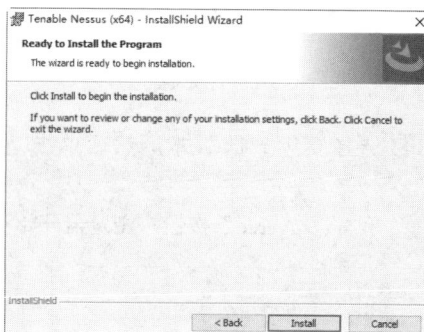

图 3-8　"准备安装此程序"对话框

步骤05 单击"Install（安装）"按钮，开始安装 Nessus 程序并显示安装进度，如图 3-9 所示。

步骤06 安装完成后，会弹出安装完成提示框，如图 3-10 所示。

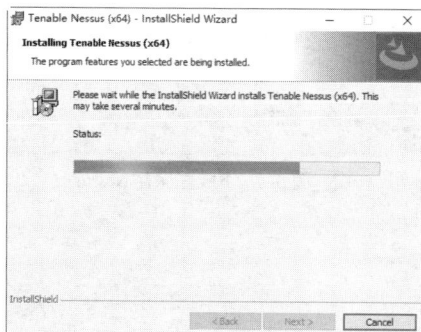

图 3-9　显示安装进度

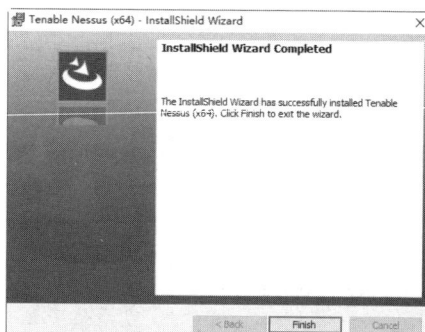

图 3-10　安装完成提示框

步骤07 打开浏览器，在地址栏中输入"https://localhost:8834/#/"，即可进入"Welcome to Nessus"界面，这里选择"Register Offline"复选框，如图 3-11 所示。

步骤08 单击"Continue（继续）"按钮，打开如图 3-12 所示的界面，在其中选中"Managed

Scanner"单选按钮。

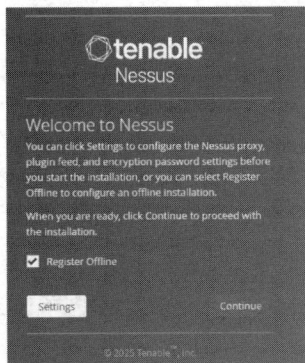

图 3-11 欢迎界面

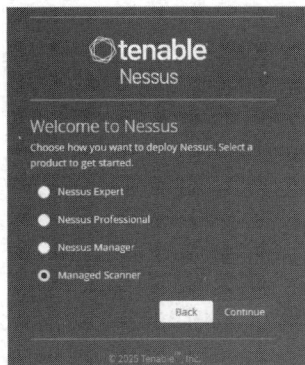

图 3-12 选择"Managed Scanner"单选按钮

步骤09 单击"Continue（继续）"按钮，打开"Managed Scanner"界面，选择"Tenable Security Center"选项，如图 3-13 所示。

步骤10 单击"Continue（继续）"按钮，打开"Create a user account"界面，在其中输入用户名与密码，如图 3-14 所示。

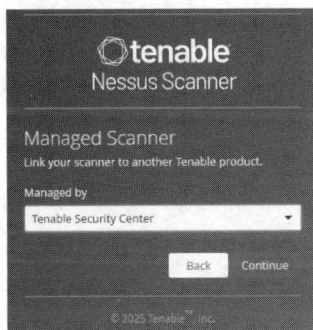

图 3-13 "Managed Scanner"界面

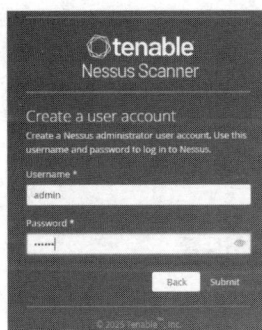

图 3-14 输入用户名与密码

步骤11 单击"Submit"按钮，Nessus 开始进行初始化，需要等待一会儿，如图 3-15 所示。

步骤12 初始化完成后，进入 Nessus 主页，如图 3-16 所示。

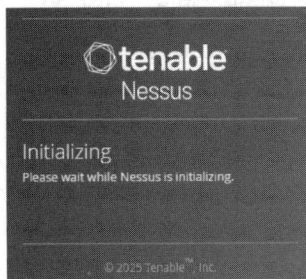

图 3-15 初始化界面

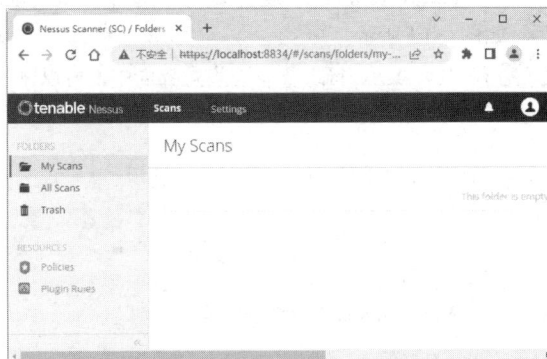

图 3-16 登录并进入主页

步骤13 在主页中选择左侧的"Policies"选项，进入策略项页面，如图 3-17 所示。

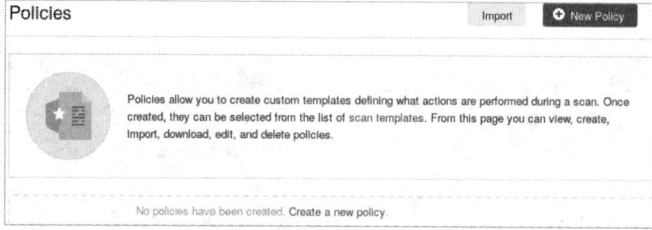

图 3-17　策略项页面

步骤14 首次进入时，里面并没有创建策略，这里需要先创建一个策略，单击"New Policy"按钮，创建一个新的策略，用户也可以在打开的如图 3-18 所示的界面中选择 Nessus 给出的策略模板。

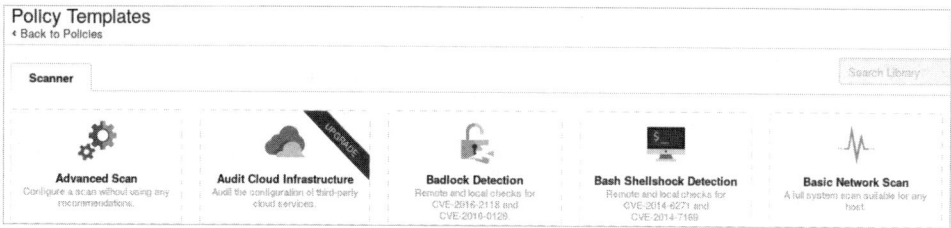

图 3-18　选择策略模板

提示：Nessus 默认提供了很多策略模板，只需选择相应的模板即可。由于它是一个商业版漏洞扫描器，因此有一些模板是收费的，凡是右上角注有"upgrade"字样的都需要升级到专业版及以上版本才可以使用。

3.2.3　高级扫描设置

高级扫描（Advanced Scan）是 Nessus 提供的一个针对所有网络设备的基础扫描，其他类型的扫描都是基于它的扩充或者修改。高级扫描中有很多设置选项，了解每个选项的作用对于配置适合的扫描类型有很大帮助。

高级扫描设置的操作步骤如下：

步骤01 在 Policy Templates 设置界面中选择"Advanced Scan"选项，进入"Advanced Scan"设置界面，如图 3-19 所示。

步骤02 在"BASIC（基础）"信息设置界面中，可以输入名称及一些描述信息，如图 3-20 所示。

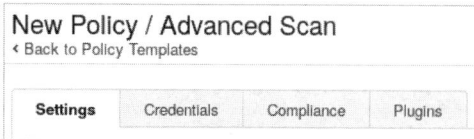

图 3-19　"Advanced Scan"设置界面

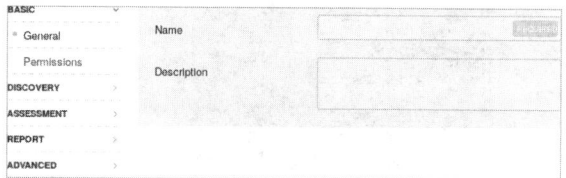

图 3-20　基础信息设置界面

步骤03 选择"DISCOVERY（权限）"选项，该选项提供有 3 个子选项，包括 Host Discovery（主机发现）、Port Scanning（端口扫描）和 Service Discovery（服务发现），如图 3-21 所示。

步骤04 选择"Host Discovery（主机发现）"选项，在打开的界面中可以设置 Ping 远程主机的方法，包括两个选项，如果选择第一个选项，表示本机在测试范围之内，第二个选项为快速网络发现，如果远程主机发送 Ping 包，Nessue 为了避免误报会执行其他操作来验证，如图 3-22 所示。

图 3-21　"DISCOVERY（权限）"选项

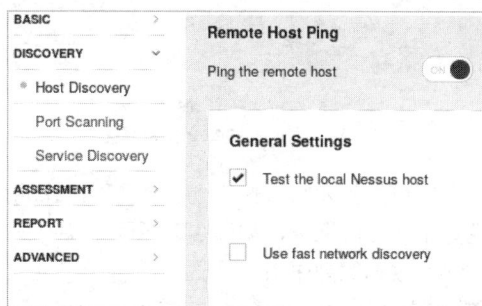

图 3-22　"Host Discovery（主机发现）"选项

提示：Ping 包的模式选择如图 3-23 所示，这里可以选择多种协议类型，包括 ARP、TCP、ICMP 及 UDP 等。由于 UDP 测试并不是很准确，所以可以看到这里默认并没有选中它，但是仍然提供该选项。

步骤05 比较脆弱的网络设备有 3 个选项可供选择，包括是否有共享打印、扫描网络设备、扫描网络控制设备，如图 3-24 所示。

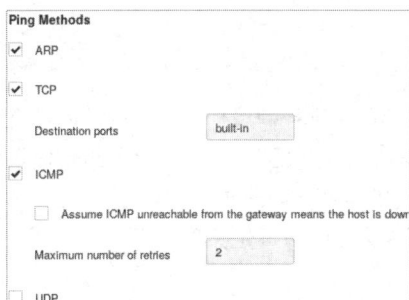

图 3-23　Ping 包的模式选择

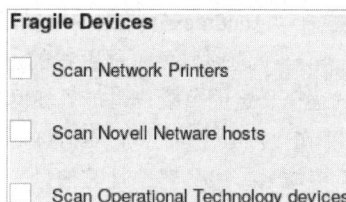

图 3-24　网络设备选项

步骤06 设置局域网唤醒选项，可以加入含有 MAC 地址表的文件，以及唤醒等待时间，这里以分钟为单位，如图 3-25 所示。

步骤07 选择端口扫描，进入端口过滤设置界面，如果选择"Consider unscanned ports as closed"复选框，则扫描的端口将视为关闭，不再进行扫描，这里建议不选择，如图 3-26 所示。

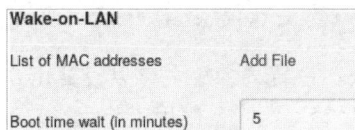

图 3-25　设置局域网唤醒选项

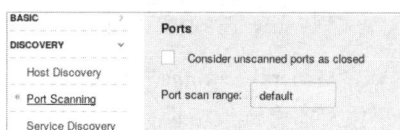

图 3-26　选择端口扫描

步骤08 本地端口集合设置界面，这里优先检查 SSH、WMI、SNMP 这些服务端口，只有当本地端口枚举失败后才运行网络端口扫描程序。最后一项默认没有选择，它用于验证本地所有打开的 TCP 端口，如图 3-27 所示。

步骤09 网络端口扫描使用默认的 SYN 包进行检测，如果需要进行防火墙过滤检测，可以选择下方的"Override automatic firewall detection"选项，这里给出了 3 个模式：Use soft detection（默认简单检测）、Use aggressive detection（主动检测）和 Disable detection（禁用检测），如图 3-28 所示。

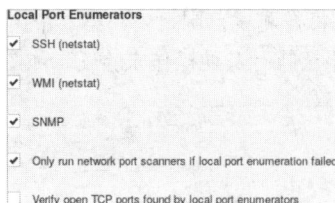

图 3-27　本地端口集合设置界面

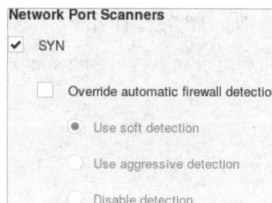

图 3-28　SYN 复选框

步骤10 选择服务发现选项，一般情况下，探测所有端口以查找服务，尝试将每个开放端口映射到该端口上运行的服务，如图 3-29 所示。注意，在一些罕见的情况下，这可能会中断一些服务，并导致不可预见的副作用。

步骤11 搜索 SSL/TLS 服务界面，默认为打开状态，可以选择只搜索 SSL/TLS 服务，或搜索所有端口，识别是否有快过期的证书，默认选择枚举所有 SSL/TLS 密码，启用 CRL 检查（连接到 Internet），如图 3-30 所示。

图 3-29　探测所有端口选项

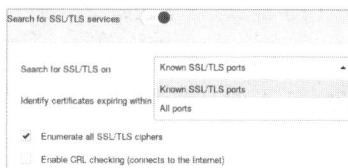

图 3-30　搜索 SSL/TLS 服务界面

步骤12 在"Accuracy"界面中可以进行准确性设置和执行彻底扫描，其中准确性有两个选项可供选择，第一个选项避免可能存在的虚假报警，第二个选项显示出可能存在的虚假报警，执行彻底的测试存在一定的风险，可能破坏网络或影响扫描速度，如图 3-31 所示。

步骤13 在"Antivirus"与"SMTP"界面中，可以对反病毒定义宽限期（以"天"计），可以对邮件设置域名、服务器地址等信息，如图 3-32 所示。

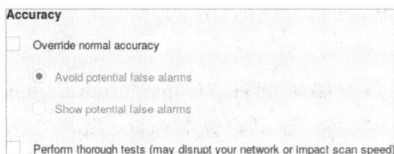

图 3-31　"Accuracy"界面

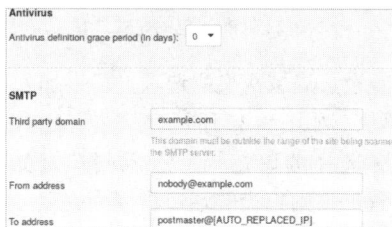

图 3-32　"Antivirus"与"SMTP"界面

步骤14 在"General Settings"与"Oracle Database"设置界面中，可以设置用户默认提供的凭证。如果用户的密码策略设置为在多次无效尝试后锁定账户，则用于防止账户锁定，使用 Oracle 数据库测试默认账户，可能会比较慢，如果有需要也可以选择，如图 3-33 所示。

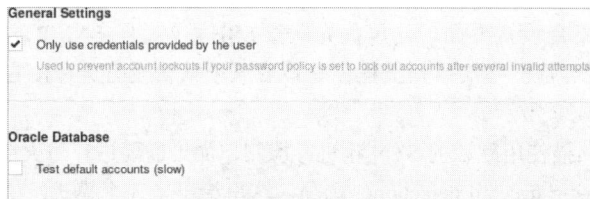

图 3-33　"General Settings"与"Oracle Database"设置界面

注意：Nessus 还具有其他高级扫描设置选项，这里不再详细介绍，用户可以自行安装该软件后，打开软件的设置界面，从中学习各个设置选项的作用。

3.2.4　开始扫描漏洞

本节使用 Nessus 从创建新的扫描开始，建立一个完整的扫描，直到最后的漏洞报告。创建一个完整的扫描需要以下几个步骤：

步骤01 创建一个新的扫描，这里选择高级扫描项，在基础设置中输入一个扫描的名称及目标地址，如图 3-34 所示。

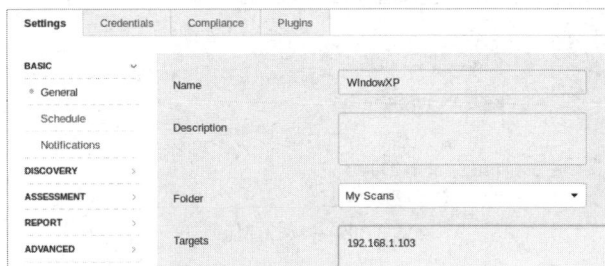

图 3-34　输入扫描的名称及目标地址

步骤02 这里以 Windows XP 来测试，在凭证中选择 Windows，输入账号和密码，如图 3-35 所示。这样 Nessus 会登录到系统提供更全面的一个扫描，其中也包括勒索病毒扫描，如果是在 Linux 系统则选择 SSH。当然 Nessus 还支持其他更多的登录，比如邮件服务器、数据库等，根据实际需要添加凭证。

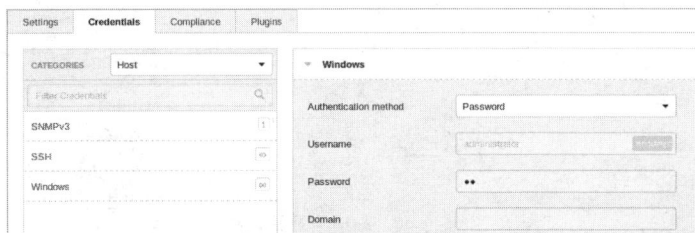

图 3-35　输入密码

步骤03 添加完账号后下方有一个全局设置，包括 4 个选项，如图 3-36 所示。

步骤04 合规性设置，如果已知目标主机的操作系统类型，可以从这里进行设置，还可以选择不同的应用，这里选择 Windows XP 系统，如图 3-37 所示。

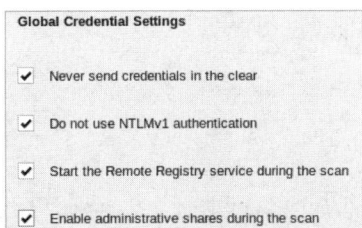

图 3-36　选择相应的复选框

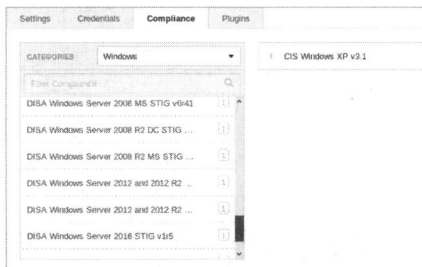

图 3-37　选择 Windows XP 系统

步骤05 选择完成后单击"Save"按钮，对所有的设置进行保存，在扫描中可以看到新创建的扫描任务，如图 3-38 所示。

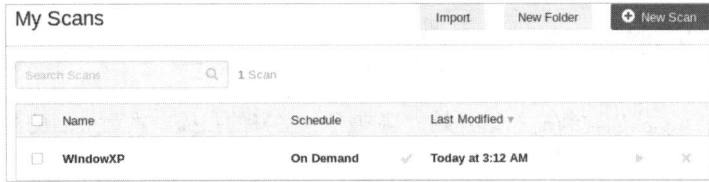

图 3-38　查看新创建的扫描任务

步骤06 如果不需要定时任务，直接单击最右侧的类似播放的一个三角形图标按钮，便可以启动扫描，如图 3-39 所示。

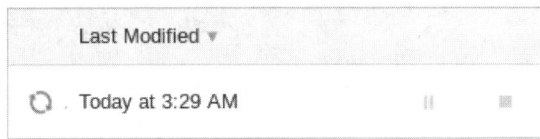

图 3-39　启动扫描任务

步骤07 扫描完成后，可以单击该扫描项跳转到扫描结果页面，如图 3-40 所示，这里会列出详细的扫描信息，并且以不同颜色标注出各种威胁程度的漏洞数量。

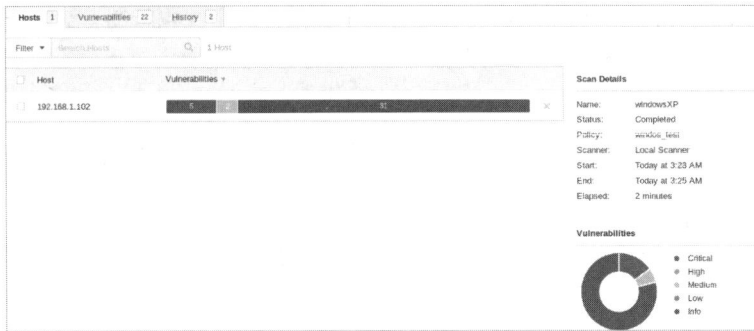

图 3-40　扫描结果页面

步骤08 单击"Export"右侧的下拉按钮，在打开的下拉列表框中可以选择将扫描结果以何种形式进行导出，如图 3-41 所示。

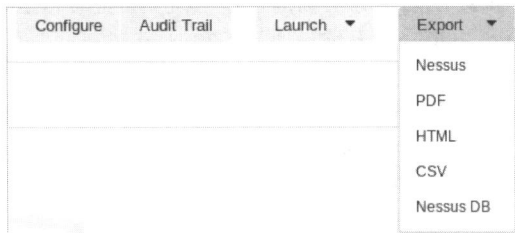

图 3-41　选择导出方式

步骤09 这里以生成 PDF 格式为例，生成的扫描报告如图 3-42 所示，其中列出了每一种漏洞的详细说明及修补方法。

图 3-42　生成的扫描报告

3.3　修补系统漏洞工具

要想防范系统漏洞，首选是及时为系统打补丁，下面介绍几个修补系统漏洞工具的使用方法。

3.3.1　使用 Windows 更新修补漏洞

Windows 更新是系统自带的用于检测系统更新的工具，使用 Windows 更新可以下载并安装系统更新，具体的操作步骤如下：

步骤 01　右击"开始"按钮，在弹出的快捷菜单中选择"设置"命令，如图 3-43 所示。

步骤 02　打开"设置"窗口，在其中可以看到有关系统设置的相关功能，如图 3-44 所示。

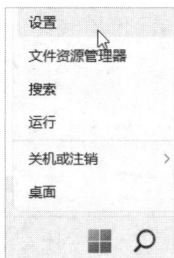

图 3-43　选择"设置"命令

图 3-44　"设置"窗口

步骤 03 选择"Windows 更新"选项，进入"Windows 更新"窗口，如图 3-45 所示。

步骤 04 单击"检查更新"按钮，即可开始检查网上是否存在更新文件，如图 3-46 所示。

图 3-45 "Windows 更新"窗口

图 3-46 检查更新

步骤 05 检查完毕后，如果存在更新文件，则会弹出如图 3-47 所示的信息提示，提示用户有可用更新，并自动开始下载更新文件。

步骤 06 下载完毕后，系统会自动安装更新文件。安装完毕后，会弹出如图 3-48 所示的信息提示，单击"立即重新启动"按钮，重新启动计算机，重新启动完毕后，即可完成 Windows 更新。

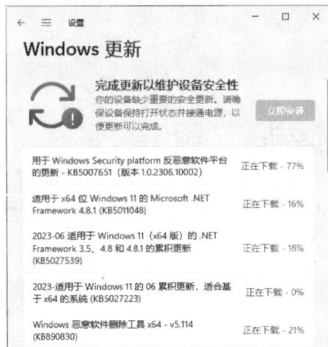

图 3-47 下载更新

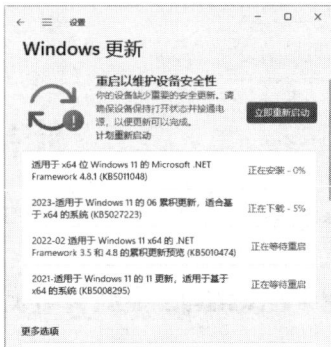

图 3-48 信息提示

步骤 07 单击"计划重新启动"超链接，在打开的界面中可以设置更新时间，如图 3-49 所示。

步骤 08 单击"更多选项"区域中的"高级选项"超链接，打开"高级选项"设置界面，在其中可以设置更新的其他高级选项，如图 3-50 所示。

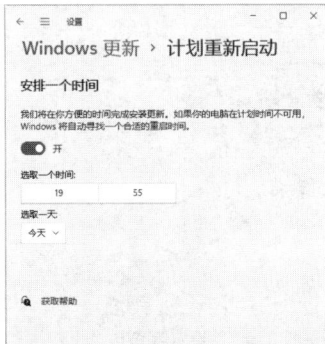

图 3-49 设置更新时间

图 3-50 "高级选项"设置界面

3.3.2　使用电脑管家修补漏洞

除了使用 Windows 系统自带的 Windows Update 下载并及时为系统修复漏洞，还可以使用第三方软件及时为系统下载并安装漏洞补丁，常用的有电脑管家 360 安全卫士、优化大师等。

使用电脑管家修复系统漏洞的具体操作步骤如下：

步骤01 双击桌面上的电脑管家图标，打开"电脑管家"窗口，如图 3-51 所示。

步骤02 选择"安全工具"选项，进入如图 3-52 所示的页面。

图 3-51　"电脑管家"窗口

图 3-52　"电脑安全工具"窗口

步骤03 单击"系统漏洞修复"区域中的"立即修复"按钮，电脑管家开始自动扫描系统中存在的漏洞，并在下面的界面中显示出来，用户在其中可以自主选择需要修复的漏洞，如图 3-53 所示。

步骤04 单击"一键修复"按钮，开始修复系统中存在的漏洞，如图 3-54 所示。

图 3-53　显示系统漏洞

图 3-54　修复系统漏洞

步骤05 修复完成后，系统漏洞的状态变为"修复成功"，如图 3-55 所示。

图 3-55　成功修复系统漏洞

3.3.3 使用 360 安全卫士修补漏洞

使用 360 安全卫士扫描系统漏洞并修补漏洞的操作步骤如下：

步骤01 双击桌面上的 360 安全卫士快捷图标，进入 360 安全卫士工作界面，如图 3-56 所示。

步骤02 单击"系统修复"图标，开始检测计算机的状态，检测完毕后，即可显示出当前计算机的系统漏洞，如图 3-57 所示。

图 3-56　360 安全卫士工作界面

图 3-57　系统漏洞

步骤03 单击"一键修复"按钮，即可开始下载并修复系统漏洞，如图 3-58 所示。

步骤04 修复完成后，会给出相应的修复结果，如图 3-59 所示。

图 3-58　下载并修复系统漏洞

图 3-59　系统漏洞修复结果

3.4　实战演练

3.4.1　实战 1：修补蓝牙协议中的漏洞

蓝牙协议中的 BlueBorne 漏洞可以使 53 亿带蓝牙的设备受到影响，这个影响包括安卓、iOS、Windows、Linux 在内的所有带蓝牙功能的设备，攻击者甚至不需要进行设备配对，就能发动攻击，完全控制受害者的设备。

攻击者一旦触发该漏洞，计算机会在用户没有任何感知的情况下，访问攻击者构造的钓鱼网站。不过，微软已经发布了 BlueBorne 漏洞的安全更新，广大用户使用电脑管家及时打补丁，或手动关闭蓝牙适配器，可有效规避 BlueBorne 攻击。

关闭计算机中蓝牙设备的操作步骤如下：

步骤01 右击"开始"按钮，在弹出的快捷菜单中选择"设置"命令，如图 3-60 所示。

步骤02 打开"设置"窗口，在其中显示了 Windows 设置的相关项目，如图 3-61 所示。

图 3-60　选择"设置"命令

图 3-61　"设置"窗口

步骤03 选择"蓝牙和其他设备"选项，进入"蓝牙和其他设备"工作界面，在其中显示当前计算机的蓝牙设备处于开启状态，如图 3-62 所示。

步骤04 单击"蓝牙"右侧的"开"按钮，即可关闭蓝牙设备，如图 3-63 所示。

图 3-62　"蓝牙和其他设备"工作界面

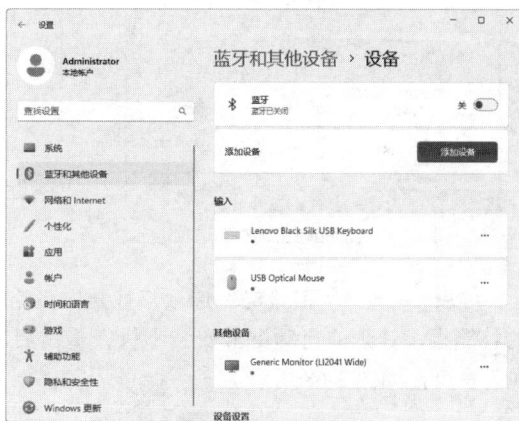

图 3-63　关闭蓝牙设备

3.4.2　实战 2：修补系统漏洞后手动重启

一般情况下，在 Windows 每次自动下载并安装好补丁后，就会每隔 11 分钟弹出窗口要求重启启动。如果不小心单击了"立即重新启动"按钮，则有可能影响当前计算机中的其他操作。那么如何才能让 Windows 安装完补丁后不自动弹出"重新启动"的信息提示框呢？具体的操作步骤如下：

步骤01 单击"开始"按钮，在打开的菜单中选择"所有程序"→"附件"→"运行"命令，弹出"运行"对话框，在"打开"文本框中输入"gpedit.msc"命令，如图 3-64 所示。

步骤02 单击"确定"按钮，即可打开"本地组策略编辑器"窗口，如图 3-65 所示。

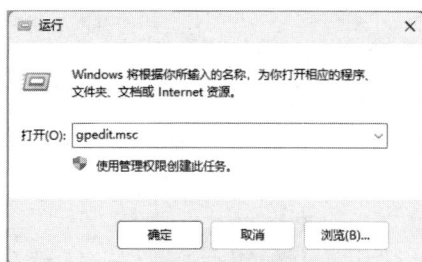

图 3-64 "运行"对话框

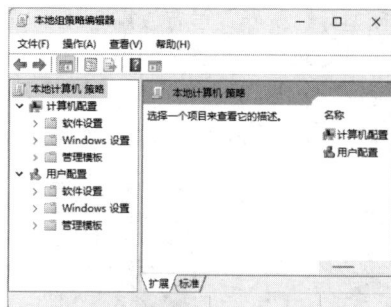

图 3-65 "本地组策略编辑器"窗口

步骤 03 在窗口的左侧依次选择"计算机配置"→"管理模板"→"Windows 组件"选项，如图 3-66 所示。

步骤 04 展开"Windows 组件"选项，选择"Windows 更新"选项。此时，在右侧的窗格中将显示 Windows 更新的所有设置，如图 3-67 所示。

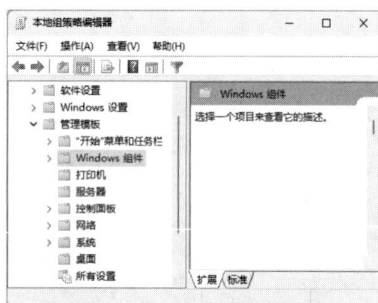

图 3-66 "Windows 组件"选项

图 3-67 "Windows 更新"选项

步骤 05 选择"旧策略"选项，打开旧策略列表，在右侧的窗格中选中"对于有已登录用户的计算机，计划的自动更新安装不执行重新启动"选项并右击，在弹出的快捷菜单中选择"编辑"命令，如图 3-68 所示。

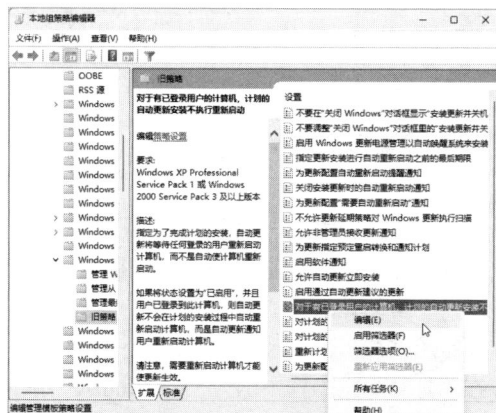

图 3-68 选择"编辑"命令

步骤 06 弹出"对于有已登录用户的计算机，计划的自动更新安装不执行重新启动"对话框，在其中选中"已启用"单选按钮，如图 3-69 所示。

图 3-69　选中"已启用"单选按钮

步骤 07 单击"确定"按钮，返回"本地组策略编辑器"窗口中，此时用户即可看到"对于有已登录用户的计算机，计划的自动更新安装不执行重新启动"选择的状态是"已启用"。这样，在自动更新完补丁后，将不会再弹出重新启动计算机的信息提示框，如图 3-70 所示。

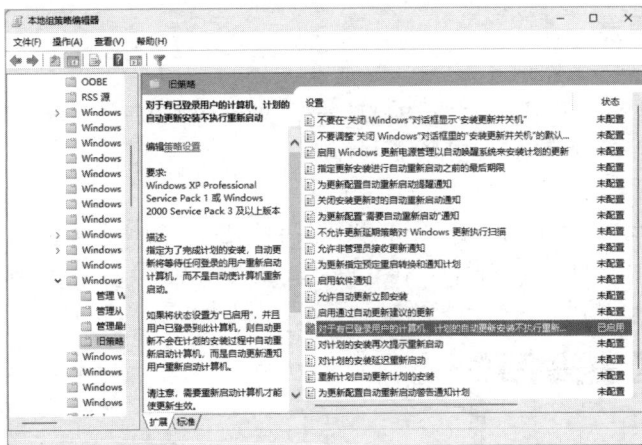

图 3-70　"已启用"状态

第4章

恶意软件清除工具，还系统一个"清白"

在这个追求体验、视觉化的时代，仅有思想和成果已远远不够，还要学会表达、学会展示。计算机作为制作与展示的主要工具，存储有大量数据，要想使计算机设备不受或少受攻击者的攻击，最重要的一点就是不能忽视系统的安全细节，例如及时清理系统中恶意软件，还系统一个"清白"。

4.1 间谍软件清除工具

间谍软件是一种能够在用户不知情的情况下，在其计算机上安装后门、收集用户信息的软件。间谍软件以恶意后门程序的形式存在，该程序可以打开端口、启动 FTP 服务器，或者搜集击键信息并将信息反馈给攻击者。

4.1.1 事件查看器

不管读者是不是计算机高手，都要学会自己根据 Windows 自带的"事件查看器"选项，对应用程序、系统、安全和设置等进程进行分析与管理。

通过事件查看器查找间谍软件的操作步骤如下：

步骤01 右击"此电脑"图标，在弹出的快捷菜单中选择"管理"命令，如图 4-1 所示。

步骤02 打开"计算机管理"窗口，在其中可以看到系统工具、存储、服务和应用程序 3 个方面的内容，如图 4-2 所示。

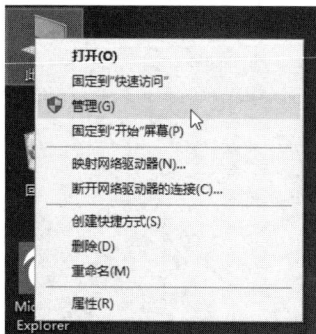

图 4-1 选择"管理"命令

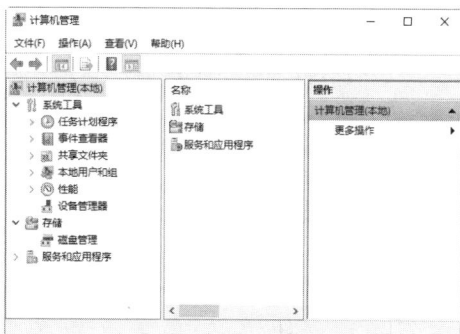

图 4-2 "计算机管理"窗口

步骤03 在左侧依次展开"计算机管理（本地）"→"系统工具"→"事件查看器"选项，即可展开事件查看器显示所包含的内容，如图 4-3 所示。

步骤04 双击"Windows 日志"选项，将在右侧显示有关 Windows 日志的相关内容，包括应用程序、安全、设置、系统和已转发事件等，如图 4-4 所示。

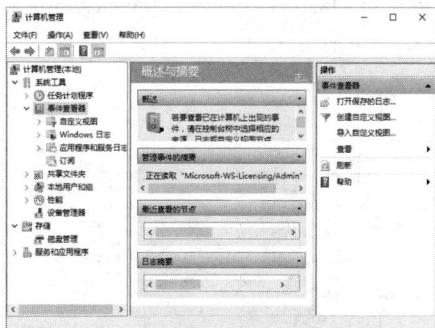

图 4-3　"事件查看器"选项

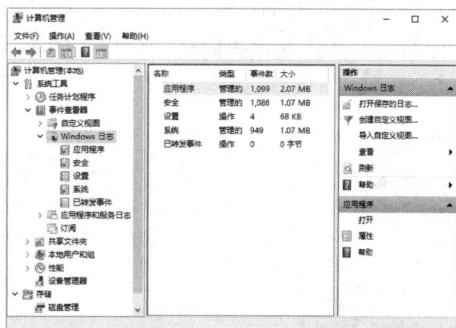

图 4-4　"Windows 日志"选项

步骤05 双击右侧区域中的"应用程序"选项，即可在打开的界面中看到非常详细的应用程序信息，其中包括应用程序被打开、修改、权限过户、权限登记、关闭，以及重要的出错或兼容性信息等，如图 4-5 所示。

步骤06 右击其中任意一条信息，在弹出的快捷菜单中选择"事件属性"命令，如图 4-6 所示。

图 4-5　"应用程序"选项

图 4-6　选择"事件属性"命令

步骤07 弹出"事件属性"对话框，在该对话框中可以查看该事件的常规属性及详细信息等，如图 4-7 所示。

步骤08 右击其中任意一条应用程序信息，在弹出的快捷菜单中选择"保存选择的事件"命令，弹出"另存为"对话框，在"文件名"文本框中输入事件的名称，并选择事件保存的类型，如图 4-8 所示。

图 4-7　"事件属性"对话框

图 4-8　"另存为"对话框

步骤09 单击"保存"按钮，保存事件并弹出"显示信息"对话框，在其中设置是否要在其他计算机中正确查看此日志。设置完毕后，单击"确定"按钮，即可保存设置，如图 4-9 所示。

步骤10 双击左侧的"安全"选项，可以将计算机记录的安全性事件信息全部枚举于此，用户可以对其进行具体查看和保存、附加程序等，如图 4-10 所示。

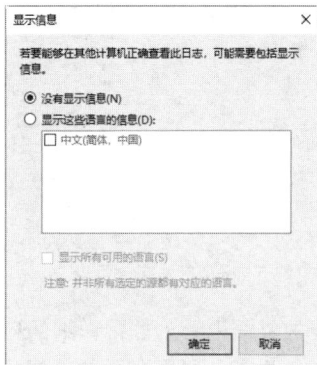

图 4-9 "显示信息"对话框

图 4-10 "安全"选项

步骤11 双击左侧的"Setup"选项，在右侧将会展开系统设置的详细内容，如图 4-11 所示。

步骤12 双击左侧的"系统"选项，会在右侧看到 Windows 操作系统运行时的内核及上层软硬件之间的运行记录，这里面会记录大量的错误信息，是黑客们分析目标计算机漏洞时最常用到的信息库，用户最好熟悉错误码，这样可以提高查找间谍软件的效率，如图 4-12 所示。

图 4-11 "Setup"选项

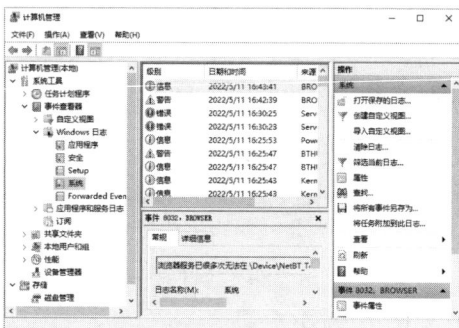

图 4-12 "系统"选项

4.1.2 反间谍专家

使用反间谍专家可以扫描系统薄弱环节，全面扫描硬盘，智能检测和查杀超过上万种木马、蠕虫、间谍软件等，终止它们的恶意行为。当检测到可疑文件时，该工具还可以将其隔离，从而保护系统的安全。

下面介绍使用反间谍专家软件的基本步骤。

步骤01 运行反间谍专家程序，打开"反间谍专家"主界面，从中可以看出反间谍专家有"快速查杀"和"完全查杀"两种方式，如图 4-13 所示。

步骤02 在"查杀"栏目中单击"快速查杀"按钮，在右侧的窗口中单击"开始查杀"按钮，弹出"扫描状态"对话框，如图 4-14 所示。

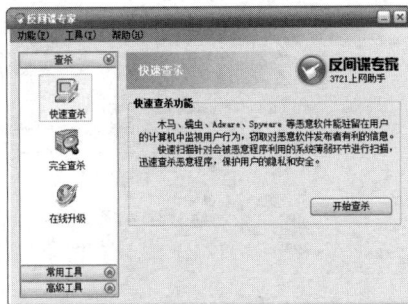

图 4-13 "反间谍专家"主界面

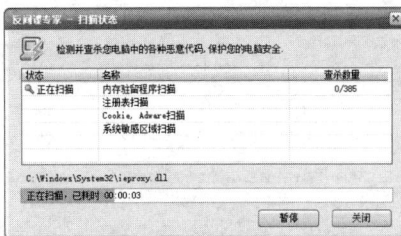

图 4-14 "扫描状态"对话框

步骤03 扫描结束后，弹出"扫描报告"对话框，在其中列出了扫描到的恶意代码，如图 4-15 所示。

步骤04 单击"选择全部"按钮，选中全部的恶意代码，然后单击"清除"按钮，即可快速清除扫描到的恶意代码，如图 4-16 所示。

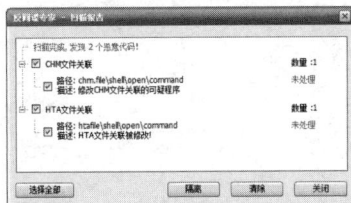

图 4-15 "扫描报告"对话框

图 4-16 清除完成信息框

步骤05 如果要彻底扫描并查杀恶意代码，则需采用"完全查杀"方式。在"反间谍专家"窗口中单击"完全查杀"按钮，打开"完全查杀"界面，从中可以看出完全查杀有 3 种快捷方式供选择，这里选中"扫描本地硬盘中的所有文件"单选按钮，如图 4-17 所示。

步骤06 单击"开始查杀"按钮，弹出"扫描状态"对话框，在其中可以查看查杀进程，如图 4-18 所示。

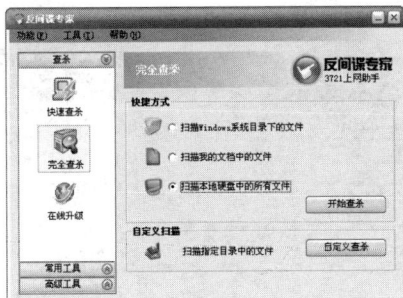

图 4-17 选择"完全查杀"方式

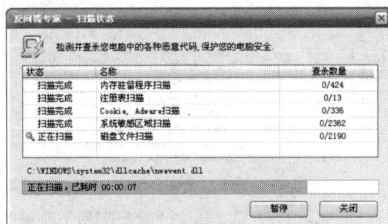

图 4-18 查看查杀进程

步骤07 扫描结束后，弹出"扫描报告"对话框，在其中列出了所扫描到的恶意代码。选择要清除的恶意代码前面的复选框，单击"清除"按钮，即可删除这些恶意代码，如图 4-19 所示。

步骤08 在"反间谍专家"主界面中切换到"常用工具"栏目，单击"系统免疫"按钮，打开"系统免疫"界面，单击"启用"按钮，即可确保系统不受到恶意程序的攻击，如图 4-20 所示。

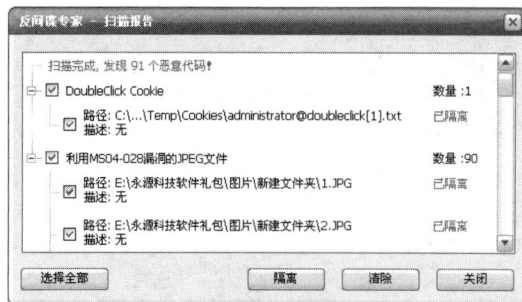

图 4-19 "扫描报告"对话框

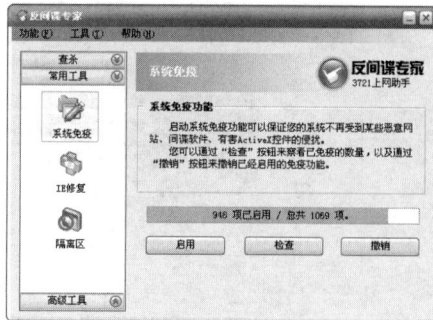

图 4-20 "系统免疫"界面

步骤09 单击"隔离区"按钮，则可查看已经隔离的恶意代码，选择隔离的恶意项目可以对其进行恢复或清除操作，如图 4-21 所示。

步骤10 单击"高级工具"功能栏，进入"高级工具"设置界面，如图 4-22 所示。

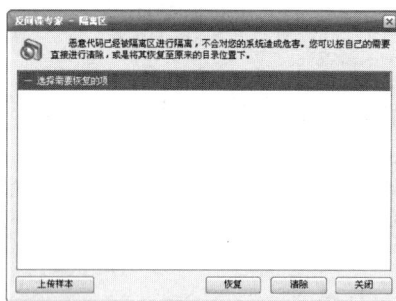

图 4-21 查看隔离的恶意代码

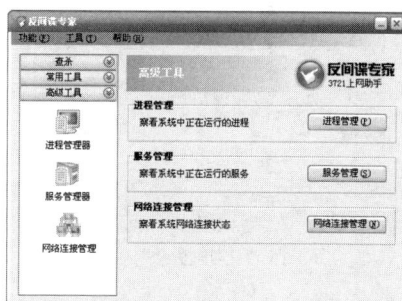

图 4-22 "高级工具"界面

步骤11 单击"进程管理"按钮，弹出"进程管理器"对话框，在其中对进程进行相应的管理，如图 4-23 所示。

步骤12 单击"服务管理"按钮，弹出"服务管理器"对话框，在其中对服务进行相应的管理，如图 4-24 所示。

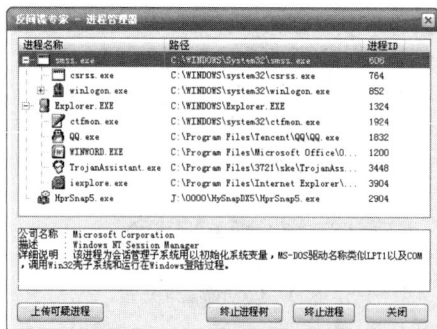

图 4-23 "进程管理器"对话框

图 4-24 "服务管理器"对话框

步骤13 单击"网络连接管理"按钮，弹出"网络连接管理器"对话框，在其中对网络连接进行相应的管理，如图 4-25 所示。

步骤14 选择"工具"→"综合设定"命令，弹出"综合设定"对话框，在其中对扫描设定进行相应的设置，如图 4-26 所示。

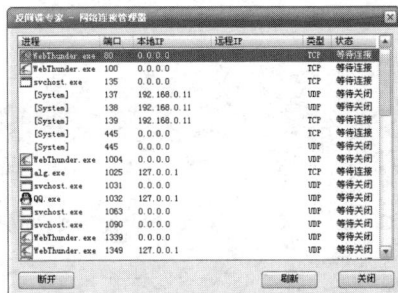

图 4-25 "网络连接管理器"对话框

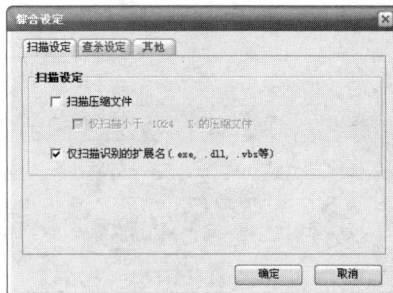

图 4-26 "综合设定"对话框

步骤 15 选择"查杀设定"选项卡，进入"查杀设定"设置界面，在其中设定发现恶意程序时的默认动作，如图 4-27 所示。

4.1.3 Spybot-Search&Destroy 软件

Spybot-Search&Destroy 是一款专门用来清理间谍程序的工具。到目前为止，它已经可以检测一万多种间谍软件（Spyware），并对其中的一千多种进行免疫处理。而且这

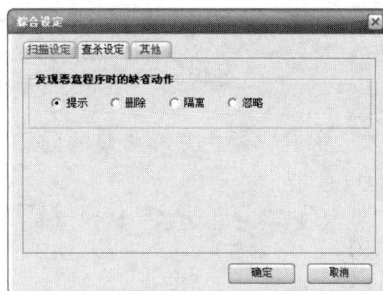

图 4-27 "查杀设定"选项卡

个软件是完全免费的，并有中文语言包支持，可以在 Server 级别的操作系统上使用。

下面介绍使用 Spybot 软件查杀间谍软件的基本步骤。

步骤 01 安装 Spybot-Search&Destroy 软件并设置好初始化之后，打开其工作界面，如图 4-28 所示。

步骤 02 由于该软件支持多种语言，所以在其工作界面中选择"Languages"→"简体中文"命令，将程序主界面切换为中文模式，如图 4-29 所示。

图 4-28 Spybot 工作界面

图 4-29 切换到中文模式

步骤 03 单击其中的"检测"按钮或单击左侧的"检查与修复"按钮，打开"检测与修复"窗口，单击"检测与修复"按钮，Spybot 此时即可开始检查系统找到的存在的间谍软件，如图 4-30 所示。

步骤 04 软件检查完毕后，检查页上将会列出在系统中查到的可能有问题的。选择某个检查到的问题软件，再单击右侧的分栏箭头，即可查询到有关该问题软件的发布公司，软件功能、说

明和危害种类等信息，如图 4-31 所示。

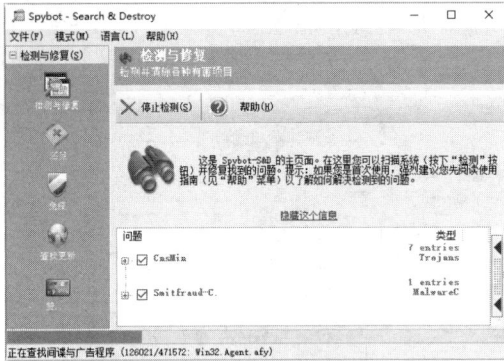

图 4-30 检测间谍软件

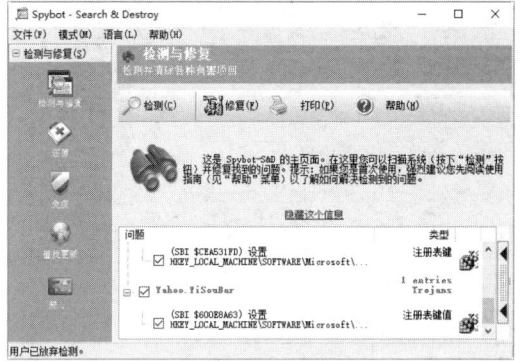

图 4-31 查看详细信息

步骤05 选中需要修复的问题软件，单击"修复"按钮，弹出"确认"信息提示框，如图 4-32 所示。

步骤06 单击"是"按钮，即可看到在下次系统启动时自动运行提示框，如图 4-33 所示。

图 4-32 "确认"信息提示框

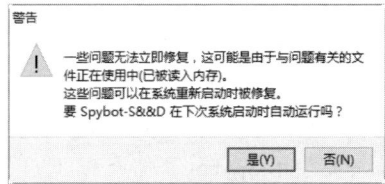

图 4-33 "警告"提示框

步骤07 单击"是"按钮，即可将选取的间谍软件从系统中清除，如图 4-34 所示。

步骤08 修复完成后，即可看到"确认"信息提示框。在其中会显示成功修复及尚未修复问题的数目，并建议重启计算机。单击"确定"按钮，重启计算机修复未修复的问题即可，如图 4-35 所示。

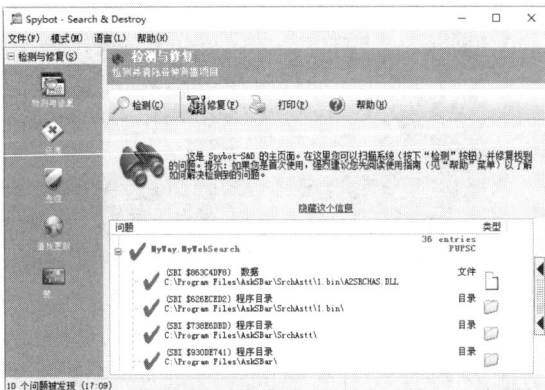

图 4-34 清除间谍软件

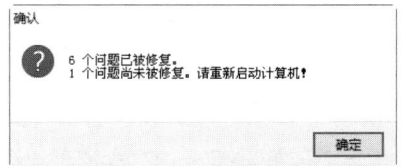

图 4-35 "确认"信息提示框

步骤09 单击"还原"按钮，在打开的界面中选择需要还原的项目，单击"还原"按钮，如图 4-36 所示。

步骤10 弹出"确认"信息提示框，提示用户是否要撤销先前所做的修改，如图 4-37 所示。

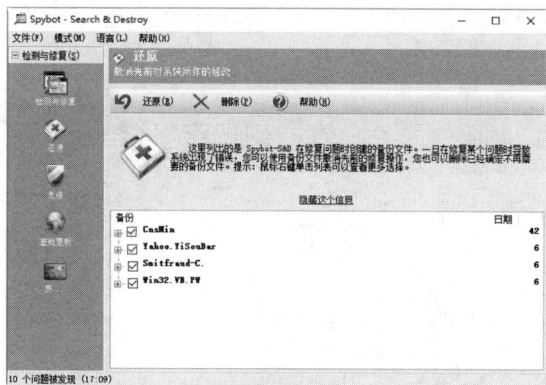

图 4-36　选择还原项目

图 4-37　"确认"信息提示框

步骤11 单击"是"按钮，将修复的问题还原到原来的状态，还原完毕后弹出"信息"提示框，如图 4-38 所示。

步骤12 单击"免疫"按钮，进入"免疫"设置界面，免疫功能可以使用户的系统具有抵御间谍软件的免疫效果，如图 4-39 所示。

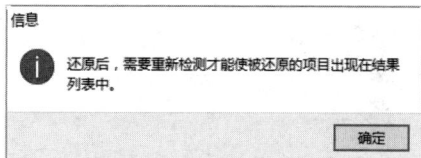

图 4-38　"信息"提示框

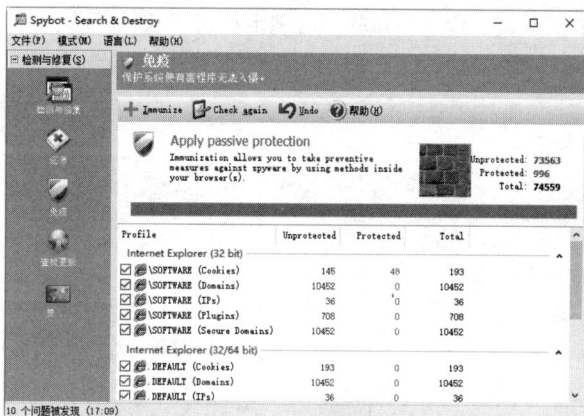

图 4-39　"免疫"设置界面

4.2　流氓软件清除工具

在安装软件的过程中，一些流氓软件也有可能会强制安装进来，并会在注册表中添加相关的信息，普通的卸载方法并不能将流氓软件彻底删除，如果想将流氓软件所有的信息全部删除，可以使用第三方软件来卸载程序。

4.2.1　360 安全卫士

使用 360 安全卫士可以卸载流氓软件，具体的操作步骤如下：

步骤01 启动 360 安全卫士，在打开的主界面中选择"电脑清理"选项，进入电脑清理界面，如图 4-40 所示。

步骤02 在电脑清理界面中选择"清理插件"选项，然后单击"一键清理"按钮，即可扫描系统中的流氓软件，如图4-41所示。

图 4-40　电脑清理界面

图 4-41　扫描系统中的流氓软件

步骤03 扫描完成后，单击"一键清理"按钮，即可对扫描出来的流氓软件进行清理，并给出清理完成后的信息提示，如图4-42所示。

步骤04 另外，还可以在"360安全卫士"窗口中单击"软件管家"按钮，打开"360软件管家"窗口，选择"卸载"选项卡，在"软件名称"列表框中选择需要卸载的软件进行卸载，如图4-43所示。

图 4-42　清理流氓软件

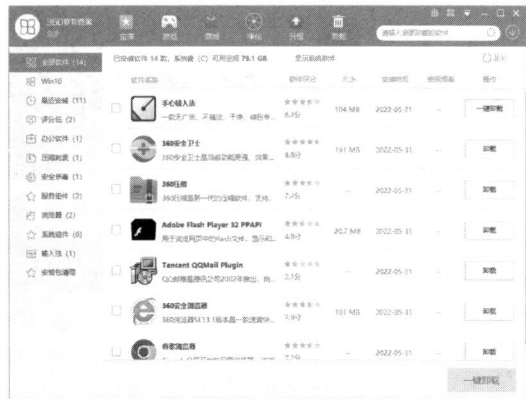

图 4-43　"360软件管家"窗口

4.2.2　金山清理专家

金山清理专家的首要功能是查杀恶意软件，在安装完金山清理专家系统后，就可以对本地计算机上的恶意软件进行查杀。具体的操作步骤如下：

步骤01 双击桌面上的金山清理专家快捷图标，进入"金山清理专家"主窗口，如图4-44所示。

步骤02 在"恶意软件查杀"选项卡中，可以对恶意软件、第三方插件和信任插件进行查杀。选择"恶意软件"选项，即可自动对恶意软件进行扫描，如图4-45所示。

步骤03 扫描结束后将显示扫描结果，如果本机中存在恶意软件，选中扫描出的恶意软件，单击"清除选定项"按钮，即可将恶意软件删除，如图4-46所示。

图 4-44　"金山清理专家"主窗口

图 4-45　扫描恶意软件

4.2.3　Wopti 清除流氓软件

Wopti 流氓软件清除大师提供了强大的流氓软件扫描和清除功能，其特有的 Wopti 扫描模块可以完全扫描剖析用户系统中存在的流氓软件及其应用。

具体的操作步骤如下：

步骤 01 下载并安装好 Wopti 流氓软件清除大师，打开其工作界面，如图 4-47 所示。

步骤 02 选择"流氓软件清除"选项卡，进入"流氓软件清除"界面，如图 4-48 所示。

图 4-46　删除恶意软件

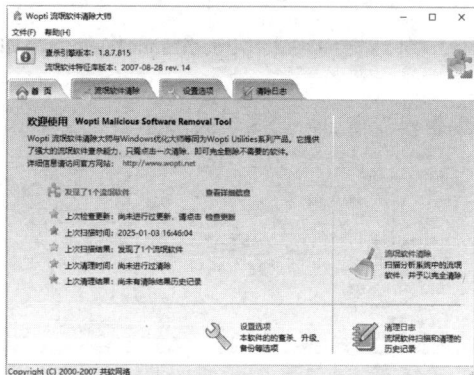

图 4-47　"Wopti 流氓软件清除大师"工作界面

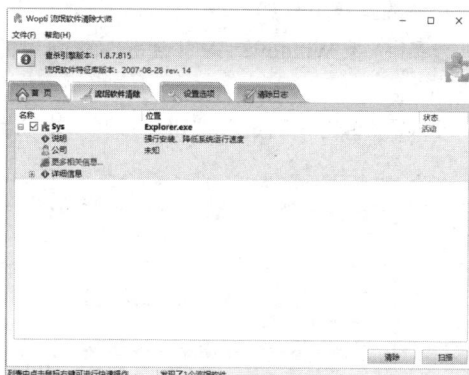

图 4-48　"流氓软件清除"界面

步骤 03 单击"扫描"按钮，开始扫描流氓软件，并显示扫描进度，如图 4-49 所示。

步骤 04 扫描完成后，弹出"提示"对话框，在其中显示了需要重新启动计算机才能被完全清除的流氓软件，如图 4-50 所示。

步骤 05 在"Wopti 流氓软件清除大师"工作界面中选择"设置选项"选项卡，进入设置选项界面，在其中可以设置查杀选项、备份选项和升级选项，如图 4-51 所示。

步骤 06 选择"清除日志"选项卡，在打开的界面中可以查看清除流氓软件的日志信息，如图 4-52 所示。

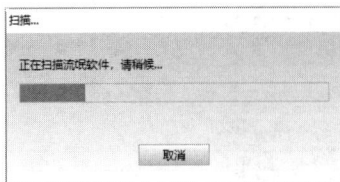

图 4-49　显示扫描进度

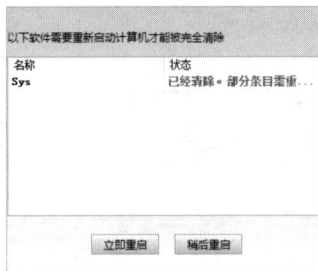

图 4-50　"提示"对话框

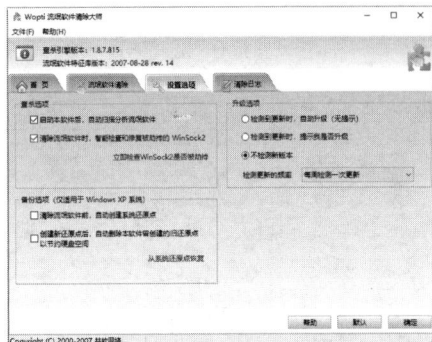

图 4-51　"设置选项"界面

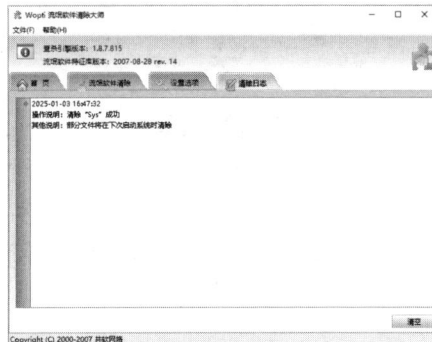

图 4-52　日志信息

4.2.4　阻止流氓软件自动运行

在使用计算机时，有可能会遇到流氓软件，如果不想程序自动运行，就需要用户阻止程序运行。具体的操作步骤如下：

步骤01　按 Windows+R 组合键，在弹出的"运行"对话框中输入"gpedit.msc"命令，如图 4-53 所示。

步骤02　单击"确定"按钮，打开"本地组策略编辑器"窗口，如图 4-54 所示。

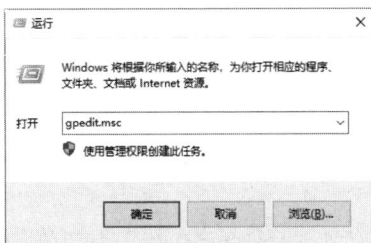

图 4-53　"运行"对话框

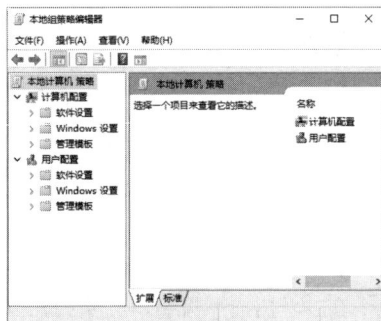

图 4-54　"本地组策略编辑器"窗口

步骤03　依次展开"用户配置"→"管理模板"→"系统"文件，双击"不运行指定的 Windows 应用程序"选项，如图 4-55 所示。

步骤04　打开"不运行指定的 Windows 应用程序"窗口，选中"已启用"单选按钮来启用策略，如图 4-56 所示。

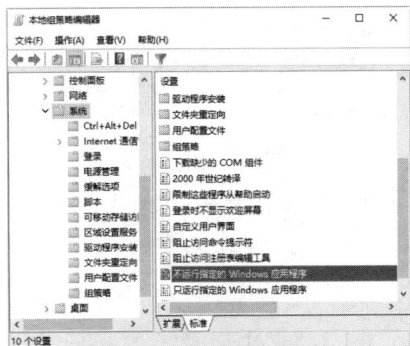

图 4-55　"系统"设置界面

图 4-56　选中"已启用"单选按钮

步骤05 单击下方的"显示"按钮，弹出"显示内容"对话框，在其中添加不允许的应用程序，如图 4-57 所示。

步骤06 单击"确定"按钮，把想要阻止的程序名添加进去。此时，如果再运行此程序，就会弹出相应的限制信息提示框，如图 4-58 所示。

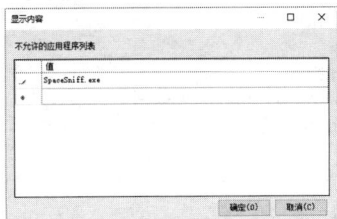

图 4-57　"显示内容"对话框

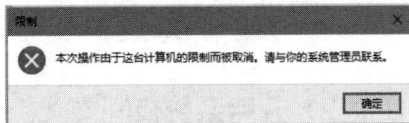

图 4-58　限制信息提示框

4.3　实战演练

4.3.1　实战 1：清除上网历史记录

浏览器在上网时会保存很多上网记录，这些上网记录不但会随着时间的增加越来越多，而且还有可能泄露用户的隐私信息。如果不想让别人看见自己的上网记录，则可以把上网记录删除。

具体的操作步骤如下。

步骤01 打开 Microsoft Edge 浏览器，选择"更多操作"下的"设置"选项，如图 4-59 所示。

步骤02 打开"设置"窗格，单击"删除浏览数据"组下的"选择要清除的内容"按钮，如图 4-60 所示。

步骤03 弹出"删除浏览历史记录"对话框，选中要清除的浏览数据内容，单击"删除"按钮，如图 4-61 所示。

步骤04 即可开始删除浏览历史记录，清除完成后，即可看到历史记录中所有的浏览记录都被清除，如图 4-62 所示。

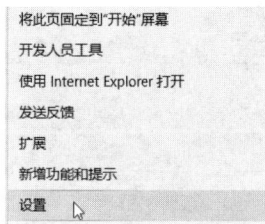

图 4-59　选择"设置"选项

图 4-60　单击"选择要清除的内容"按钮

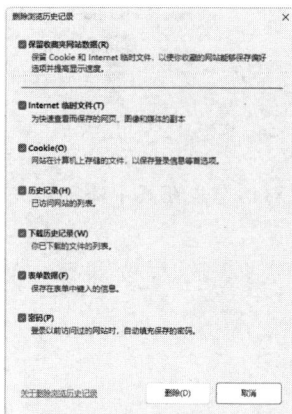

图 4-61　"删除浏览历史记录"对话框

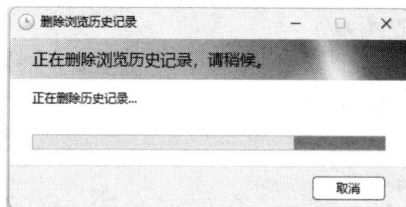

图 4-62　删除浏览数据

4.3.2　实战 2：开启系统夜间模式

Windows 系统的夜间模式是一种通过减少屏幕发出的蓝光，从而减少对眼睛的刺激，帮助用户更好地休息和保护视力的功能。夜间模式通过将屏幕色调调整为偏暖的橘红色，减少蓝光对褪黑激素分泌的抑制，进而改善用户的生物钟和睡眠质量。

开启 Windows 系统夜间模式的操作步骤如下：

步骤01 右击"开始"按钮，在弹出的快捷菜单中选择"设置"命令，打开"设置"窗口，在其中可以看到"屏幕"设置区域，如图 4-63 所示。

步骤02 单击"屏幕"设置区域，打开"屏幕"窗口，在其中即可开启 Windows 系统的夜间模式，如图 4-64 所示。

图 4-63　"设置"窗口

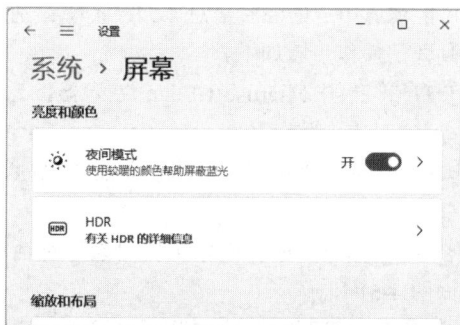

图 4-64　开启夜间模式

第 5 章

病毒与木马清除工具，保障网络安全的"重器"

随着网络的普及，病毒也更加泛滥，它对计算机有着强大的控制和破坏能力，能够盗取目标主机的登录账户和密码、删除目标主机的重要文件、重新启动目标主机、使目标主机系统瘫痪等。本章将介绍病毒与木马清除工具的使用方法。

5.1 认识病毒与木马

随着信息化社会的发展，计算机病毒的威胁日益严重，反病毒的任务也更加艰巨。因此，熟知病毒的相关内容就显得非常重要。

5.1.1 病毒与木马的种类

通常所说的计算机病毒，是人们编写的一种特殊的计算机程序，病毒能通过修改计算机内的其他程序，并把自身复制到其他程序中，从而完成对其他程序的感染和侵害。之所以称其为"病毒"，是因为它具有与微生物病毒类似的特征：在计算机系统内生存，在计算机系统内传染，还能进行自我复制，并且抢占计算机系统资源，干扰计算机系统的正常工作。

计算机病毒有很多种，主要有以下几类，如表 5-1 所示。

表 5-1　计算机病毒分类

病　　毒	病毒特征
文件型病毒	这种病毒会将它自己的代码附上可执行文件（.exe、.com、.bat 等）
引导型病毒	引导型病毒包括两类：一类是感染分区的；另一类是感染引导区的
宏病毒	一种寄存在文档或模板中的计算机病毒。打开文档，宏病毒会被激活，破坏系统和文档的运行
其他病毒	例如一些最新的病毒使用网站和电子邮件传播，它们隐藏在 Java 和 ActiveX 程序中，如果用户下载了含有这种病毒的程序，它们便立即开始破坏活动

木马又被称为特洛伊木马，是一种基于远程控制的攻击工具，在攻击者进行的各种攻击行为中，木马都起到了开路先锋的作用。一台计算机一旦中了木马，就变成了一台傀儡机，对方可以在目标计算机中上传或下载文件、偷窥私人文件、偷取各种密码及口令信息等，可以说，该计算机的一切秘密都将暴露在攻击者面前，隐私将不复存在。

现在的木马可谓形形色色，种类繁多，并且还在不断增加，因此，要想一次性列举出所有的木马种类，是不可能的。但是，从木马的主要攻击能力来划分，常见的木马主要有以下几种类型，如表 5-2 所示。

表 5-2　木马的分类

木　马	木马特症
网络游戏木马	网络游戏木马通常采用记录用户键盘输入、游戏进程、API 函数等方法获取用户的密码和账号，一般通过发送电子邮件或向远程脚本程序提交的方式将窃取到的信息发送给木马制作者
网银木马	网银木马是针对网上交易系统编写的木马，其目的是盗取用户的卡号、密码等信息，此类木马的危害非常直接，受害用户的损失也更加惨重
即时通信软件木马	常见的即时通信类木马一般有发送消息型与盗号型。发送消息型木马通过即时通信软件自动发送含有恶意网址的消息，目的在于让收到消息的用户单击网址激活木马；盗号型木马主要目标在于获取即时通信软件的登录账号和密码
破坏性木马	破坏性木马唯一的功能就是破坏感染木马的计算机文件系统，使其系统崩溃或者丢失重要数据
FTP 木马	FTP 木马唯一的功能就是打开 21 端口并等待用户连接，最新的 FTP 木马还加上了密码功能，这样只有攻击者本人才知道正确的密码，从而进入对方的计算机

5.1.2　利用假冒网站发起攻击

攻击者事先准备好用于冒充实际网站的 Web 网站，并通过邮件等形式诱导用户访问该假冒网站的 URL，进而窃取用户输入的用户名和密码，这种手段被称为钓鱼，如图 5-1 所示。

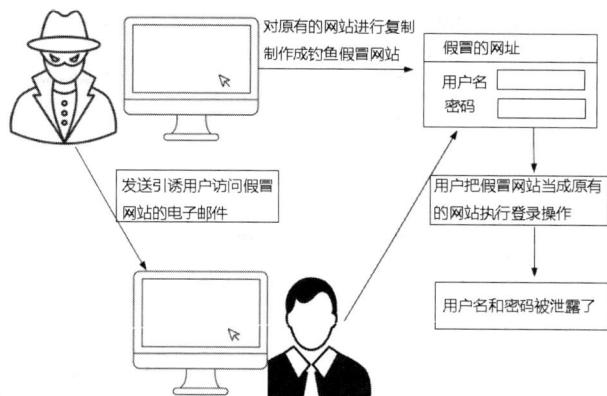

图 5-1　利用假冒网站发起攻击示意图

以往有很多伪装成金融机构或信用卡公司官方网站进行非法汇款和窃取卡号的网站，近年来也出现了使用同样的手段通过社交媒体等普通 Web 网站来执行非法操作的情况。制作与官方网站相似的假冒网站非常简单，并且难以被发现。

由于实际访问的网站，其 URL 与原本的域名不同，因此如果用户能够仔细确认 Web 浏览器中显示的 URL，很多情况下是可以防患于未然的。此外，当接收到的邮件中包含链接时，不要直接打开该链接，使用在 Web 浏览器收藏夹中登记的链接来显示该站点是一种较为稳妥的方法。

还有一种冒充网站的方法，即域欺骗。虽然在使用与真实网站非常相似的网站这一点上与钓鱼欺诈类似，但是偷换对应 URL 的 IP 地址这一准备步骤却是不同的。

在浏览 Web 网站时，使用的是计算机后台中被称为 DNS 的功能，它用于检查所连接的 Web 服务器。一般是从用户输入的 URL 中获取目标页面所在的 Web 服务器的 IP 地址，然后再访问这个 IP 地址的服务器，如果返回的是假冒网站的 IP 地址，那么即使是访问正确的 URL 也会连接到假冒的服务器中。在这种情况下，仅依靠确认 URL 的方法是很难发现正在访问的网站是假冒的。

5.1.3　利用商务邮件进行欺诈

利用电子邮件发起的攻击和欺诈会收到大量无用的"垃圾邮件"。无视收件人的意愿擅自发送的电子邮件被称为垃圾邮件。这类垃圾邮件经常被批量发送到通过某些方式收集的邮件地址或随机创建的邮件地址中，如图 5-2 所示。

图 5-2　利用邮件发起攻击示意图

如果是从国外发送的英文邮件，马上就能识别出这是垃圾邮件，而这种情况已经发生了变化。针对特定企业的攻击越来越多，很多情况下即使是有经验的人也无法识别。

因此，有时查看邮件附件中的文件或者单击文件正文中的 URL，也可能会感染计算机病毒。还有一种只是单击了链接，就会被要求支付高额费用的虚构欺诈账单的情况，称为点击欺诈。顾名思义，只需要单击就会显示"感谢您成为我们的会员！"等信息，但是最后却并不会显示包含确认按钮的画面。

除了电子邮件，在使用智能手机浏览网站时，也同样存在不小心触碰到就可能会显示"注册完成"的情况。

自 2017 年以来，出现最多的欺诈是冒充实际的业务合作伙伴，发送转账账户变更通知邮件的商务邮件欺诈。

由于这是事先已经对原本的业务合作伙伴和来往邮件的内容，以及收件人的姓名和地址进行了研究再发送的邮件，因此邮件中通常会包含与真实信息高度相似的内容。虽然内容类似于通过电子邮件进行转账诈骗，但是有必要防范这类欺诈，可以通过电话等其他联系方式与真正的联系人进行确认来避免造成财产损失。

5.1.4　窃取信息的软件

有时在安装免费游戏或便利的工具时，其他软件也会成套地被安装进来。我们以为自己在享受游戏时光，然而实际上在不知不觉间个人信息已经被发送到了外部。

在这种情况下，将用户名和密码，以及计算机中保存的照片等信息发送给外部的软件被称为间谍软件。这类软件通常以收集用户的个人信息和访问记录等信息为目的，由于此类恶意软件不符合计算机病毒的特征定义，因此通常将其与计算机病毒区分看待，如图 5-3 所示。

图 5-3　间谍软件攻击示意图

此外，通过显示广告来收集访问记录或者获得广告收入的软件被称为广告软件。这类广告软件也会擅自发送信息，因此也将其归类为间谍软件。当然，即使在使用条款中有相关说明，如果用户没有仔细阅读或者没有理解实际含义，也会出现问题。

用于监视和记录用户在计算机键盘上的操作的软件被称为键盘记录器。即使在计算机内部进行记录也不会造成什么问题，但是一旦通过互联网自动向外部发送信息，就可能会将用于登录服务的用户名、密码、URL、个人信息等泄露出去，如图 5-4 所示。

图 5-4　键盘记录器工作示意图

5.2　病毒查杀工具

信息化社会面临着计算机系统安全问题的严重威胁，如系统漏洞、病毒等。使用杀毒软件可以保护计算机安全，可以说病毒查杀工具是计算机安全必备的软件之一。

5.2.1　如何防御计算机病毒

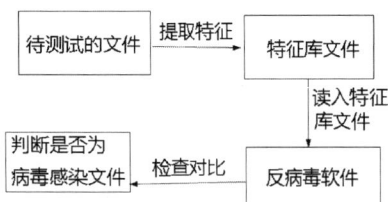

图 5-5　反病毒软件工作流程

反病毒软件的厂商会收集现有的计算机病毒，并将该病毒具有的文件特征作为特征库文件（病毒特征库文件）提供。反病毒软件通过将发现的病毒与该特征库文件进行对比和检测，并发出警告或将其删除，如图 5-5 所示。

可想而知，计算机病毒的创建者当然会创建全新的且与特征库文件不相符的病毒来进行攻击。而反病毒软件的厂商则会针对新的病毒及时更新特征库文件。

虽然这是一个不断重复的过程，但是为了应对最新的计算机病毒，使特征库文件时刻保持在最新的状态是极为重要的。因为如果不进行更新，就无法对付最新型的病毒，所以不仅需要进行自动更新设置，还需要定期确认是否正确地进行了升级和更新。

使用特征库文件来检测病毒时，在获取特征库文件之前，用户都是无法阻挡计算机感染病毒的。为了改善这一问题，反病毒软件提供了行为检测功能。

通常，计算机病毒会以一定的时间间隔访问服务器，或者对计算机的内部信息进行查询。通过行为检测功能，可以检测出执行这类操作的程序的行为，并及时制止这些具有类似病毒特性的程序执行操作，如图 5-6 所示。

使用这一方法，即便对未来的病毒，也可以检测出类似以往病毒的动作的程序，并停止执行。由于行为检测功能还会将执行类似病毒动作的正常的程序检测出来，因此具有检测误判率较高的缺点。

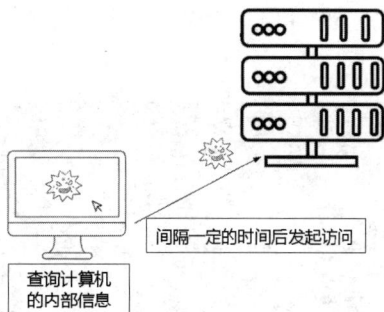

图 5-6　病毒软件的检测功能

5.2.2　反病毒软件中的核心技术

虽然增加了行为检测功能，但是对于反病毒软件来说，特征库文件的重要性仍是无可替代的。为了创建特征库文件，反病毒软件的厂商需要收集计算机病毒。

此时需要使用的是蜜罐，将蜜罐作为"诱饵"设置在因特网上，使其表现和行为与实际的计算机类似，为其设置易于受到病毒和非法访问攻击的环境，如图 5-7 所示。

由于创建了易于攻击的环境，因此病毒创建者和攻击者会将其作为攻击的目标。通过这样的方式，使一种没有实际使用的环境看上去像"真的系统"，并对遭受到的攻击和病毒进行收集，以便创建病毒的特征库文件。

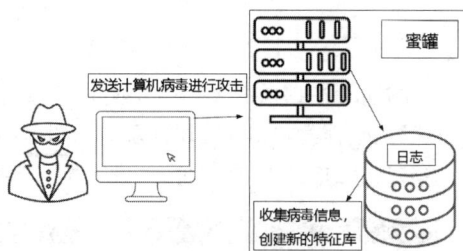

图 5-7　蜜罐工作示意图

为了进行行为检测，有时不会使用真实的计算机，而是另外准备可以执行虚拟程序的虚拟环境，这种环境被称为沙盒，如图 5-8 所示。

沙盒通常也被称为"沙池"，就像让小朋友们在公园的沙池玩耍那样，指提供一个安全玩耍的场所。通过在沙盒上执行处理来避免对原有计算机产生影响，即使对方的程序是计算机病毒，也可以降低损失。

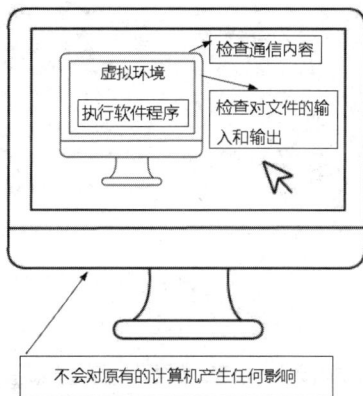

图 5-8　沙盒工作示意图

通过对沙盒中执行处理的程序的行为进行确认，将其用于病毒的检测中。市面上也具有同样功能的反病毒软件，当下载软件时，可以暂缓执行，先在沙盒环境中执行并对其动作进行确认。

5.2.3　使用 360 杀毒软件查杀病毒

一旦发现计算机运行不正常，用户首先需要分析原因，然后即可利用杀毒软件进行杀毒操作。下面以"360 杀毒"软件查杀病毒为例，讲解如何利用杀毒软件杀毒。

使用 360 杀毒软件杀毒的具体操作步骤如下：

步骤 01 启动 360 杀毒软件，该软件为用户提供了 3 种查杀病毒的方式，即快速扫描、全盘扫描和自定义扫描，如图 5-9 所示。

步骤02 这里选择"快速扫描"方式，单击"快速扫描"按钮，即可开始扫描系统中的病毒文件，如图 5-10 所示。

图 5-9　选择杀毒方式

图 5-10　快速扫描

步骤03 在扫描的过程中，如果发现病毒，则会在下面的空格中显示扫描出来的病毒，并列出了其危险程度和相关描述信息，如图 5-11 所示。

步骤04 单击"立即处理"按钮，即可删除扫描出来的病毒或安全威胁对象，如图 5-12 所示。

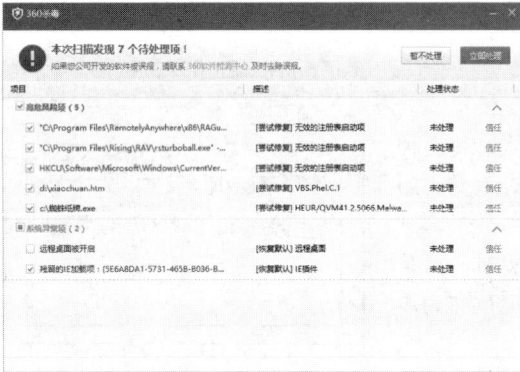

图 5-11　扫描完成界面

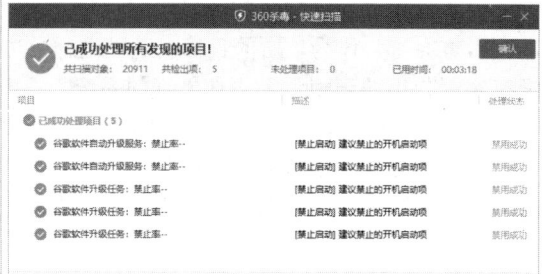

图 5-12　删除高危风险项

图 5-13　显示被处理的病毒项目

步骤05 单击"确认"按钮，返回到"360 杀毒"窗口，在其中显示了被 360 杀毒软件处理的项目，如图 5-13 所示。

步骤06 在"360 杀毒 - 快速杀毒"窗口中单击"隔离区"超链接，打开"360 恢复区"对话框，在其中显示了被 360 杀毒软件处理的项目，如图 5-14 所示。

步骤07 选择"全选"复选框，选中所有恢复区的项目，如图 5-15 所示。

步骤08 单击"清空恢复区"按钮，弹出一个信息提示框，提示用户是否确定要一键清空恢复区的所有隔离项，如图 5-16 所示。

图 5-14　显示了被 360 杀毒处理的项目

图 5-15　选中所有恢复区的项目

步骤09 单击"确定"按钮，即可开始清除恢复区中所有的项目，并显示清除的进度，如图 5-17 所示。

图 5-16　信息提示框

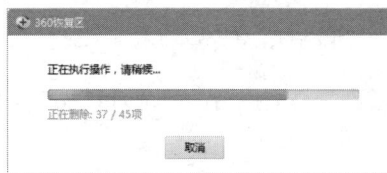

图 5-17　显示清除进度

步骤10 恢复区中的所有项目清除完毕后，将返回"360 恢复区"对话框，如图 5-18 所示。

另外，使用 360 杀毒软件还可以对系统进行全盘杀毒。只需单击"快速扫描"右侧的下拉按钮，在弹出的下拉列表中选择"全盘扫描"选项即可，全盘扫描和快速扫描类似，这里不再详述。

图 5-18　"360 恢复区"对话框

5.2.4　查杀计算机中的宏病毒

使用 360 杀毒软件还可以对宏病毒进行查杀，具体的操作步骤如下：

步骤01 在 360 杀毒软件的主界面中单击"功能大全"图标，如图 5-19 所示。

步骤02 进入"系统大全"界面，在该界面中单击"宏病毒扫描"图标，如图 5-20 所示。

图 5-19　单击"功能大全"图标

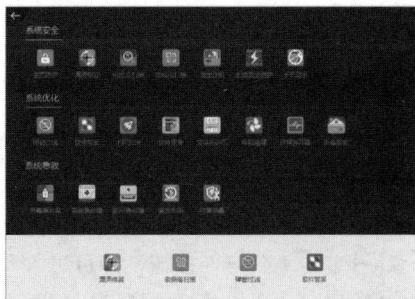

图 5-20　单击"宏病毒扫描"图标

步骤 **03** 弹出"360 杀毒"信息提示框，提示用户扫描前需要关闭已经打开的 Office 文档，如图 5-21 所示。

步骤 **04** 单击"确定"按钮，开始扫描计算机中的宏病毒，并显示扫描进度，如图 5-22 所示。

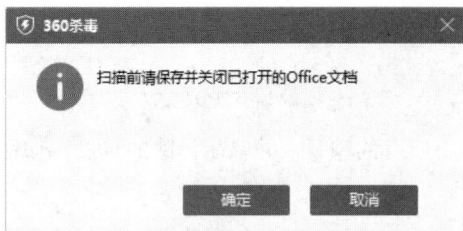

图 5-21 信息提示框

图 5-22 显示扫描进度

步骤 **05** 扫描完成后，即可对扫描出来的宏病毒进行处理，操作方法与快速扫描杀毒相似，这里不再详细介绍。

5.2.5 在安全模式下查杀病毒

安全模式的工作原理是在不加载第三方设备驱动程序的情况下启动计算机，使计算机运行在系统最小模式，这样用户就可以方便地查杀病毒，还可以检测与修复计算机系统的错误。下面以 Windows 10 操作系统为例来介绍在安全模式下查杀并修复系统错误的方法。

具体的操作步骤如下：

步骤 **01** 按 Windows+R 组合键，弹出"运行"对话框，在"打开"文本框中输入"msconfig"命令，单击"确定"按钮，如图 5-23 所示。

步骤 **02** 弹出"系统配置"对话框，选择"引导"选项卡，选择"安全引导"复选框和"最小"单选按钮，如图 5-24 所示。

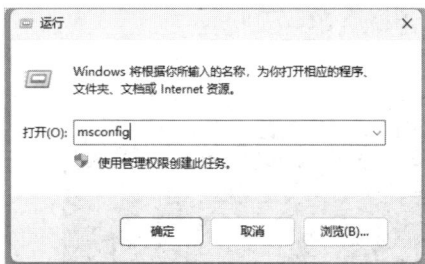

图 5-23 "运行"对话框

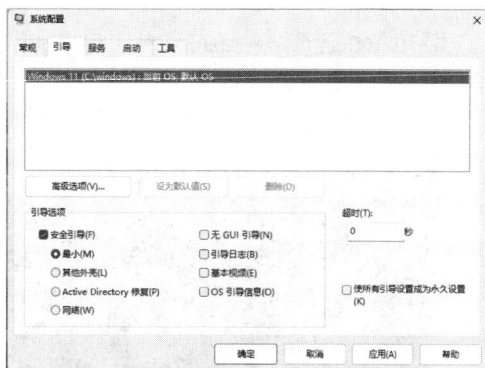

图 5-24 "系统配置"对话框

步骤 **03** 单击"确定"按钮，即可进入系统的安全模式，如图 5-25 所示。

步骤 **04** 进入安全模式后，即可运行杀毒软件并查杀病毒，如图 5-26 所示。

图 5-25　系统安全模式

图 5-26　查杀病毒

5.3　木马伪装工具

木马的伪装手段很多，如伪装成可执行文件、网页、图片、电子书等，迷惑用户的眼睛，达到欺骗用户的目的，本节就来介绍木马伪装工具的使用方法，以防止此类攻击。

5.3.1　EXE 捆绑机

利用 EXE 捆绑机可以将木马与正常的可执行文件捆绑在一起，从而使木马伪装成可执行文件，运行捆绑后的文件等于同时运行了两个文件。将木马伪装成可执行文件的具体操作步骤如下：

步骤01 下载并解压缩 EXE 捆绑机，双击其中的可执行文件，打开"指定 第一个可执行文件"对话框，如图 5-27 所示。

步骤02 单击"点击这里 指定第一个可执行文件"按钮，弹出"请指定第一个可执行文件"对话框，在其中选择第一个可执行文件，如图 5-28 所示。

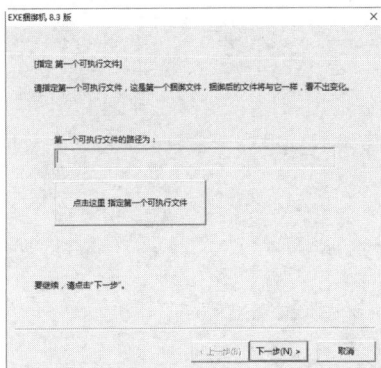

图 5-27　"指定 第一个可执行文件"对话框

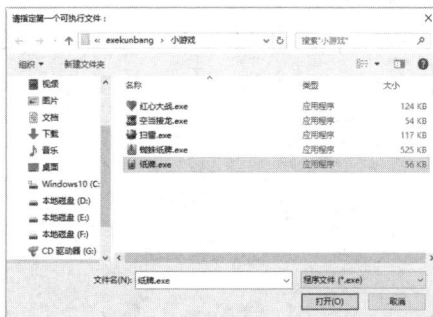

图 5-28　选择第一个可执行文件

步骤03 单击"打开"按钮，返回"指定 第一个可执行文件"对话框，如图 5-29 所示。

步骤04 单击"下一步"按钮，弹出，"指定 第二个可执行文件"对话框，如图 5-30 所示。

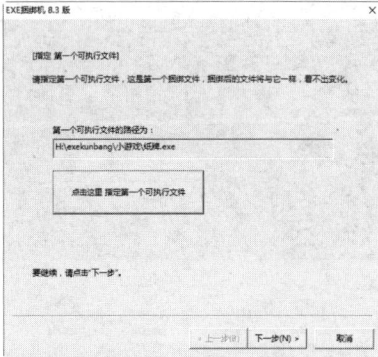

图 5-29 "指定 第一个可执行文件"对话框

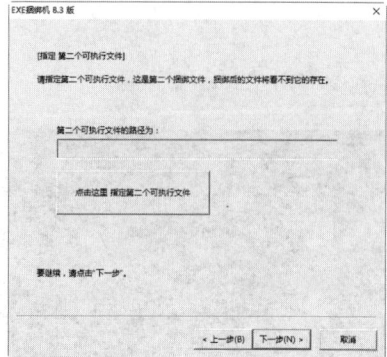

图 5-30 "指定 第二个可执行文件"对话框

步骤 05 单击"点击这里 指定第二个可执行文件"按钮，弹出"请指定第二个可执行文件"对话框，在其中选择已经制作好的木马文件，如图 5-31 所示。

步骤 06 单击"打开"按钮，返回"指定 第二个可执行文件"对话框，如图 5-32 所示。

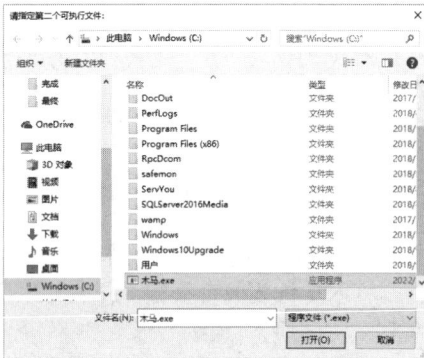

图 5-31 选择制作好的木马文件

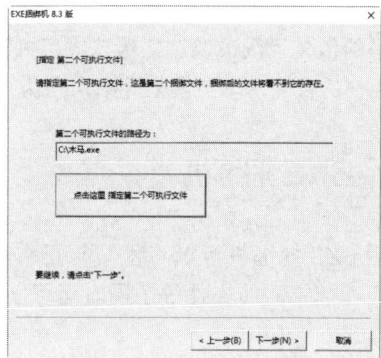

图 5-32 "指定 第二个可执行文件"对话框

步骤 07 单击"下一步"按钮，弹出"指定 保存路径"对话框，如图 5-33 所示。

步骤 08 单击"点击这里 指定保存路径"按钮，弹出"另存为"对话框，在"文件名"文本框中输入可执行文件的名称，并设置文件的保存类型，如图 5-34 所示。

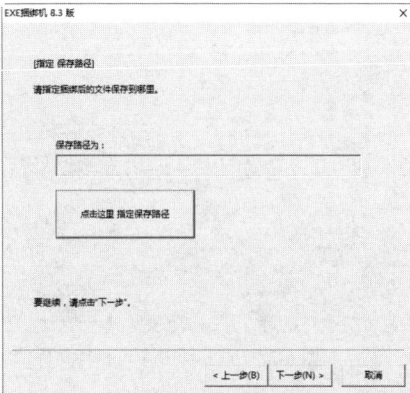

图 5-33 "指定 保存路径"对话框

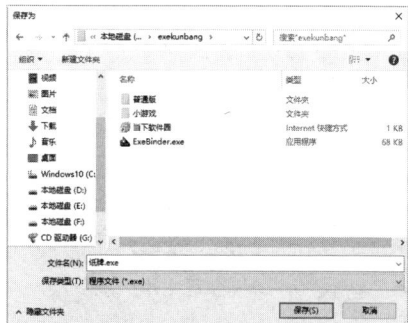

图 5-34 "另存为"对话框

步骤 09 单击"保存"按钮，即可指定捆绑后文件的保存路径，如图 5-35 所示。

步骤10 单击"下一步"按钮，弹出"选择版本"对话框，在"版本类型"下拉列表框中选择"普通版"选项，如图 5-36 所示。

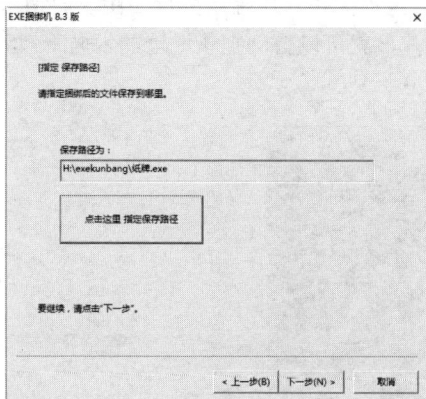

图 5-35　指定文件的保存路径

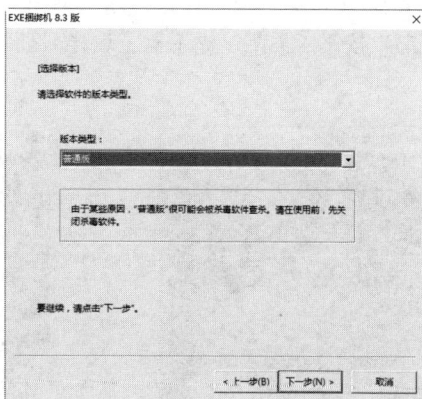

图 5-36　"选择版本"对话框

步骤11 单击"下一步"按钮，弹出"捆绑文件"对话框，提示用户开始捆绑第一个可执行文件与第二个可执行文件，如图 5-37 所示。

步骤12 单击"点击这里 开始捆绑文件"按钮，即可开始进行文件的捆绑。捆绑结束后，即可看到"捆绑文件成功"提示框。单击"确定"按钮，结束文件的捆绑，如图 5-38 所示。

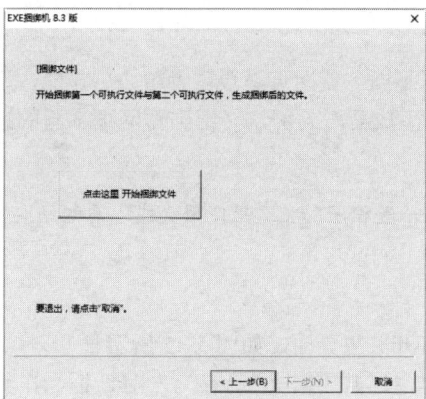

图 5-37　"捆绑文件"对话框

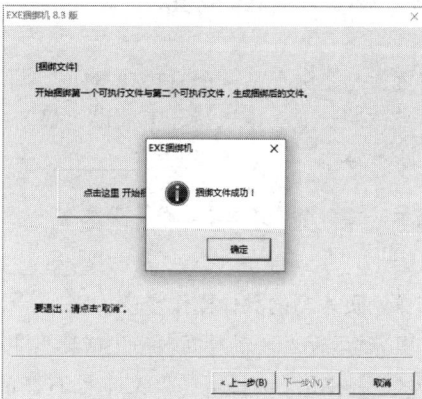

图 5-38　"捆绑文件成功"提示框

提示：攻击者可以使用木马捆绑技术将一个正常的可执行文件和木马捆绑在一起。一旦用户运行这个包含有木马的可执行文件，就可以通过木马控制或攻击用户的计算机。

5.3.2　图片木马生成器

将木马伪装成图片是许多木马制造者经常用来欺骗别人执行木马的方法，例如，将木马伪装成 GIF、JPG 格式的图片等，这种方式可以使很多人中招。欺骗者可以使用图片木马生成器工具将木马伪装成图片，具体的操作步骤如下：

步骤01 下载并运行"寻梦图片木马生成器"程序，打开"寻梦图片木马生成器"主窗口，如图 5-39 所示。

步骤02 在"网页木马地址"和"真实图片地址"文本框中分别输入网页木马和真实图片地址；在"选择图片格式"下拉列表框中选择".jpg"选项，如图 5-40 所示。

步骤03 单击"生成"按钮，随即弹出"图片木马生成完毕！"提示框，如图 5-41 所示，单击"确定"按钮，关闭该提示框。这样只要打开该图片，就可以自动把该地址的木马下载到本地并运行。

图 5-39 "寻梦图片木马生成器"主窗口 图 5-40 设置图片信息 图 5-41 信息提示框

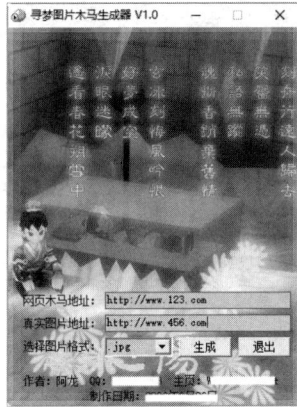

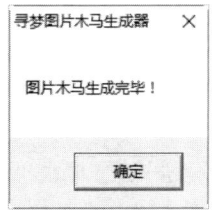

5.3.3 网页木马生成器

网页木马实际上是一个 HTML 网页，与其他网页不同，该网页是攻击者精心制作的，用户一旦访问了该网页就会中木马。下面以"最新网页木马生成器"为例，介绍制作网页木马的过程，以防止此类攻击。

提示：在制作网页木马之前，必须有一个木马服务器端程序，在这里使用生成木马程序文件名为"木马 .exe"。

制作网页木马的具体操作步骤如下：

步骤01 运行"最新网页木马生成器"主程序，打开其主界面，如图 5-42 所示。

步骤02 单击"选择木马"文本框右侧的"浏览"按钮，弹出"另存为"对话框，在其中选择刚才准备的木马文件"木马 .exe"，如图 5-43 所示。

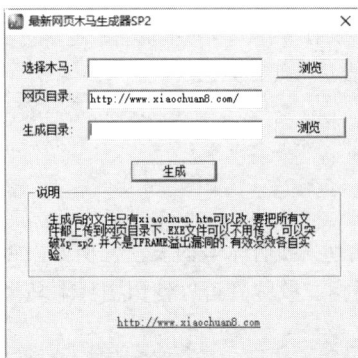

图 5-42 "最新网页木马生成器"主界面 图 5-43 "另存为"对话框

步骤03 单击"保存"按钮，返回"最新网页木马生成器"主界面。在"网页目录"文本框中输入相应的网址，如 http://www.index.com/，如图 5-44 所示。

步骤04 单击"生成目录"文本框右侧的"浏览"按钮，弹出"浏览文件夹"对话框，在其中选择生成目录保存的位置，如图 5-45 所示。

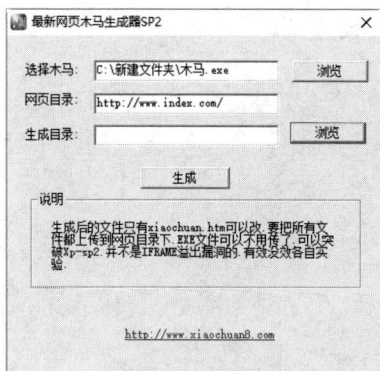

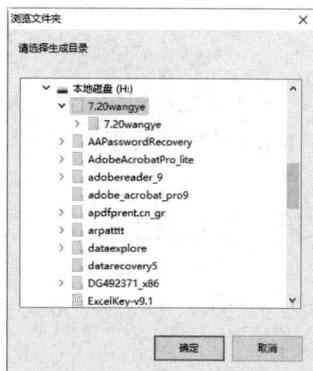

图 5-44　输入网址　　　　　　　　　　图 5-45　"浏览文件夹"对话框

步骤05 单击"确定"按钮，返回"最新网页木马生成器"主界面，如图 5-46 所示。

步骤06 单击"生成"按钮，弹出一个信息提示框，提示用户"网页木马创建成功！"如图 5-47 所示。单击"确定"按钮，即可成功生成网页木马。

图 5-46　"最新网页木马生成器"主界面　　　　图 5-47　信息提示框

步骤07 在"动鲨网页木马生成器"目录下的"动鲨网页木马"文件夹中将生成 bbs003302.css、bbs003302.gif 及 index.htm 3 个网页木马。其中 index.htm 是网站的首页文件，而另外两个是调用文件，如图 5-48 所示。

步骤08 将生成的 3 个木马文件上传到步骤 03 所设置的网址对应的用于存放木马的 Web 文件夹中，浏览者一旦打开这个网页，浏览器就会自动在后台下载指定的木马程序并运行。

图 5-48　"动鲨网页木马"文件夹

提示：在设置存放木马的 Web 文件夹路径时，设置的路径必须是某个可访问的文件夹，一般位于自己申请的一个免费网站上。

5.4　木马查杀工具

由于木马的危害性比较大，所以用户需要使用木马查杀工具定期对系统进行查杀，从而维护系统安全，本节就来介绍常用的木马查杀工具。

5.4.1　360 安全卫士

使用 360 安全卫士可以查询系统中的顽固木马文件，以保证系统安全。使用 360 安全卫士查杀顽固木马的操作步骤如下：

步骤01 在 360 安全卫士的工作界面中单击"木马查杀"按钮，进入 360 安全卫士木马查杀工作界面，如图 5-49 所示。

步骤02 单击"快速查杀"按钮，开始快速扫描系统关键位置，如图 5-50 所示。

图 5-49　360 安全卫士	图 5-50　快速扫描木马信息

步骤03 扫描完成后，给出扫描结果。对于扫描出来的危险项，用户可以根据实际情况自行清理，也可以直接单击"一键处理"按钮，对扫描出来的危险项进行处理，如图 5-51 所示。

步骤04 处理完成后，弹出"360 木马查杀"对话框，在其中提示用户处理成功，如图 5-52 所示。

图 5-51　扫描出的危险项	图 5-52　提示处理成功

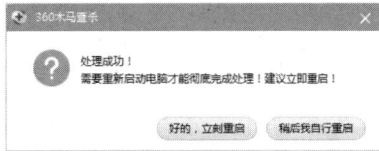

5.4.2　木马专家

木马专家 2023 是一款专业的防杀木马软件，对于查杀目前流行的木马特别有效，可以彻底查杀各种流行的 QQ 盗号木马、网游盗号木马、灰鸽子、黑客后门等 10 万种木马间谍程序，是计算机不可缺少的坚固堡垒。

使用木马专家查杀木马的具体操作步骤如下：

步骤01 双击桌面上的木马专家 2023 快捷图标，打开如图 5-53 所示的界面，提示用户程序正在载入。

步骤02 程序载入完成后，打开"木马专家 2023"工作界面，如图 5-54 所示。

图 5-53　木马专家启动界面

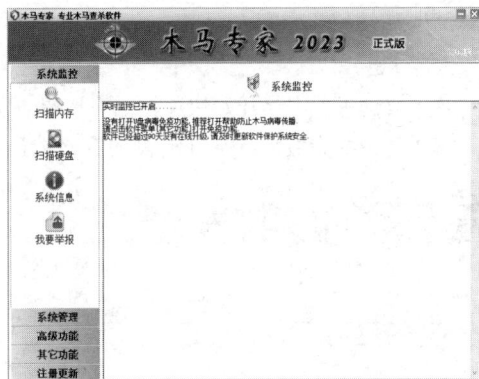

图 5-54　"木马专家 2023"工作界面

步骤03 单击"扫描内存"按钮，弹出"扫描内存"信息提示框，提示用户是否使用云鉴定全面分析系统，如图 5-55 所示。

步骤04 单击"确定"按钮，即可开始对计算机内存进行扫描，如图 5-56 所示。

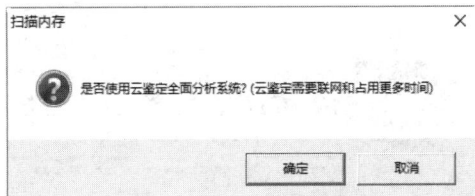

图 5-55　扫描内存提示框

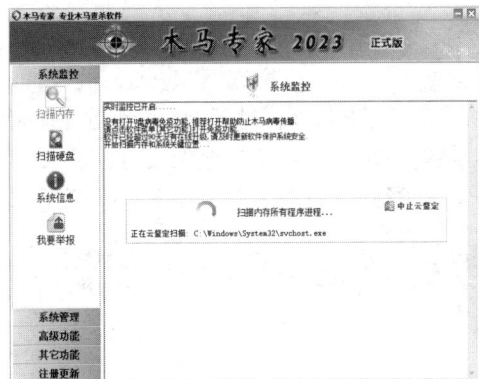

图 5-56　扫描计算机内存

步骤05 扫描完成后，会在右侧的窗格中显示扫描结果。如果存在木马，直接将其删除即可，如图 5-57 所示。

步骤06 单击"扫描硬盘"按钮，进入"硬盘扫描分析"工作界面，在其中提供了 3 种扫描模式，分别是开始快速扫描、开始全面扫描和开始自定义扫描，用户可以根据需要进行选择，如图 5-58 所示。

图 5-57　显示扫描结果

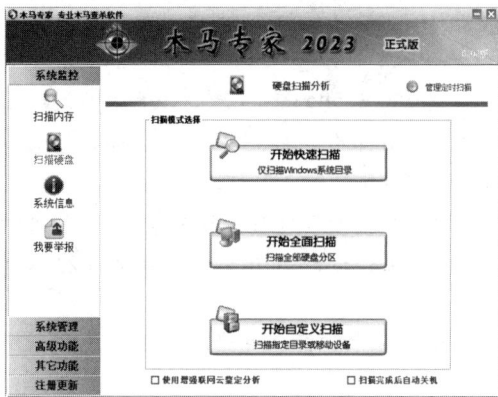

图 5-58　"硬盘扫描分析"工作界面

步骤07 这里单击"开始快速扫描"按钮，即可对计算机进行快速扫描，如图 5-59 所示。

步骤08 扫描完成后，会在右侧的窗格中显示扫描的结果，如图 5-60 所示。

图 5-59　快速扫描木马

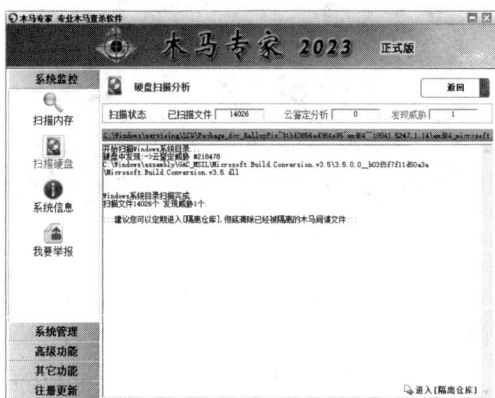

图 5-60　扫描结果

步骤09 单击"系统信息"按钮，进入"系统信息"工作界面，在其中可以查看计算机内存与 CUP 的使用情况，同时可以对内存进行优化处理，如图 5-61 所示。

步骤10 单击"系统管理"按钮，进入"系统管理"工作界面，在其中可以对计算机的进程、启动项等内容进行管理，如图 5-62 所示。

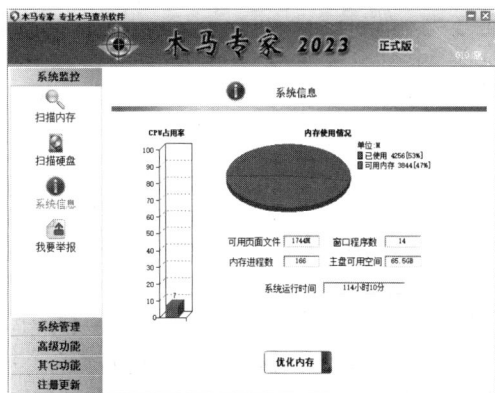

图 5-61　"系统信息"工作界面

图 5-62　"系统管理"工作界面

步骤11 单击"高级功能"按钮，进入木马专家的"高级功能"工作界面，在其中可以对计算机进行系统修复、隔离仓库等高级操作，如图 5-63 所示。

步骤12 单击"其他功能"按钮，进入"其他功能"工作界面，在其中可以查看网络状态、监控日志等，同时还可以对 U 盘病毒进行免疫处理，如图 5-64 所示。

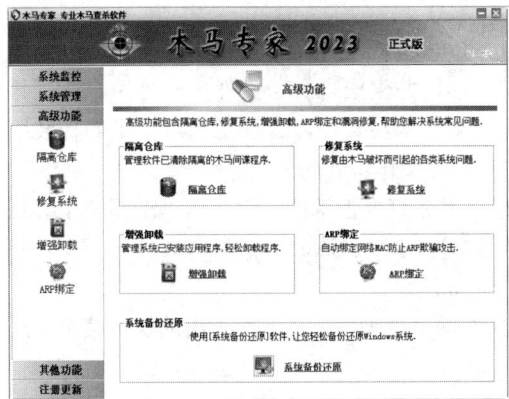

图 5-63 "高级功能"工作界面

图 5-64 "其他功能"工作界面

5.5 实战演练

5.5.1 实战 1：在 Word 中预防宏病毒

包含宏的工作簿更容易感染病毒，所以用户需要提高宏的安全性。下面以在 Word 2016 中预防宏病毒为例，介绍预防宏病毒的方法，具体的操作步骤如下：

步骤01 打开包含宏的文档，选择"文件"→"选项"命令，如图 5-65 所示。

步骤02 弹出"Word 选项"对话框，选择"信任中心"选项，然后单击"信任中心设置"按钮，如图 5-66 所示。

图 5-65 选择"选项"命令

图 5-66 "Word 选项"对话框

步骤03 弹出"信任中心"对话框，在左侧列表中选择"宏设置"选项，然后在"宏设置"选

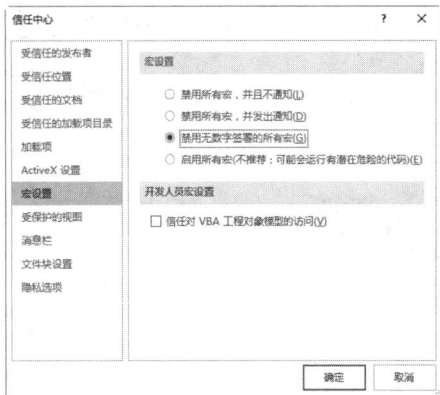

图 5-67 "信任中心"对话框

项组中选中"禁用无数字签署的所有宏"单选按钮，单击"确定"按钮，如图 5-67 所示。

5.5.2 实战 2：将木马伪装成自解压文件

利用 WinRAR 的压缩功能可以将正常的文件与木马捆绑在一起，并生成自解压文件，一旦用户运行该文件，就会激活木马文件，这也是木马常用的伪装手段之一。具体的操作步骤如下：

步骤01 准备好要捆绑的文件，这里选择一个蜘蛛纸牌和木马文件（木马 .exe），并存放在同一个文件夹下，如图 5-68 所示。

步骤02 选中蜘蛛纸牌和木马文件（木马 .exe）所在的文件夹并右击，在弹出的快捷菜单中选择"添加到压缩文件"命令，如图 5-69 所示。

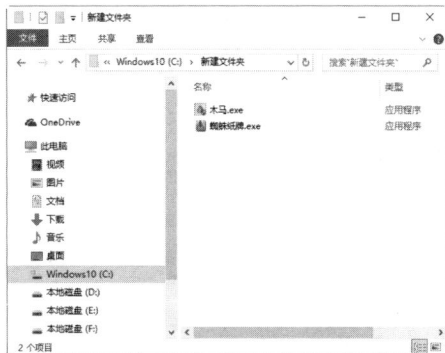

图 5-68 准备好要捆绑的文件

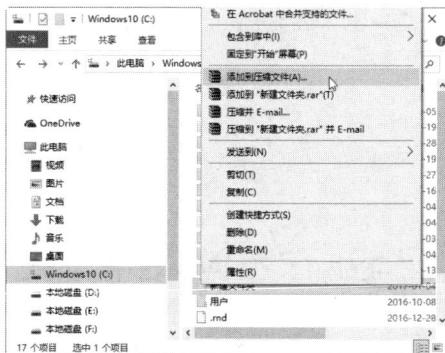

图 5-69 选择"添加到压缩文件"命令

步骤03 弹出"压缩文件名和参数"对话框。选择"常规"选项卡，在"压缩文件名"文本框中输入要生成的压缩文件的名称，并选择"创建自解压格式压缩文件"复选框，如图 5-70 所示。

步骤04 选择"高级"选项卡，在其中选择"保存文件安全数据""保存文件流数据""后台压缩""完成操作后关闭计算机电源""如果其他 WinRAR 副本被激活则等待"复选框，如图5-71 所示。

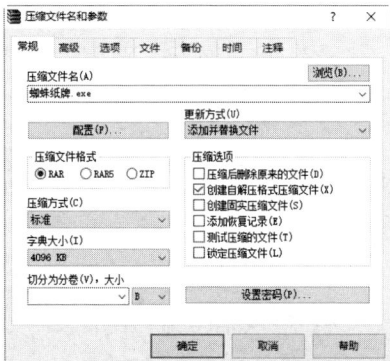

图 5-70 "常规"选项卡

图 5-71 "高级"选项卡

步骤 05 单击"自解压选项"按钮，弹出"高级自解压选项"对话框，在"解压路径"文本框中输入解压路径，并选择"在当前文件夹中创建"单选按钮，如图 5-72 所示。

步骤 06 选择"模式"选项卡，在其中选中"全部隐藏"单选按钮，这样可以增加木马程序的隐蔽性，如图 5-73 所示。

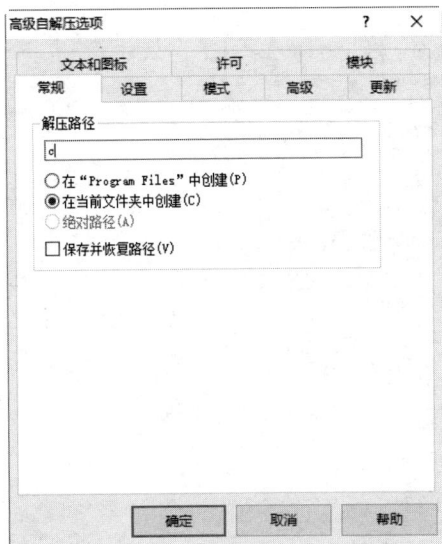

图 5-72 "高级自解压选项"对话框   图 5-73 "模式"选项卡

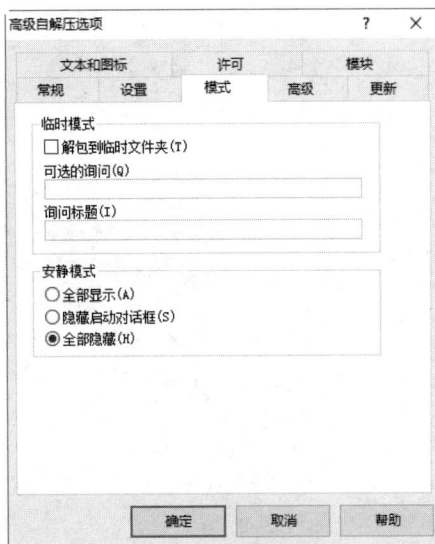

步骤 07 为了更好地迷惑用户，还可以在"文本和图标"选项卡下设置自解压文件窗口标题、自解压文件图标等，如图 5-74 所示。

步骤 08 设置完毕后，单击"确定"按钮，返回"压缩文件名和参数"对话框。在"注释"选项卡中可以看到自己所设置的各个选项，如图 5-75 所示。

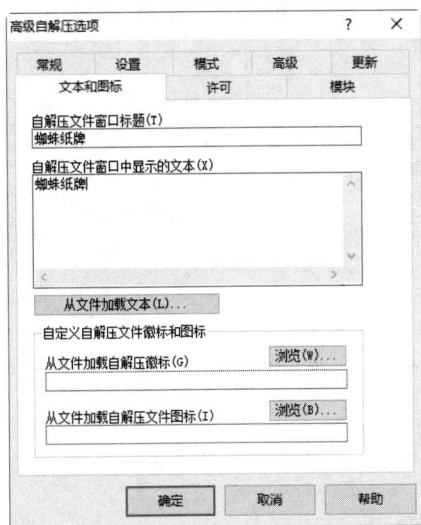

图 5-74 "文本和图标"选项卡   图 5-75 "注释"选项卡

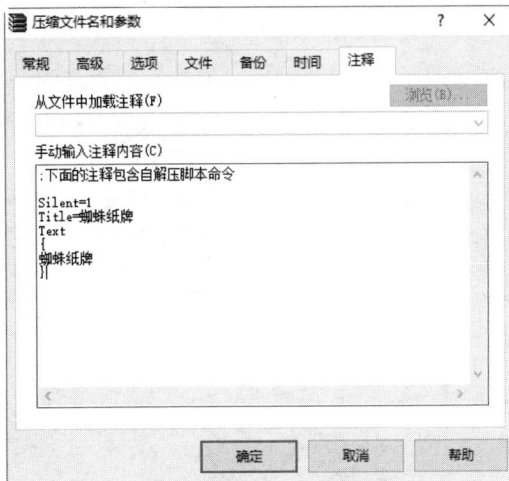

步骤 09 单击"确定"按钮，即可生成一个名为"蜘蛛纸牌"的自解压压缩文件。这样用户一旦运行该文件就会中木马，如图 5-76 所示。

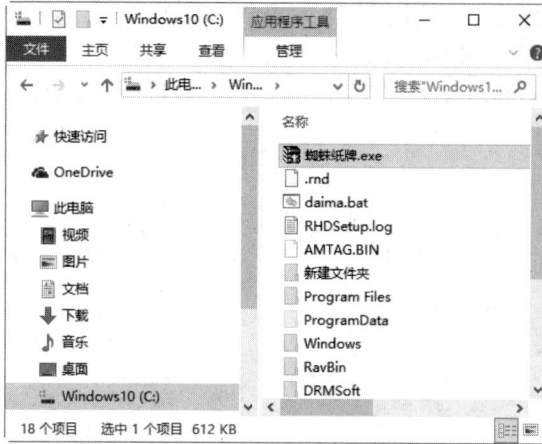

图 5-76　生成的自解压压缩文件

第 6 章

远程控制工具，让别人的计算机成为我的"舞台"

随着计算机的发展及其应用的广泛性，越来越多的操作系统为了满足用户的需求，在其中加入了远程控制功能，这一功能本来是方便用户使用的，但也为攻击者所利用，导致计算机不受用户控制。本章就来介绍几种常用的远程控制工具，以及防范远程控制的方法。

6.1 什么是远程控制

远程控制是指在网络上由一台计算机（主控端 / 客户端）远距离去控制另一台计算机（被控端 / 服务器端）的技术，和操作自己的计算机一样。

远程控制一般支持 LAN、WAN、拨号方式、互联网方式等网络方式。此外，有的远程控制软件还支持通过串口、并口等方式来对远程主机进行控制。随着网络技术的发展，目前很多远程控制软件提供通过 Web 页面以 Java 技术来控制远程计算机，这样可以实现不同操作系统下的远程控制。

远程控制的应用体现在以下几个方面：

（1）远程办公。这种远程的办公方式不仅大大缓解了城市交通状况，还免去了人们上下班路上奔波的辛劳，更可以提高企业员工的工作效率和工作兴趣。

（2）远程技术支持。一般情况下，远距离的技术支持必须依赖技术人员和用户之间的电话交流来进行，这种交流既耗时又容易出错。有了远程控制技术，技术人员就可以远程控制用户的计算机，就像直接操作本地计算机一样，只需要用户的简单帮助就可以看到该机器存在问题的第一手材料，很快找到问题所在并加以解决。

（3）远程交流。商业公司可以依靠远程技术与客户进行远程交流。采用交互式的教学模式，通过实际操作来培训用户，从专业人员那里学习知识就变得十分容易。而教师和学生之间也可以利用这种远程控制技术实现教学问题的交流，学生可以直接在计算机中进行习题的演算和求解，在此过程中，教师能够轻松看到学生的解题思路和步骤，并进行实时指导。

（4）远程维护和管理。网络管理员或者普通用户可以通过远程控制技术对远端计算机进行安装和配置软件、下载并安装软件修补程序、配置应用程序和进行系统软件设置等操作。

6.2 Windows 远程桌面功能

远程桌面功能是 Windows 系统自带的一种远程管理工具，具有操作方便、直观等特征。如果目标主机开启了远程桌面连接功能，就可以在网络中的其他主机上连接控制这台目标主机了。

6.2.1 开启 Windows 远程桌面功能

在 Windows 系统中开启远程桌面的具体操作步骤如下：

步骤01 右击"此电脑"图标，在弹出的快捷菜单中选择"属性"命令，打开"系统"窗口，如图 6-1 所示。

步骤02 单击"远程桌面"链接，打开"远程桌面"窗口，单击"远程桌面"右侧的"关"按钮，如图 6-2 所示。

图 6-1 "系统"窗口

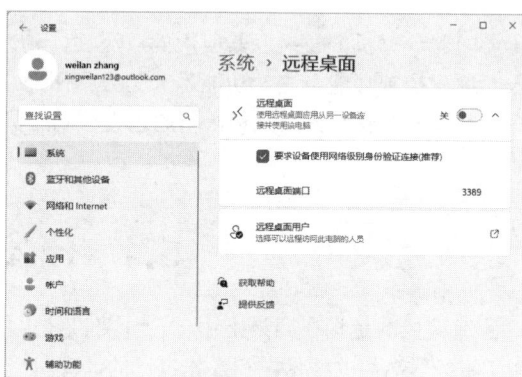

图 6-2 "远程桌面"窗口

步骤03 弹出一个信息提示框，提示用户是否启动远程桌面，如图 6-3 所示。

步骤04 单击"确认"按钮，即可开启远程桌面功能，如图 6-4 所示。

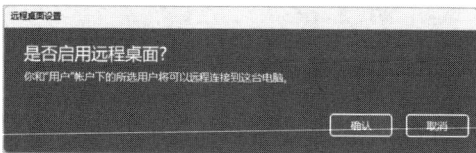

图 6-3 信息提示框

图 6-4 开启远程桌面功能

6.2.2 使用远程桌面功能控制计算机

当开启了 Windows 远程桌面功能之后，就可以使用远程桌面功能控制计算机了，具体的操作步骤如下：

步骤01 在 Windows 任务栏上单击放大镜图标，在搜索框中输入"远程桌面连接"，然后单击"远程桌面连接"图标，如图 6-5 所示。

步骤02 打开"远程桌面连接"窗口，如图 6-6 所示。

图 6-5　"搜索"窗口

图 6-6　"远程桌面连接"窗口

步骤03 单击"显示选项"按钮，展开更多具体内容。在"常规"选项卡的"计算机"下拉列表框中选择需要远程连接的计算机名称或 IP 地址；在"用户名"文本框中输入相应的用户名，如图 6-7 所示。

步骤04 选择"显示"选项卡，在其中可以设置远程桌面的大小、颜色等属性，如图 6-8 所示。

步骤05 如果需要远程桌面与本地计算机文件进行传输，则需要在"本地资源"选项卡中设置相应的属性，如图 6-9 所示。

图 6-7　设置计算机名称和用户名

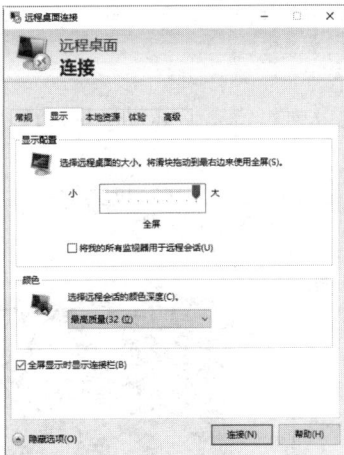

图 6-8　"显示"选项卡

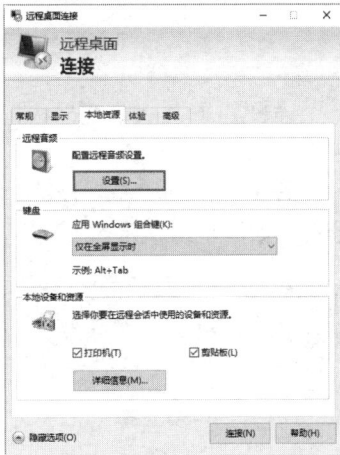

图 6-9　"本地资源"选项卡

步骤06 单击"详细信息"按钮，在"本地设备和资源"中选择需要的驱动器后，单击"确定"按钮，返回"远程桌面连接"窗口中，如图 6-10 所示。

步骤07 单击"连接"按钮，进行远程桌面连接，如图 6-11 所示。

步骤08 单击"连接"按钮，弹出"远程桌面连接"对话框，显示正在启动远程连接，如图 6-12 所示。

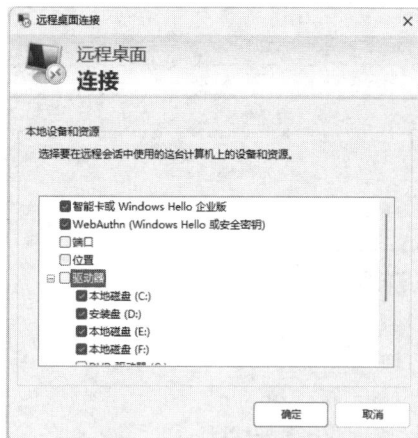

图 6-10　选择需要的驱动器

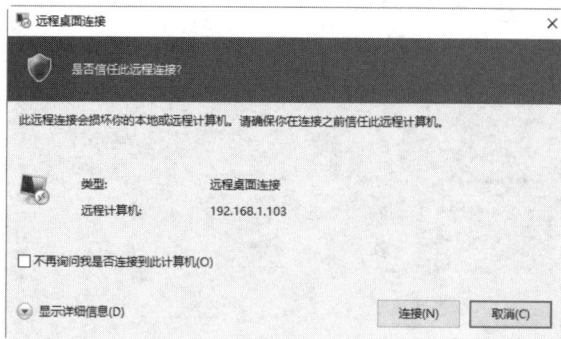

图 6-11　连接远程桌面

步骤09 启动远程连接完成后，将弹出"Windows 安全性"对话框。在"用户名"文本框中输入登录用户的名称，在"密码"文本框中输入登录密码，如图 6-13 所示。

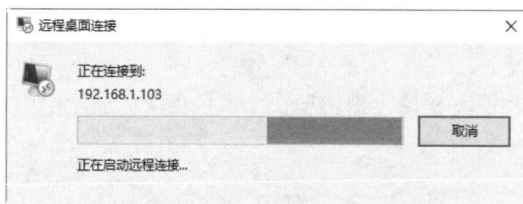

图 6-12　"远程桌面连接"对话框

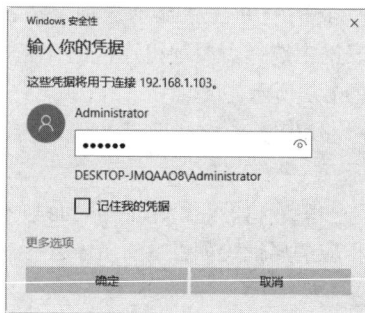

图 6-13　输入登录密码

步骤10 单击"确定"按钮，会弹出一个信息提示框，提示用户是否继续连接，如图 6-14 所示。

步骤11 单击"是"按钮，即可登录到远程计算机桌面，此时可以在该远程桌面上进行任何操作，如图 6-15 所示。

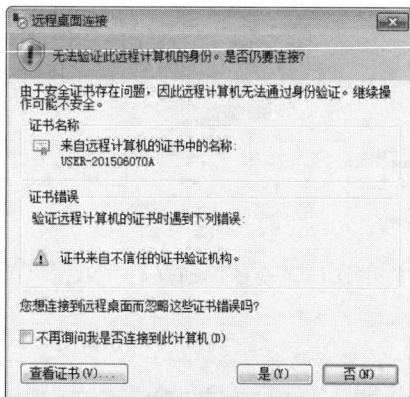

图 6-14　信息提示框

图 6-15　成功连接远程桌面

另外，在需要断开远程桌面连接时，只需在本地计算机中单击"远程桌面连接"窗口中的"关闭"按钮，弹出信息提示框。单击"确定"按钮，即可断开远程桌面连接，如图 6-16 所示。

提示：在进行远程桌面连接之前，需要双方都选择"允许远程用户连接到此计算机"复选框，否则将无法成功创建连接。

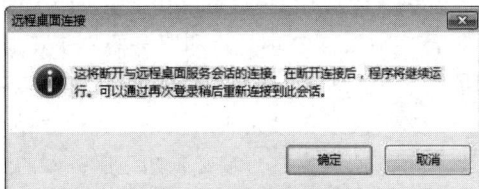

图 6-16　信息提示框

6.2.3　关闭 Windows 远程桌面功能

关闭 Windows 远程桌面功能是防止攻击者远程入侵系统的首要工作，具体的操作步骤如下：

步骤01 右击"此电脑"图标，在弹出的快捷菜单中选择"属性"命令，打开"设置"窗口，选择左侧的"远程桌面"选项，进入"远程桌面"设置界面，如图 6-17 所示。

步骤02 单击"开"按钮，弹出"是否禁用远程桌面"信息提示框，单击"确认"按钮，即可关闭 Windows 系统的远程桌面功能，如图 6-18 所示。

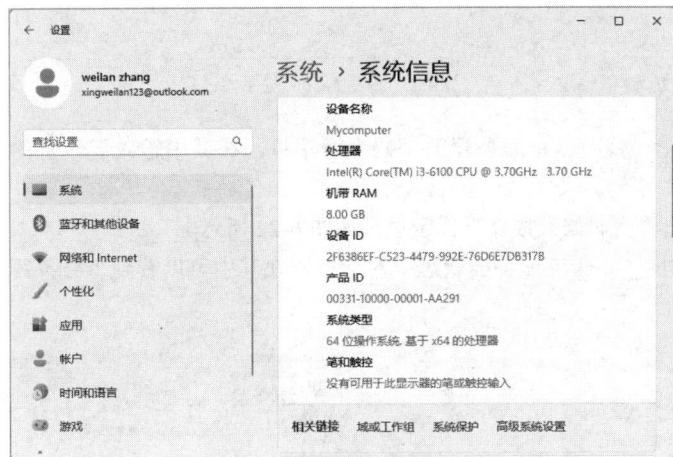

图 6-17　"系统属性"对话框

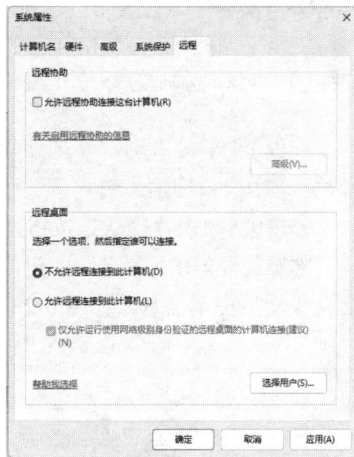

图 6-18　关闭远程桌面功能

6.3　QuickIP 远程控制工具

对于网络管理员来说，往往需要使用一台计算机对多台主机进行管理，此时就需要用到多点远程控制技术，而 QuickIP 就是一款具有多点远程控制技术的工具。

6.3.1　设置 QuickIP 服务端

由于 QuickIP 工具是将服务器端与客户端合并在一起的，所以在计算机中都是服务器端和客户端一起安装的，这也是实现一台服务器可以同时被多个客户机控制、一个客户机也可以同时控制多个服务器的原理所在。

配置 QuickIP 服务器端的具体操作步骤如下：

步骤01 成功安装 QuickIP 后，即可弹出"QuickIP 安装完成"对话框，在其中即可可以设置是否启动 QuickIP 客户机和服务器，在其中选择"立即运行 QuickIP 服务器"复选框，如图 6-19 所示。

步骤02 单击"完成"按钮，弹出"请立即修改密码"提示框，为了实现安全的密码验证登录，QuickIP 设定客户端必须知道服务器的登录密码才能进行登录控制，如图 6-20 所示。

图 6-19 选择"立即运行 QuickIP 服务器"复选框

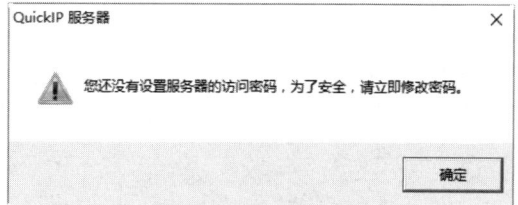

图 6-20 提示修改密码

步骤03 单击"确定"按钮，弹出"修改本地服务器的密码"对话框，在其中输入要设置的密码，如图 6-21 所示。

步骤04 单击"确认"按钮，弹出"密码修改成功"提示框，如图 6-22 所示。

步骤05 单击"确定"按钮，弹出"QuickIP 服务器管理"对话框，在其中可以看到"服务器启动成功"提示信息，如图 6-23 所示。

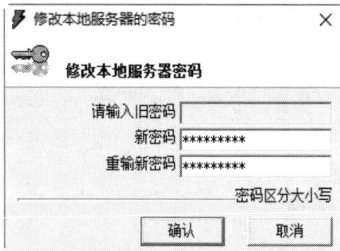

图 6-21 输入密码

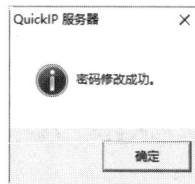

图 6-22 密码修改成功

图 6-23 服务器启动成功

6.3.2 设置 QuickIP 客户端

设置完服务端后，就需要设置 QuickIP 客户端。设置客户端相对比较简单，主要是在客户端中添加远程主机，具体的操作步骤如下：

步骤01 选择"开始"→"所有应用"→"QuickIP"→"QuickIP 客户机"命令，即可打开"QuickIP 客户机"主窗口，如图 6-24 所示。

步骤02 单击工具栏中的"添加主机"按钮，弹出"添加远程主机"对话框。在"主机"文本框中输入远程主机的 IP 地址，在"端口"和"密码"文本框中输入在服务器端设置的信息，如图 6-25 所示。

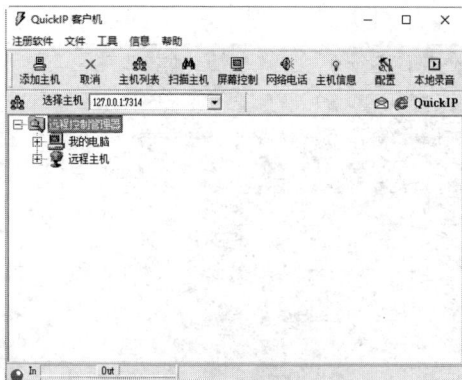

图 6-24　"QuickIP 客户机"主窗口

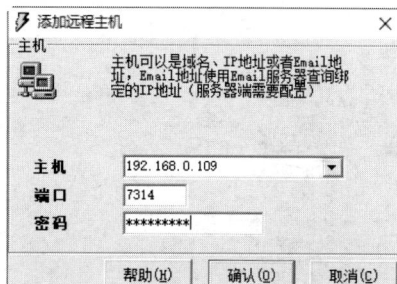

图 6-25　"添加远程主机"对话框

步骤03 单击"确认"按钮，即可在"QuickIP 客户机"主窗口的"远程主机"下看到刚刚添加的 IP 地址了，如图 6-26 所示。

步骤04 单击该 IP 地址后，从展开的控制功能列表中可看到远程控制功能十分丰富，表示客户端与服务器端的连接已经成功了，如图 6-27 所示。

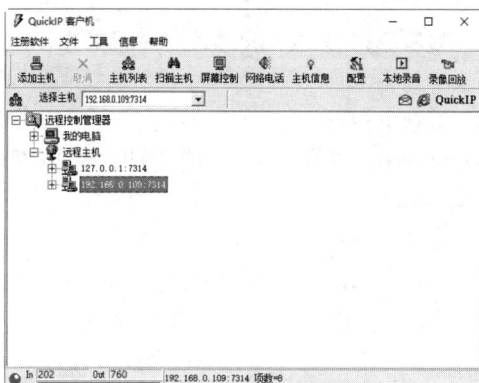

图 6-26　添加 IP 地址

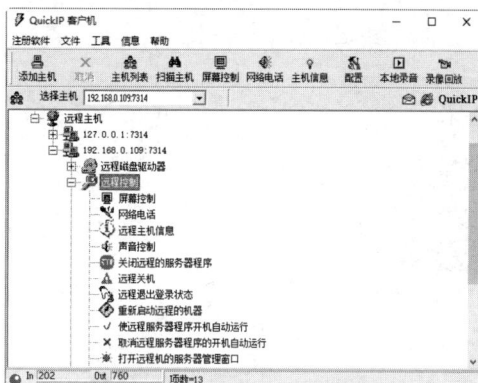

图 6-27　客户端与服务器端连接成功

6.3.3　实现远程控制系统

成功添加远程主机后，就可以利用 QuickIP 工具对其进行远程控制。由于 QuickIP 功能非常强大，这里只介绍几个常用的功能，实现远程控制的具体操作步骤如下：

步骤01 在"192.168.0.109：7314"栏目下选择"远程磁盘驱动器"选项，弹出"登录到远程主机"对话框，在其中输入设置的端口和密码，如图 6-28 所示。

步骤02 单击"确认"按钮，即可看到远程主机中的所有驱动器。选择其中的 D 盘，即可看到其中包含的文件，如图 6-29 所示。

步骤03 选择"远程控制"选项下的"屏幕控制"选项，稍

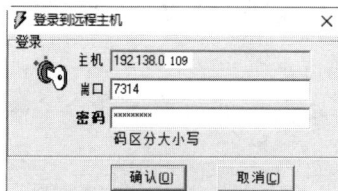

图 6-28　输入端口和密码

等片刻后，即可看到远程主机的桌面，在其中可以通过鼠标和键盘来完成对远程主机的控制，如图 6-30 所示。

图 6-29　成功连接远程主机

图 6-30　远程主机的桌面

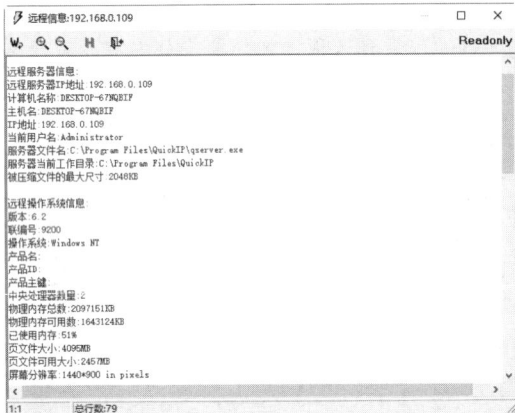

图 6-31　"远程信息"窗口

步骤04 选择"远程控制"选项下的"远程主机信息"选项，即可打开"远程信息"窗口，在其中可以看到远程主机的详细信息，如图 6-31 所示。

步骤05 如果要结束对远程主机的操作，为了安全起见，应该关闭远程主机。选择"远程控制"选项下的"远程关机"选项，即可弹出信息提示框，单击"是"按钮，即可关闭远程主机，如图 6-32 所示。

步骤06 在"192.168.0.109：7314"栏目下选择"远程主机进程列表"选项，在其中可以看到远程主机中正在运行的进程，如图 6-33 所示。

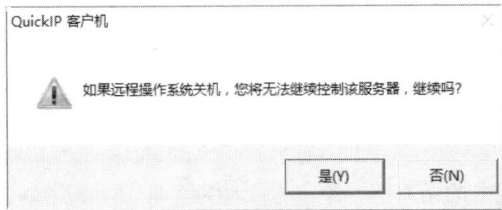

图 6-32　信息提示框

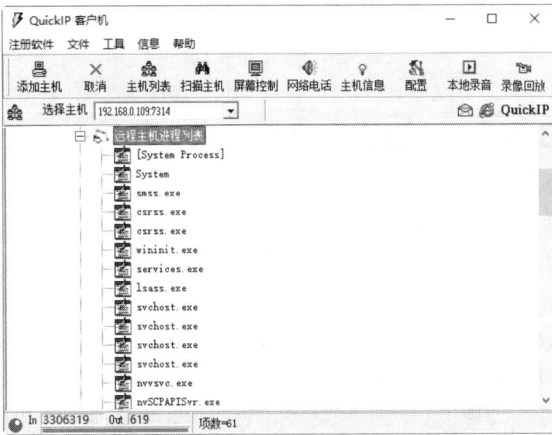

图 6-33　远程主机进程列表信息

步骤07 在"192.168.0.109：7314"栏目下选择"远程主机装载模块列表"选项，在其中可以看到远程主机中的装载模块列表，如图 6-34 所示。

步骤08 在"192.168.0.109：7314"栏目下选择"远程主机的服务列表"选项，在其中可以看到远程主机中正在运行的服务，如图 6-35 所示。

图 6-34 远程主机装载模块列表信息　　　　　　图 6-35 远程主机服务列表信息

6.4 灰鸽子远程控制工具

在利用灰鸽子远程控制工具连接目标主机之前，需要事先配置一个灰鸽子服务端程序，并在被控制的主机上运行，这样才能进行远程控制。

6.4.1 配置灰鸽子服务端

配置灰鸽子服务端的具体操作步骤如下：

步骤01 下载并解压缩"灰鸽子"压缩文件，双击解压之后的可执行文件，即可打开灰鸽子操作主界面，如图 6-36 所示。

步骤02 在灰鸽子主操作界面中选择"文件"→"配置服务程序"命令，弹出"服务器配置"对话框，在"自动上线"选项卡中，可以对上线图像、上线分组、上线备注、连接密码等项目进行设置，如图 6-37 所示。

步骤03 选择"安装选项"选项卡，在其中可以对安装路径、DLL 文件名、文件属性，以及服务端安装成功后的运行情况等进行设置，如图 6-38 所示。

步骤04 选择"启动选项"选项卡，在其中可以对服务端运行时的显示名称、服务名称及描述信息等进行设置，如图 6-39 所示。

步骤05 选择"代理服务"选项卡，在其中可以对开放时是否启用代理，以及启用哪种代理进行设置，如图 6-40 所示。

步骤06 选择"高级选项"选项卡，在其中可以对是否在启动时隐藏运行后的 EXE 进程、是否隐藏服务端的安装文件和进程插入选项等进行设置，如图 6-41 所示。

步骤07 选择"图标"选项卡，在其中可以对服务器使用的图标进行设置，如图 6-42 所示。

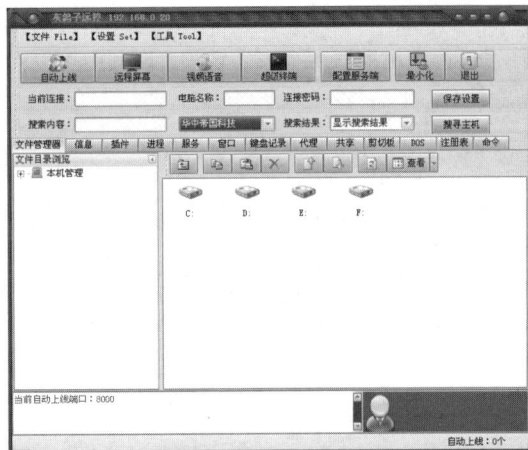

图 6-36　灰鸽子操作主界面

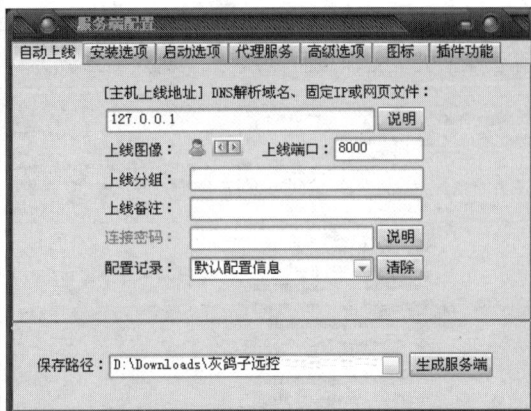

图 6-37　"服务器配置"对话框

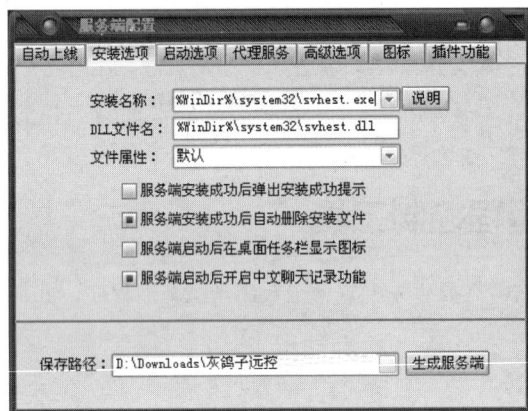

图 6-38　"安装选项"选项卡

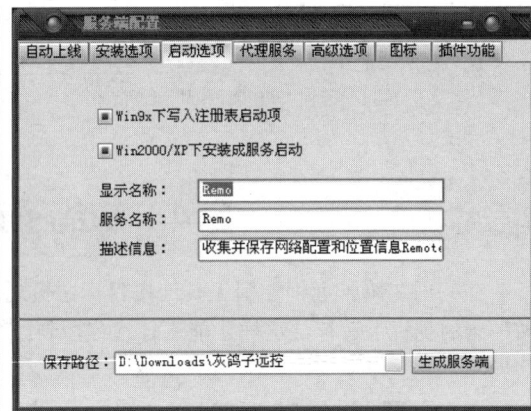

图 6-39　"启动选项"选项卡

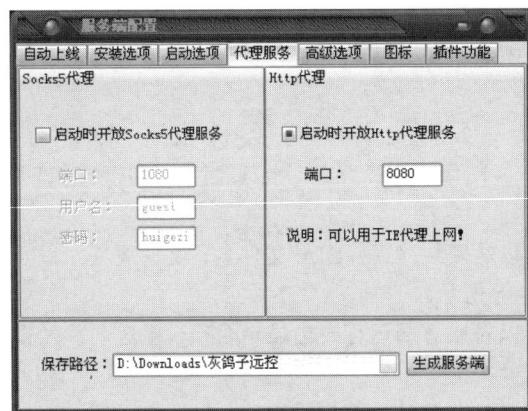

图 6-40　"代理服务"选项卡

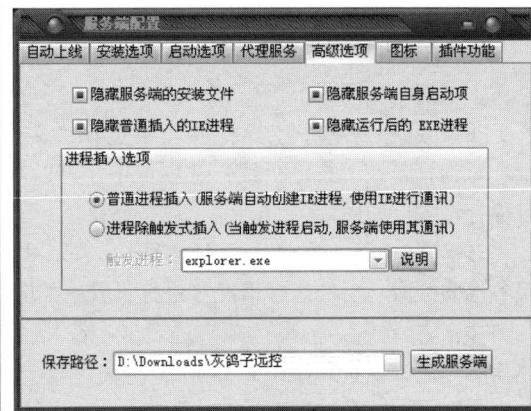

图 6-41　"高级选项"选项卡

步骤 08 如果想要加载插件，还可以在"插件功能"选项卡中进行相应的设置。设置好所有选项后，在"保存路径"文本框中输入生成服务端程序的保存路径及文件名，单击"生成服务器"按钮，即可生成服务端程序，如图 6-43 所示。

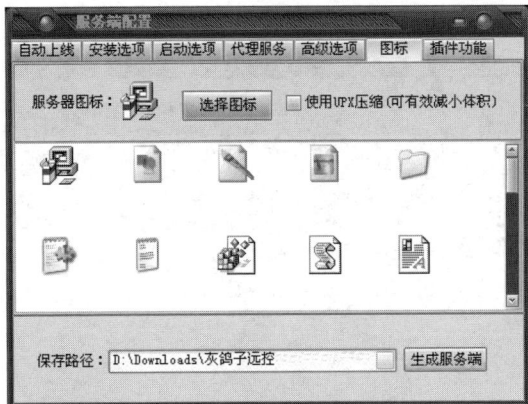

图 6-42　"图标"选项卡

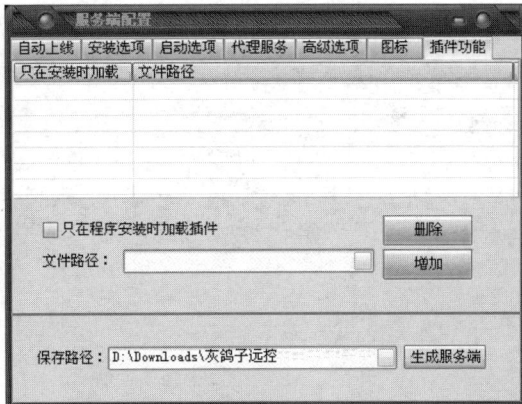

图 6-43　"插件功能"选项卡

6.4.2　操作远程主机文件

配置好灰鸽子服务端后，即可将服务端程序安装在目标主机中。成功安装后，就可以很容易地控制对方的计算机了。操作远程主机文件的具体操作步骤如下：

步骤01 在灰鸽子操作主界面中选择"设置"→"系统设置"命令，弹出"系统设置"对话框，在该对话框的"系统设置"选项卡中设置灰鸽子的自动检测和记录选项，在"自动上线端口"文本框中输入自己在配置木马服务端时设置的端口号。设置完毕后，单击"应用改变"按钮，如图 6-44 所示。

步骤02 选择"语音提示设置"选项卡，在其中可以手动设置目标主机上线和下线时的声音，也可以设置一些操作完成时的提示音，这样在主机上线和下线时，就可以发出提醒声音，如图 6-45 所示。

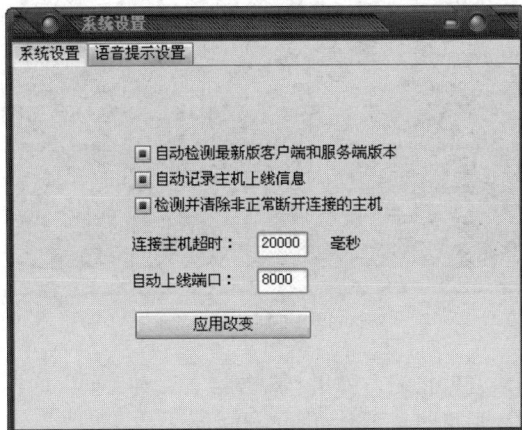

图 6-44　"系统设置"对话框

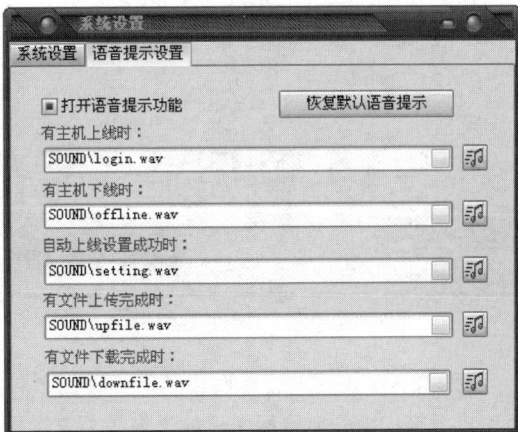

图 6-45　"语音提示设置"选项卡

步骤03 启动灰鸽子客户端软件，这样安装了灰鸽子服务端程序的主机就会自动上线，上线时就有提示音，并在软件左侧的"文件目录浏览"区域的"华中帝国科技"中，显示当前自动上线主机的数目，如图 6-46 所示。

步骤04 展开"华中帝国科技"选项，在其中选择某台上线的主机，将会显示该主机上的硬盘驱动器列表，如图 6-47 所示。

图 6-46　显示自动上线主机的数目

图 6-47　显示目标主机驱动器信息

步骤05 选择某个驱动器，在右侧可以看到驱动器中的文件列表信息。右击某个文件，在弹出的快捷菜单中可以像在本地资源管理器中操作一样，下载、新建、重命名、删除对方计算机中的文件，还可以把对方的文件上传到 FTP 服务器上保存，如图 6-48 所示。

步骤06 在灰鸽子软件操作界面中单击"远程屏幕"按钮，即可打开远程桌面监视窗口，在该窗口中实时显示了目标主机在桌面上的运行状态，如图 6-49 所示。

图 6-48　文件列表信息

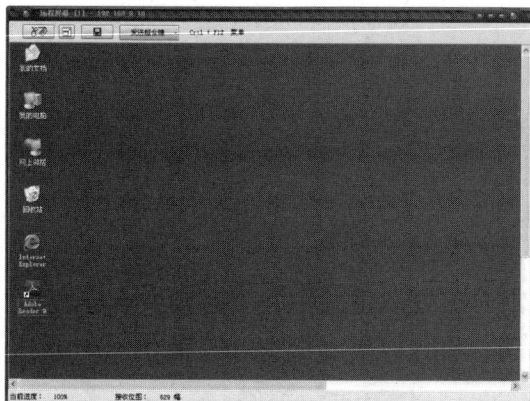

图 6-49　远程桌面监视窗口

步骤07 在灰鸽子软件操作界面中单击"视频语音"按钮，弹出"视频语音"对话框，这样就可以很轻松地开启目标主机的摄像头并查看摄像头拍摄的画面，如图 6-50 所示。

步骤08 在"视频语音"对话框中单击"开始语音"按钮，即可开始监控接收声音，也可以选择"接收到的语音存为 WAV 文件"复选框，将远程声音监控保存为本地音频文件，如图 6-51 所示。

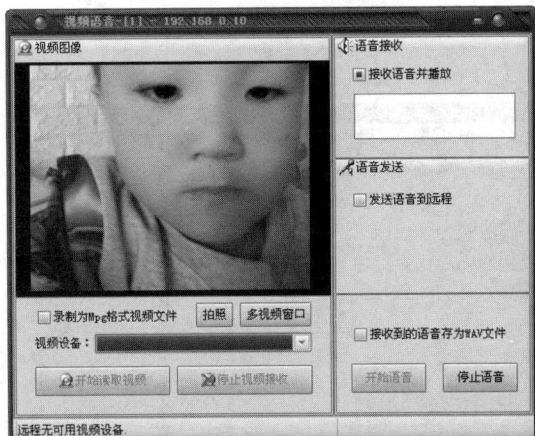

图 6-50　"视频语音"对话框

图 6-51　开始监控接收声音

6.4.3　控制远程主机鼠标和键盘

　　有时，计算机中了木马之后，常常会出现鼠标不受控制、乱单击程序或删除文件的现象，这是由于攻击者用木马抢夺了用户的鼠标和键盘控制权，让鼠标和键盘只听从攻击者的命令。下面就来介绍一下如何利用灰鸽子服务端程序来远程控制计算机鼠标和键盘的操作，具体的控制过程如下：

　　步骤01 在控制了远程主机的桌面屏幕后，单击工具栏中的"传送鼠标和键盘"按钮，就可以切换到鼠标和键盘控制状态，此时，在窗口中显示的桌面上单击，即可直接操作远程主机桌面，与在本地操作一样，如图 6-52 所示。

　　步骤02 在远程控制桌面窗口中单击工具栏中的"发送组合键"按钮，在打开的下拉列表框中选择发送各种组合键命令，比如切换输入法、调出任务管理器等，如图 6-53 所示。

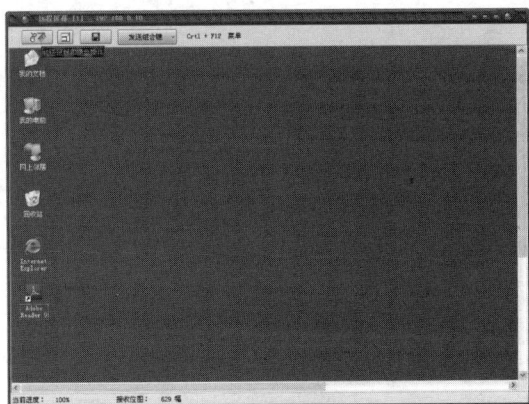

图 6-52　鼠标键盘控制状态

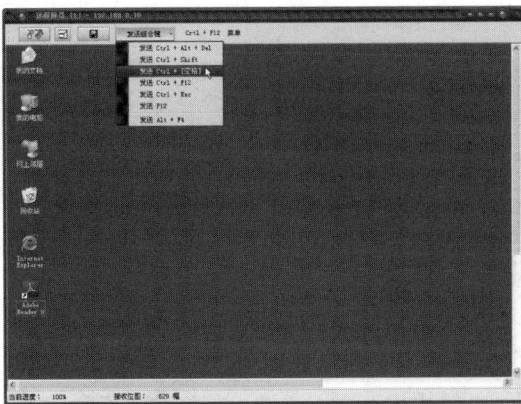

图 6-53　发送组合键命令

　　步骤03 有时远程主机会通过剪切板复制粘贴各种账号密码等，攻击者可以监视控制远程主机的剪切板，选择要监视的主机，在下方选择"剪切板"选项卡，打开"剪切板"设置界面，如图 6-54 所示。

步骤04 单击右侧的"远程剪切板"按钮，即可发送一条读取命令，在下方显示远程剪切板中复制的文本内容，如图 6-55 所示。

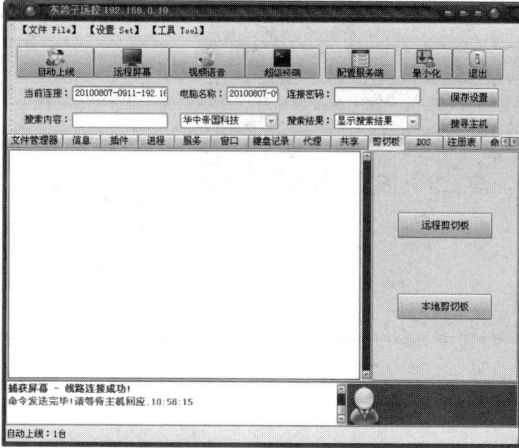

图 6-54　"剪切板"设置界面

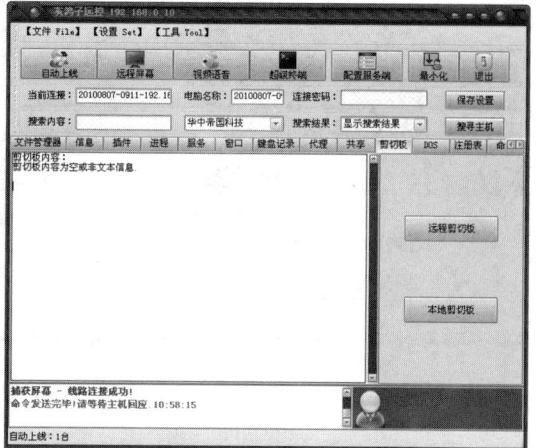

图 6-55　发送读取命令

6.4.4　修改控制系统设置

灰鸽子服务端有一个强大的系统控制能力，可以随意地获取修改远程主机的系统信息和设置。灰鸽子服务端修改控制系统设置的操作步骤如下：

步骤01 选择要控制的远程主机后，选择"信息"选项卡，在打开的界面中单击右侧的"系统信息"按钮，即可获得远程主机上的详细系统状态，包括 CUP、内存情况、远程主机系统版本、补丁状态、主机名、登录用户等，如图 6-56 所示。

步骤02 选择"进程"选项卡，在打开的界面中单击右侧的"查看进程"按钮，即可查看当前系统中所有正在运行的程序进程名称列表，如果发现危险进程，则可选中该进程后，单击右侧的"终止进程"按钮即可，如图 6-57 所示。

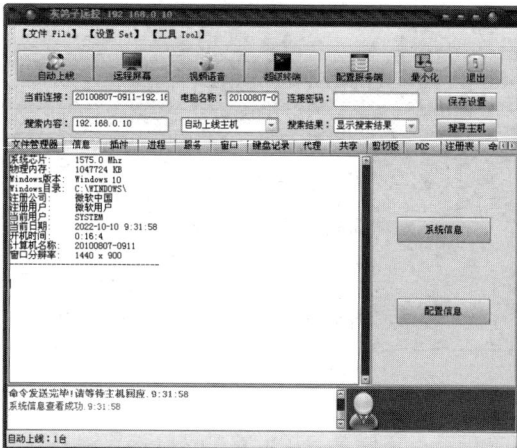

图 6-56　查看远程主机信息

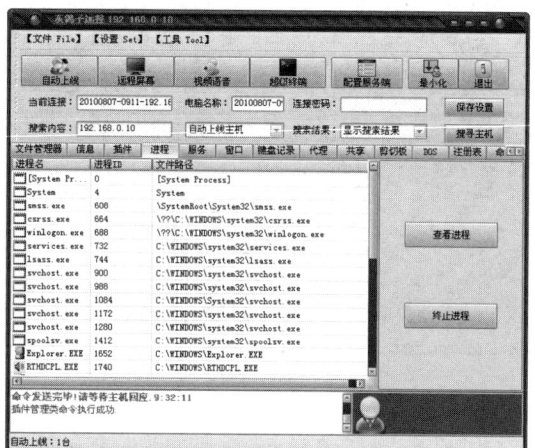

图 6-57　管理系统进程

步骤03 选择"服务"选项卡，在打开的界面中单击"查看服务"按钮，即可查看当前系统中所有正在运行的服务列表信息，在列表中选择某个服务后，可以设置当前服务是启动或关闭，并设置服务的属性为手动、自动或禁止，如图 6-58 所示。

步骤04 选择"插件"选项卡，在打开的界面中单击"刷新现有插件"按钮，即可查看当前系统中所有正在运行的插件，在列表中选中某个插件后，可以启动或停止该插件，或查看插件的结果，如图 6-59 所示。

图 6-58　管理远程主机服务

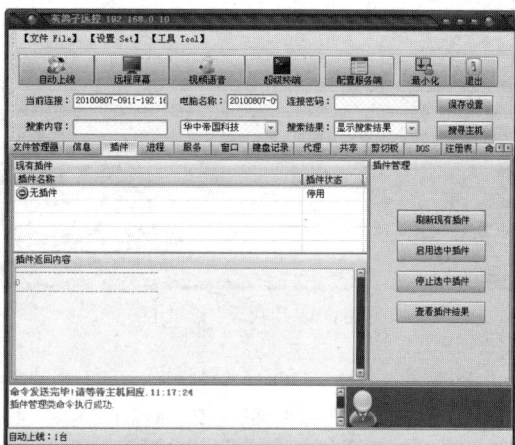

图 6-59　当前系统插件信息

步骤05 选择"窗口"选项卡，在打开的界面中单击"查看窗口"按钮，即可查看当前系统中所有正在运行的窗口列表，在列表中选中某个窗口后，可以关闭、隐藏、显示、禁用、恢复该窗口，如图 6-60 所示。

步骤06 选择"键盘记录"选项卡，在打开的界面中单击"启动键盘记录"按钮，即可启动中文记录命令，如图 6-61 所示。

图 6-60　窗口列表信息

图 6-61　键盘记录信息

步骤07 选择"代理"选项卡，在打开的界面中可以看到灰鸽子为用户提供了两个代理，即 Socks 和 Http 代理，单击 Socks 代理设置区域中的"开启服务"按钮，即可启动 Socks 代理，如图 6-62 所示。

步骤08 选择"共享"选项卡，在打开的界面中单击"查看共享信息"按钮，即可启动共享管理，并在左侧的窗格中列出共享的信息，同时，还可以新建共享和删除共享，如图 6-63 所示。

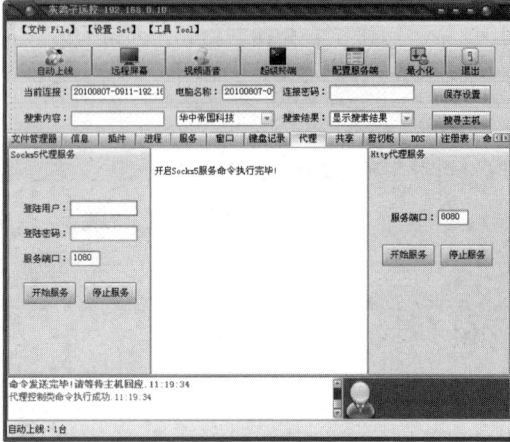

图 6-62 "代理"选项卡

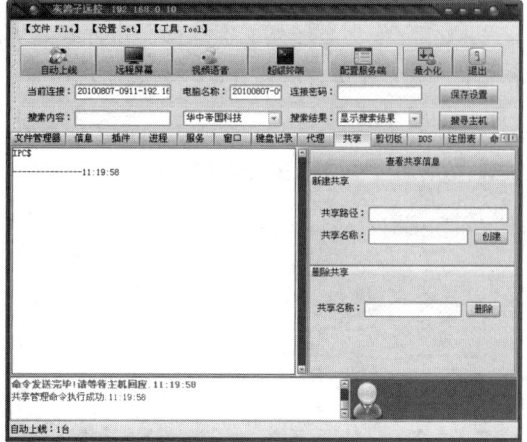

图 6-63 "共享"选项卡

步骤09 选择"DOS"选项卡，在打开的界面的"DOS 命令"文本框中输入相应的命令，然后单击"远程运行"按钮，启动 MS-DOS 模拟命令，如图 6-64 所示。

步骤10 选择"注册表"选项卡，在打开的界面中单击"远程电脑"前面的"+"号按钮，展开注册表相应的键值列表，即可查看远程主机的注册表信息，如图 6-65 所示。

图 6-64 "DOS"选项卡

图 6-65 "注册表"选项卡

步骤11 选择"命令"选项卡，在打开的界面中显示当前主机的 IP 地址、地理位置、系统版本、CPU、内存、电脑名称、上线时间、安装日期、插入进程、服务端版本、备注等信息，如图 6-66 所示。

步骤12 灰鸽子还为用户提供了 Telnet 远程命令控制，单击灰鸽子工具栏中的"超级终端"按钮，即可打开"Telnet 命令"窗口，在该窗口中可以执行各种命令，与本地命令窗口中的操作一样，如图 6-67 所示。

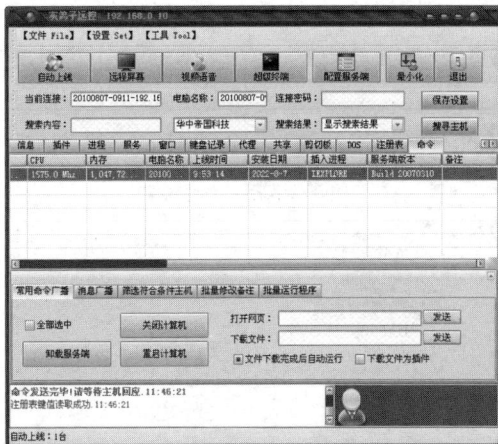

图 6-66 "命令"选项卡

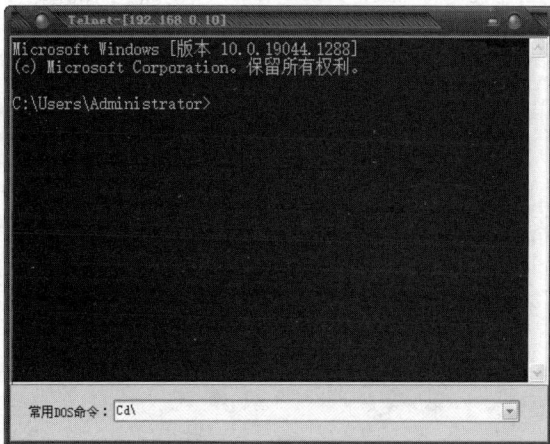

图 6-67 "Telnet 命令"窗口

6.5 防范远程控制工具

要想使自己的计算机不受远程控制入侵的困扰，就需要用户对自己的计算机进行相应的保护操作，如关闭计算机的远程控制功能、安装相应的防火墙等。

6.5.1 开启系统 Windows 防火墙

使用 Windows 自带防火墙的具体操作步骤如下：

步骤01 在"控制面板"窗口中双击"Windows 防火墙"图标，打开"Windows 防火墙"窗口，显示此时 Windows 防火墙已经被开启，如图 6-68 所示。

步骤02 单击左侧的"允许应用或功能通过 Window 防火墙"链接，在打开的窗口中可以设置哪些程序或功能允许通过 Window 防火墙访问外网，如图 6-69 所示。

图 6-68 "Windows 防火墙"窗口

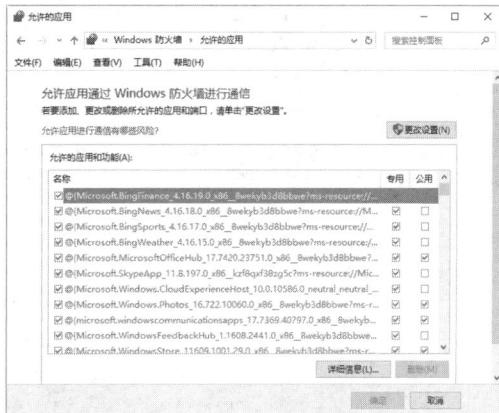

图 6-69 "允许的应用"窗口

步骤03 单击"更改通知设置"或"启用或关闭 Window 防火墙"链接，在打开的窗口中可以开启或关闭防火墙，如图 6-70 所示。

步骤04 单击"高级设置"链接，打开"高级安全 Windows 防火墙"窗口，在其中可以对入站、出站、连接安全等规则进行设置，如图 6-71 所示。

图 6-70 "自定义设置"窗口

图 6-71 "高级安全 Windows 防火墙"窗口

6.5.2 关闭远程注册表管理服务

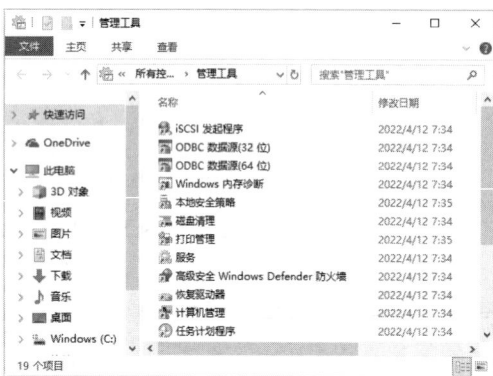

图 6-72 "管理工具"窗口

远程控制注册表主要是为了方便网络管理员对网络中的计算机进行管理，但这样却给黑客入侵提供了方便。因此，必须关闭远程注册表管理服务。具体的操作步骤如下：

步骤01 在"控制面板"窗口中双击"管理工具"选项，打开"管理工具"窗口，如图 6-72 所示。

步骤02 双击"服务"选项，打开"服务"窗口，在其中可以看到本地计算机中的所有服务，如图 6-73 所示。

步骤03 在"服务"列表中选择"Remote Registry"选项，右击，在弹出的快捷菜单中选择"属性"命令，打开"Remote Registry 的属性"对话框，如图 6-74 所示。

图 6-73 "服务"窗口

图 6-74 "Remote Registry 的属性"对话框

步骤 **04**　单击"停止"按钮，弹出"服务控制"提示框，提示 Windows 正在尝试启动本地计算机上的一些服务，如图 6-75 所示。

步骤 **05**　服务启动完毕后，即可返回"Remote Registry 的属性"对话框，此时可以看到"服务状态"已变为"已停止"，单击"确定"按钮，即可完成关闭远程注册表管理服务操作，如图 6-76 所示。

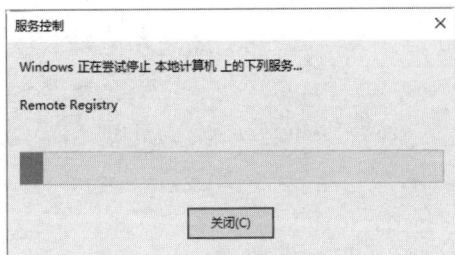

图 6-75　"服务控制"提示框

图 6-76　关闭远程注册表管理服务

6.6　实战演练

6.6.1　实战 1：禁止访问控制面板

攻击者可以通过控制面板进行多项系统的操作，用户若不希望他们访问自己的控制面板，可以在"本地组策略编辑器"窗口中启用"禁止访问控制面板"功能。具体的操作步骤如下：

步骤 **01**　在"运行"对话框中输入"gpedit.msc"命令，单击"确定"按钮，打开"本地组策略编辑器"窗口，在其中依次展开"用户配置"→"管理模板"→"控制面板"选项，即可进入"控制面板"设置界面，如图 6-77 所示。

步骤 **02**　右击"禁止访问'控制面板'和 PC 设置"选项，在弹出的快捷菜单中选择"编辑"命令，或双击"禁止访问'控制面板'和 PC 设置"选项，如图 6-78 所示。

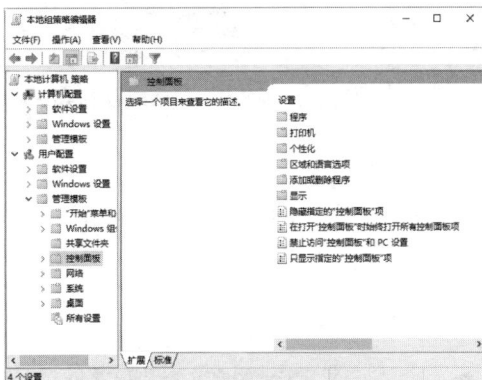

图 6-77　"本地组策略编辑器"窗口

步骤03 打开"禁止访问'控制面板'和 PC 设置"窗口，在其中选中"已启用"单选按钮，单击"确定"按钮，即可完成禁止控制面板程序文件的启动，使得其他用户无法启动控制面板。此时还会将"开始"菜单中的"控制面板"命令、Windows 资源管理器中的"控制面板"文件夹同时删除，彻底禁止访问控制面板，如图 6-79 所示。

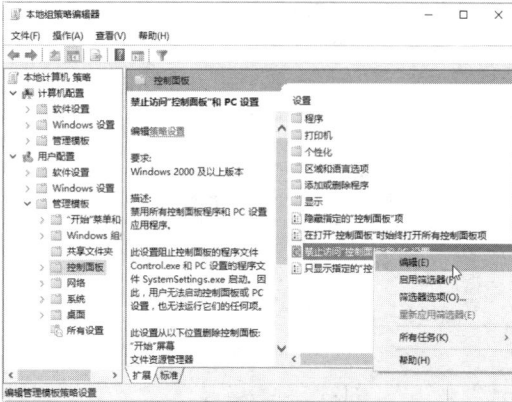

图 6-78 "控制面板"设置界面

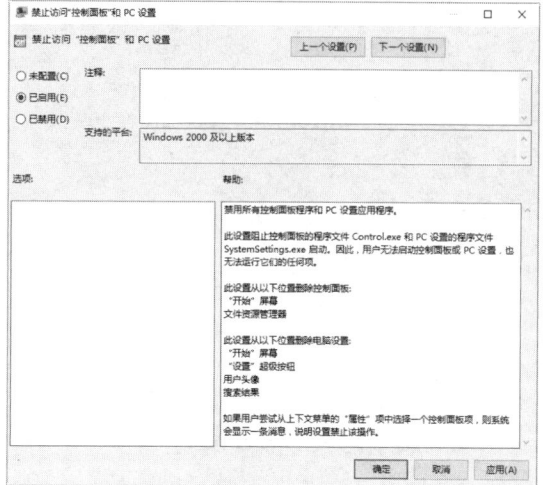

图 6-79 选中"已启用"单选按钮

6.6.2 实战 2：取消开机锁屏界面

计算机的开机锁屏界面带给人绚丽的视觉效果，但会影响开机的时间和速度，用户可以根据需要取消系统启动后的锁屏界面，具体的操作步骤如下：

步骤01 打开"本地组策略编辑器"窗口，依次展开"计算机配置"→"管理模板"→"控制面板"→"个性化"选项，在"设置"列表中双击"不显示锁屏"选项，如图 6-80 所示。

步骤02 打开"不显示锁屏"窗口，选中"已启用"单选按钮，单击"确定"按钮，即可取消显示开机锁屏界面，如图 6-81 所示。

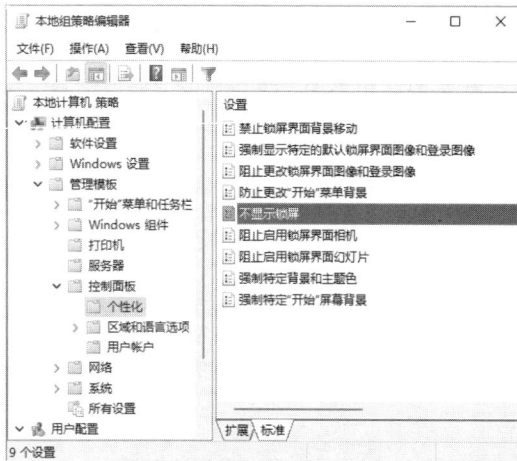

图 6-80 "本地组策略编辑器"窗口

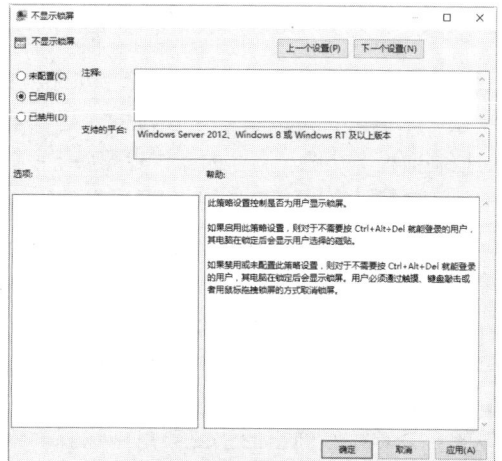

图 6-81 "不显示锁屏"对话框

第 7 章

数据备份与恢复工具，数据安全你说了算

计算机系统中的大部分数据都存储在磁盘中，而磁盘又是一个极易出现问题的部件。为了能够有效地保护计算机的系统数据，最有效的方法就是将数据进行备份，这样，一旦磁盘出现故障，就能把损失降到最低。本章就来介绍常见的数据备份与恢复工具。

7.1 数据丢失的原因

硬件故障、软件破坏、病毒的入侵、用户自身的错误操作等，都有可能导致数据丢失，但大多数情况下，这些找不到的数据并没有真正丢失，这就需要根据数据丢失的具体原因而定。

7.1.1 数据丢失的原因分析

造成数据丢失的主要原因有以下几个方面：

（1）用户的误操作。由于用户错误操作而导致数据丢失，在数据丢失的主要原因中所占的比例很大。用户极小的疏忽也可能造成数据丢失，如用户的错误删除或不小心切断电源等。

（2）攻击者入侵与病毒感染。攻击者入侵和病毒感染越来越受关注，由此造成的数据破坏不可低估。而且有些恶意程序具有格式化硬盘的功能，对硬盘数据造成毁灭性损失。

（3）软件系统运行错误。由于软件不断更新，各种程序和运行错误也就随之增加，如程序被迫意外中止或突然死机，都会使用户当前所运行的数据因不能及时保存而丢失。例如在运行Microsoft Office Word 编辑文档时，常常会发生应用程序出现错误而不得不中止的情况，此时，当前文档中的内容就不能完整保存甚至全部丢失。

（4）硬件损坏。硬件损坏主要表现为磁盘划伤、芯片及其他元器件烧坏、突然断电等，这些损坏造成的数据丢失都是物理性质，一般通过 Windows 自身无法恢复数据。

（5）自然损坏。风、雷电、洪水及意外事故（如电磁干扰、地板振动等）也有可能导致数据丢失，但这一原因出现的可能性比上述几种原因要低很多。

7.1.2 发现数据丢失后的操作

当发现计算机中的硬盘丢失数据后，应当注意以下几个事项：

（1）当发现自己硬盘中的数据丢失后，应立刻停止一些不必要的操作，如误删除、误格式化之后，最好不要再往磁盘中写数据。

（2）如果发现丢失的是 C 盘数据，应立即关机，以避免数据被操作系统运行时产生的虚拟内存和临时文件破坏。

（3）如果是服务器硬盘阵列出现故障，最好不要进行初始化和重建磁盘阵列，以免增加恢复难度。

（4）如果是磁盘出现坏道读不出来，最好不要反复读盘。

（5）如果是磁盘阵列等硬件出现故障，最好请专业的维修人员对数据进行恢复。

7.2 数据备份工具

磁盘中存放的数据有很多类，既有分区表、引导区、驱动程序等系统数据，又有电子邮件、系统桌面数据、磁盘文件等本地数据，对这些数据进行备份可以在一定程度上保护数据的安全。

7.2.1 使用 DiskGenius 备份分区表

如果分区表损坏，会造成系统启动失败、数据丢失等严重后果。这里以使用 DiskGenius V5.4 软件为例，来讲述如何备份分区表，具体的操作步骤如下：

步骤01 打开软件 DiskGenius V5.4，选择需要保存备份分区表的分区，如图 7-1 所示。

步骤02 选择"硬盘"→"备份分区表"命令，也可以按 F9 键备份分区表，如图 7-2 所示。

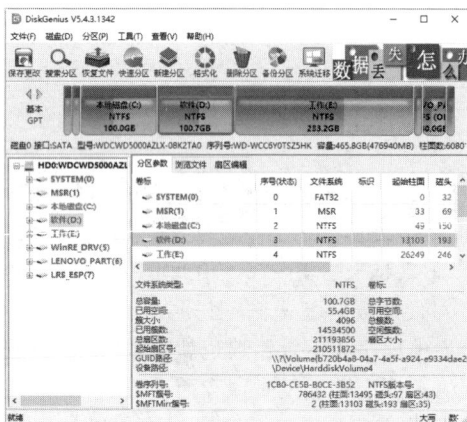

图 7-1　DiskGenius V5.4 工作界面

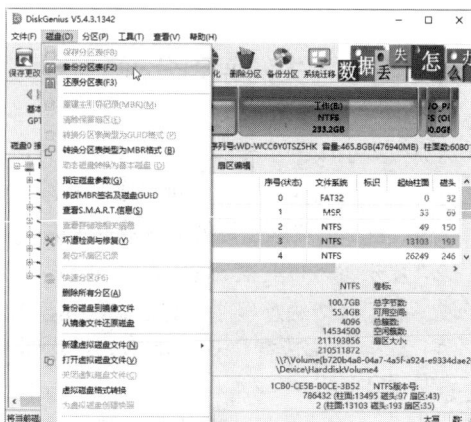

图 7-2　选择"备份分区表"命令

步骤03 弹出"设置分区表备份文件名及路径"对话框，在"文件名"文本框中输入备份分区表的名称，如图 7-3 所示。

步骤04 单击"保存"按钮，即可开始备份分区表。备份完成后，弹出"DiskGenius"信息提示框，提示用户当前硬盘的分区表已经备份到指定的文件中，如图 7-4 所示。

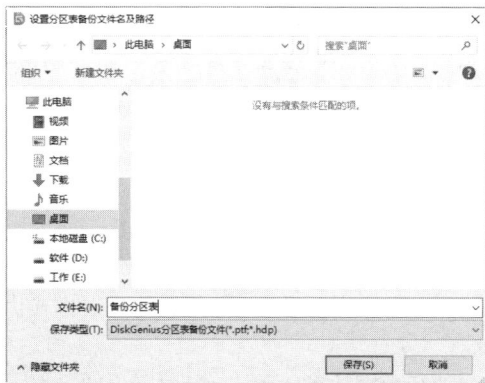

图 7-3　输入备份分区表的名称

图 7-4　信息提示框

提示：为了保障分区表备份文件的安全，建议将其保存到当前硬盘以外的硬盘或其他存储介质中，如 U 盘、移动硬盘、光碟等。

7.2.2　使用驱动精灵备份驱动程序

在 Windows 10 操作系统中，用户可以对指定的驱动程序进行备份。一般情况下，用户备份驱动程序常常借助于第三方软件，比较常用的是驱动精灵。

1. 使用驱动精灵修复有异常的驱动

驱动精灵是由驱动之家研发的一款集驱动自动升级、驱动备份、驱动还原、驱动卸载、硬件检测等多功能于一身的专业驱动软件。利用驱动精灵可以在没有驱动光盘的情况下，为自己的设备下载、安装、升级、备份驱动程序。

利用驱动精灵修复异常驱动的具体操作步骤如下：

步骤01 下载并安装好驱动精灵后，直接双击计算机桌面上的驱动精灵图标，即可打开该程序，如图 7-5 所示。

步骤02 在"驱动精灵"窗口中单击"立即检测"按钮，即可开始对计算机进行全面体检，如图 7-6 所示。

图 7-5　驱动精灵界面

图 7-6　检测驱动信息

步骤03 检测完成后，会在"驱动管理"选项卡中给出检测结果，如图 7-7 所示。

步骤04 单击"一键安装"按钮，即可开始下载并安装有异常的驱动程序，如图 7-8 所示。

图 7-7　驱动检测结果

图 7-8　下载并安装驱动程序

2. 使用驱动精灵备份单个驱动

步骤01 在"驱动精灵"窗口中选择"百宝箱"选项卡，进入百宝箱界面，如图 7-9 所示。

步骤02 单击"驱动备份"图标，打开"驱动备份还原"工作界面，在其中显示了可以备份的驱动程序，如图 7-10 所示。

图 7-9　百宝箱界面

图 7-10　"驱动备份还原"工作界面

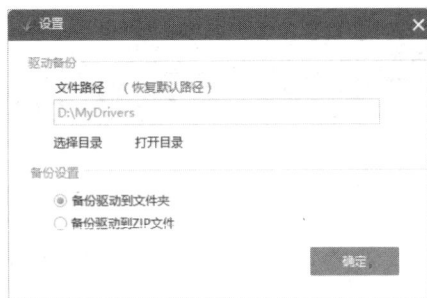

图 7-11　"设置"对话框

步骤03 单击"修改文件路径"链接，弹出"设置"对话框，在其中可以设置驱动备份文件的保存位置和备份设置类型，如将驱动备份的类型设置为 ZIP 压缩文件或备份驱动到文件夹两个类型，如图 7-11 所示。

步骤04 设置完毕后，单击"确定"按钮，返回"驱动备份还原"工作界面，在其中单击某个驱动程序右侧的"备份"按钮，即可开始备份单个硬件的驱动程序，并显示备份进度，如图 7-12 所示。

步骤05 备份完毕后，会在硬件驱动程序的右侧显示"备份完成"信息提示，如图 7-13 所示。

图 7-12　备份驱动程序

图 7-13　备份完成

3. 使用驱动精灵一键备份所有驱动

一台完整的计算机包括主板、显卡、网卡、声卡等硬件设备，要想这些设备能够正常工作，就必须在安装好操作系统后，安装相应的驱动程序。因此，在备份驱动程序时，最好将所有的驱动程序都进行备份，具体的操作步骤如下：

步骤01 在"驱动备份还原"工作界面中单击"一键备份"按钮，如图 7-14 所示。

步骤02 即可开始备份所有硬件的驱动程序，并在后面显示备份的进度，如图 7-15 所示。

图 7-14　"一键备份"按钮

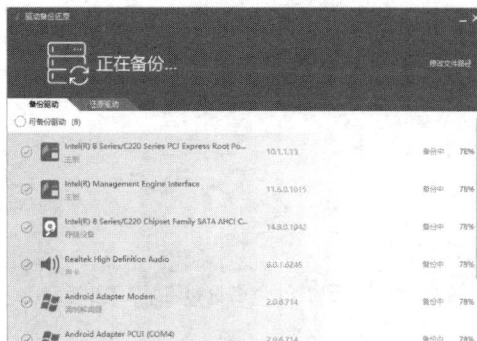

图 7-15　备份驱动程序

步骤03 备份完成后，会在硬件驱动程序的右侧显示"备份完成"信息提示，如图 7-16 所示。

7.2.3　使用系统自带的备份功能

Windows 10 操作系统为用户提供了备份文件的功能，用户只需通过简单的设置，就可以确保文件不会丢失。备份文件的具体操作步骤如下：

步骤01 右击"开始"按钮，在弹出的快捷菜单中选择"控制面板"命令，打开"控制面板"窗口，如图 7-17 所示。

图 7-16　备份完成

步骤02 在"控制面板"窗口中单击"查看方式"下拉按钮，在打开的下拉列表框中选择"小图标"选项，单击"备份和还原"链接，如图 7-18 所示。

图 7-17　"控制面板"窗口

图 7-18　"小图标"查看方式

步骤03 打开"备份和还原"窗口，在"备份"下面显示"尚未设置 Windows 备份"信息，表示还没有创建备份，如图 7-19 所示。

步骤04 单击"设置备份"按钮，弹出"设置备份"对话框，系统开始启动 Windows 备份，并显示启动进度，如图 7-20 所示。

图 7-19 "备份和还原"窗口

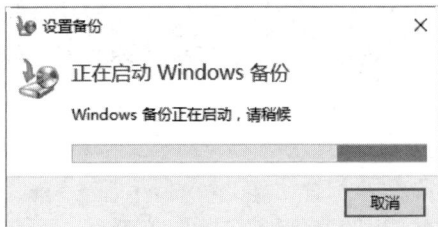

图 7-20 "设置备份"对话框

步骤05 启动完毕后，弹出"选择要保存备份的位置"对话框，在"保存备份的位置"列表框中选择要保存备份的位置。如果想保存在网络上的位置，可以单击"保存在网络上"按钮。这里选择"本地磁盘（G）"选项，单击"下一步"按钮，如图 7-21 所示。

步骤06 弹出"您希望备份哪些内容？"对话框，选中"让我选择"单选按钮。如果选中"让 Windows 选择（推荐）"单选按钮，则系统会备份库、桌面上，以及在计算机上拥有用户账户的所有人员的默认 Windows 文件夹中保存的数据文件，单击"下一步"按钮，如图 7-22 所示。

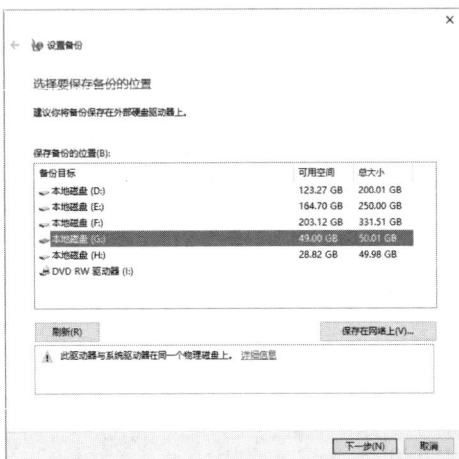

图 7-21 选择需要备份的磁盘

图 7-22 选中"让我选择"单选按钮

步骤07 在弹出的对话框中选择需要备份的文件，如选择"Excel 办公"文件夹左侧的复选框，单击"下一步"按钮，如图 7-23 所示。

步骤08 弹出"查看备份设置"对话框，在"计划"右侧显示自动备份的时间，单击"更改计划"按钮，如图 7-24 所示。

步骤09 弹出"你希望多久备份一次"对话框，单击"哪一天"下拉按钮，在打开的下拉列表框中选择"星期二"选项，如图 7-25 所示。

步骤10 单击"确定"按钮，返回"查看备份设置"对话框，如图 7-26 所示。

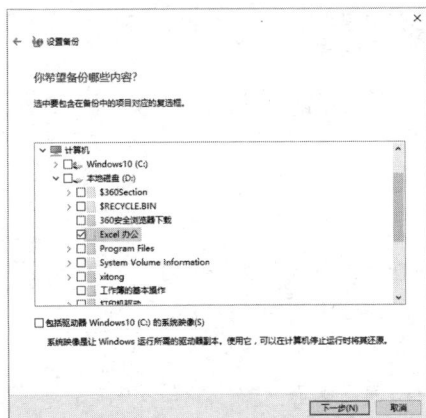

图 7-23　选择需要备份的文件

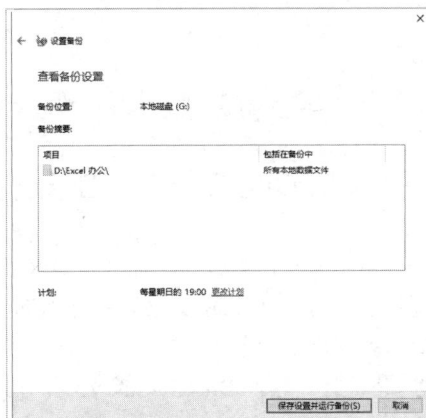

图 7-24　"查看备份设置"对话框

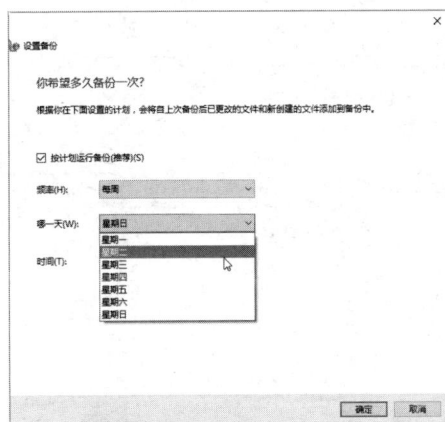

图 7-25　选择"星期二"选项

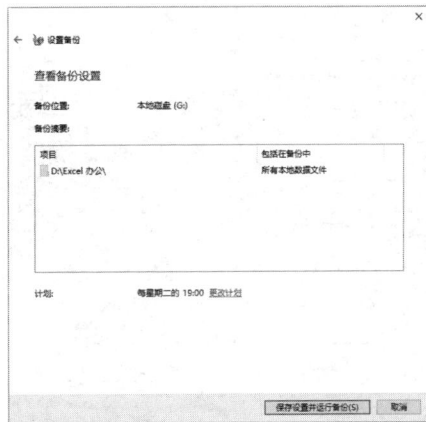

图 7-26　添加备份文件

步骤11 单击"保存设置并运行备份"按钮，返回"备份和还原"窗口中，系统开始自动备份文件并显示备份的进度，如图 7-27 所示。

步骤12 备份完成后，将弹出"Windows 备份已成功完成"对话框。单击"关闭"按钮，即可完成备份操作，如图 7-28 所示。

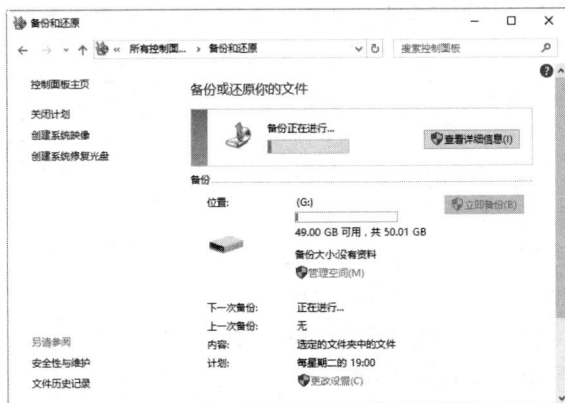

图 7-27　开始备份文件

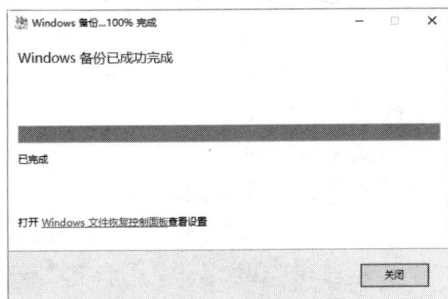

图 7-28　完成文件备份

7.3 数据还原工具

当发现自己的磁盘数据丢失后，可以使用数据还原工具进行恢复操作。

7.3.1 使用 DiskGenius 还原分区表

当计算机遭到病毒破坏、加密引导区或误分区等操作导致硬盘分区丢失时，就需要还原分区表。这里以使用 DiskGenius V5.4 软件为例，来讲解如何还原分区表。

具体操作步骤如下。

步骤 01 打开软件 DiskGenius V5.4，在其主界面中选择"硬盘"→"还原分区表"命令或按F10 键，如图 7-29 所示。

步骤 02 弹出"选择分区表备份文件"对话框，在其中选择硬盘分区表的备份文件，如图7-30 所示。

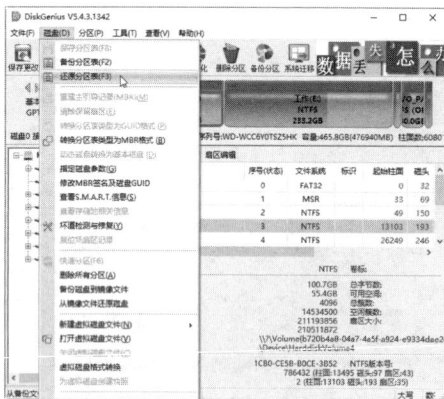

图 7-29 "还原分区表"菜单项

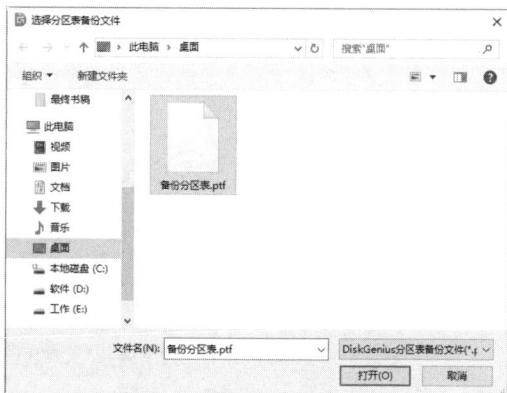

图 7-30 选择备份文件

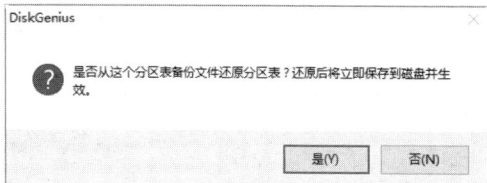

图 7-31 "DiskGenius"信息提示框

步骤 03 单击"打开"按钮，弹出"DiskGenius"信息提示框，提示用户是否从这个分区表备份文件还原分区表，如图 7-31 所示。

步骤 04 单击"是"按钮，即可还原分区表，且还原后将立即保存到磁盘并生效。

7.3.2 使用驱动精灵还原驱动程序

前面介绍了使用驱动精灵备份驱动程序的方法，下面介绍使用驱动精灵驱动程序的方法。具体的操作步骤如下：

步骤 01 在驱动精灵的主窗口中单击"百宝箱"按钮，如图 7-32 所示。

步骤 02 进入百宝箱操作界面，在其中单击"驱动还原"图标，如图 7-33 所示。

步骤 03 打开"驱动备份还原"操作界面，选择"还原驱动"选项卡，如图 7-34 所示。

步骤 04 在"驱动备份"列表中选择需要还原的驱动程序，如图 7-35 所示。

步骤 05 单击"一键还原"按钮，驱动程序开始还原，这个过程相当于安装驱动程序的过程，如图 7-36 所示。

图 7-32　驱动精灵的主窗口

图 7-33　百宝箱操作界面

图 7-34　"驱动备份还原"操作界面

图 7-35　选择需要还原的驱动程序

步骤06 还原完成以后，会在驱动列表的右侧显示"还原完成"信息提示，如图 7-37 所示。

图 7-36　还原驱动程序

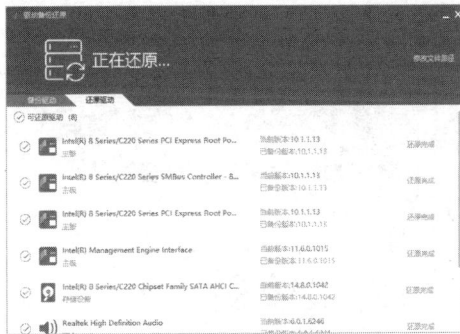

图 7-37　驱动程序还原完成

步骤07 还原完成以后，会在"驱动备份还原"工作界面中"显示还原完成，重启后生效"信息提示，这时可以单击"立即重启"按钮，重新启动计算机，使还原的驱动程序生效，如图 7-38 所示。

7.3.3　使用系统自带的还原功能

当对磁盘文件数据进行了备份后，就可以通过"备份和还原"窗口对数据进行恢复，具体的操作

图 7-38　还原完成后重启生效

步骤如下：

步骤01 打开"备份和还原"窗口，在"备份"类别中可以看到备份文件的详细信息，如图 7-39 所示。

步骤02 单击"还原我的文件"按钮，弹出"浏览或搜索要还原的文件和文件夹的备份"对话框，如图 7-40 所示。

图 7-39 "备份和还原"窗口

图 7-40 打开相应的对话框

步骤03 单击"选择其他日期"链接，弹出"还原文件"对话框，在"显示如下来源的备份"下拉列表框中选择"上周"选项，然后选择"日期和时间"列表框中的"2022/1/29 12:54:49"选项，即可将所有的文件都还原到选中日期和时间的版本，单击"确定"按钮，如图 7-41 所示。

步骤04 返回"浏览或搜索要还原的文件和文件夹的备份"对话框，如图 7-42 所示。

图 7-41 "还原文件"对话框

图 7-42 返回相应的对话框

步骤05 如果用户想要查看备份的内容，可以单击"浏览文件"或"浏览文件夹"按钮，在弹出的对话框中查看备份的内容。这里单击"浏览文件"按钮，弹出"浏览文件的备份"对话框，在其中选择备份文件，如图 7-43 所示。

步骤06 单击"添加文件"按钮，返回"浏览或搜索要还原的文件和文件夹的备份"对话框，可以看到选择的备份文件已经添加到对话框中的列表框中，如图 7-44 所示。

步骤07 单击"下一步"按钮，弹出"您想在何处还原文件？"对话框，选中"在以下位置"单选按钮，如图 7-45 所示。

图 7-43　"浏览文件的备份"对话框

图 7-44　还原文件

步骤08 单击"浏览"按钮，弹出"浏览文件夹"对话框，选择文件还原的位置，如图 7-46 所示。

图 7-45　"您想在何处还原文件？"对话框

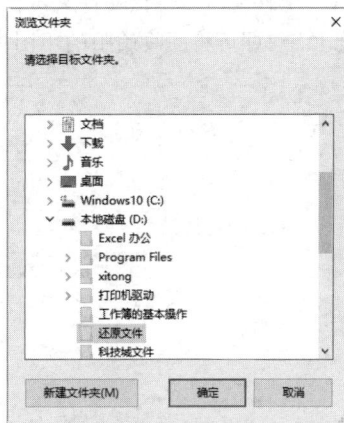

图 7-46　"浏览文件夹"对话框

步骤09 单击"确定"按钮，返回"还原文件"对话框。单击"还原"按钮，如图 7-47 所示，弹出"正在还原文件…"对话框，系统开始自动还原备份的文件。

步骤10 当出现"已还原文件"对话框时，单击"完成"按钮，即可完成还原操作，如图 7-48 所示。

图 7-47　"还原文件"对话框

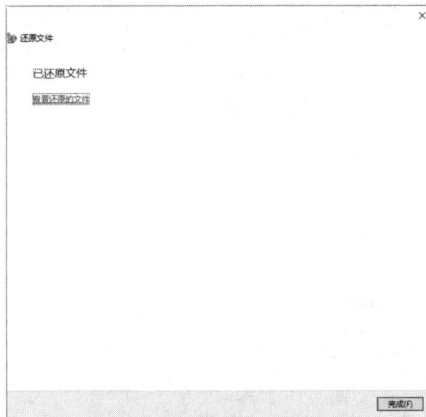

图 7-48　"已还原文件"对话框

7.4 恢复丢失的磁盘数据

如果没有对磁盘数据进行备份操作，而且又发现磁盘数据丢失了，这时就需要借助其他方法或使用数据恢复软件来恢复丢失的数据。

7.4.1 从回收站中还原

当用户不小心将某一文件删除，很有可能只是将其删除到回收站中，如果还没有来得及清除回收站中的文件，则可以将其从回收站中还原出来。这里以删除本地磁盘（F:）中的"图片"文件夹为例，来介绍如何从回收站中还原删除的文件。

具体的操作步骤如下：

步骤01 双击桌面上的"回收站"图标，打开"回收站"窗口，在其中可以看到误删除的"图片"文件夹，右击该文件夹，在弹出的快捷菜单中选择"还原"命令，如图 7-49 所示。

步骤02 即可将回收站中的"图片"文件夹还原到其原来的位置，如图 7-50 所示。

图 7-49 选择"还原"命令

图 7-50 还原"图片"文件夹

步骤03 打开本地磁盘（F:）窗口，在其中可以看到还原的"图片"文件夹，如图 7-51 所示。

步骤04 双击"图片"文件夹，可在打开的"图片"窗口中显示出图片的缩略图，如图 7-52 所示。

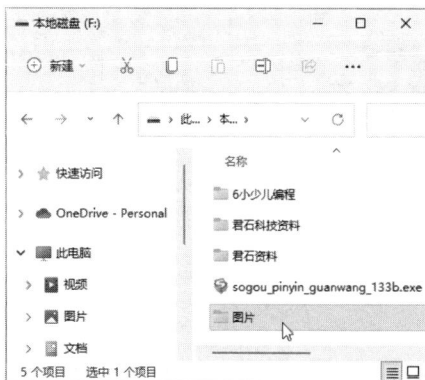

图 7-51 "本地磁盘（F:）"窗口

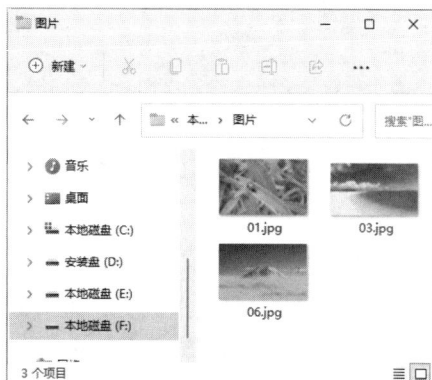

图 7-52 "图片"窗口

7.4.2　清空回收站后的恢复操作

当把回收站中的文件清除后，用户可以使用注册表来恢复清空回收站之后的文件。具体的操作步骤如下：

步骤01 右击"开始"按钮，在弹出的快捷菜单中选择"运行"命令，如图 7-53 所示。

步骤02 弹出"运行"对话框，在"打开"文本框中输入注册表命令"regedit"，如图 7-54 所示。

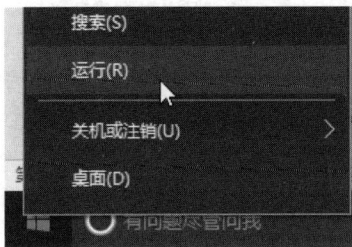

图 7-53　选择"运行"命令　　　　　图 7-54　"运行"对话框

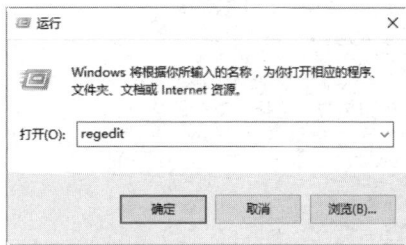

步骤03 单击"确定"按钮，即可打开"注册表"窗口，如图 7-55 所示。

步骤04 在窗口的左侧展开 HEKEY LOCAL MACHIME/SOFTWARE/MICROSOFT/WINDOWS/CURRENTVERSION/EXPLORER/DESKTOP/NAMESPACE 树形结构，如图 7-56 所示。

图 7-55　"注册表"窗口　　　　　图 7-56　展开注册表分支结构

步骤05 在窗口的左侧空白处右击，在弹出的快捷菜单中选择"新建"→"项"命令，如图 7-57 所示。

步骤06 即可新建一个项，并将其重命名为"645FFO40-5081-101B-9F08-00AA002F954E"，如图 7-58 所示。

步骤07 在窗口的右侧选中系统默认项并右击，在弹出的快捷菜单中选择"修改"命令，弹出"编辑字符串"对话框，将"数值数据"设置为"回收站"，如图 7-59 所示。

步骤08 单击"确定"按钮，退出注册表，重新启动计算机，即可将清空的文件恢复出来，如图 7-60 所示。

步骤09 右击该文件夹，在弹出的快捷菜单中选择"还原"命令，如图 7-61 所示。

步骤10 即可将回收站中的"图片"文件夹还原到其原来的位置，如图 7-62 所示。

图 7-57 选择"项"命令

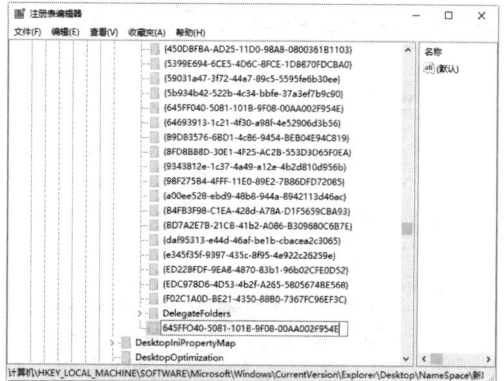

图 7-58 重命名新建项

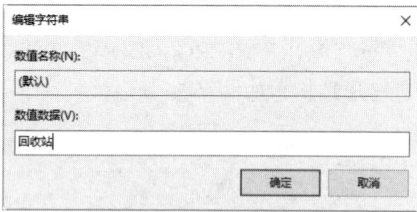

图 7-59 "编辑字符串"对话框

图 7-60 恢复清空的文件

图 7-61 选择"还原"命令

图 7-62 还原图片文件夹

7.4.3 使用 EasyRecovery 恢复数据

EasyRecovery 是世界著名的数据恢复公司 Ontrack 的技术杰作，利用 EasyRecovery 进行数据恢复，就是通过 EasyRecovery 将分布在硬盘上的不同位置的文件碎块找回来，并根据统计信息将这些文件碎块进行重整，然后 EasyRecovery 会在内存中建立一个虚拟的文件夹系统，并列出所有的目录和文件。

使用 EasyRecovery 恢复数据的具体操作步骤如下：

步骤01 双击桌面上的 EasyRecovery 图标，打开"EasyRecovery"主窗口，如图 7-63 所示。

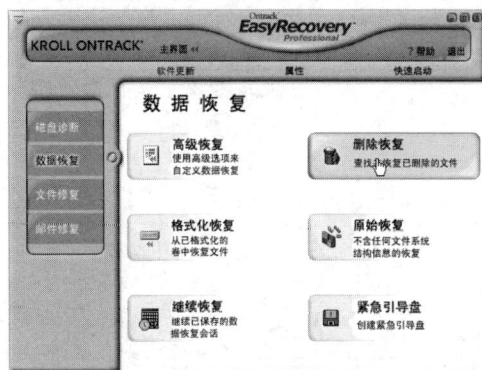

步骤02 在 EasyRecovery 主界面中选择"数据恢复"选项，即可进入软件的"数据恢复"子系统窗口，在其中显示了高级恢复、删除恢复、格式化恢复、原始恢复等项目，如图 7-64 所示。

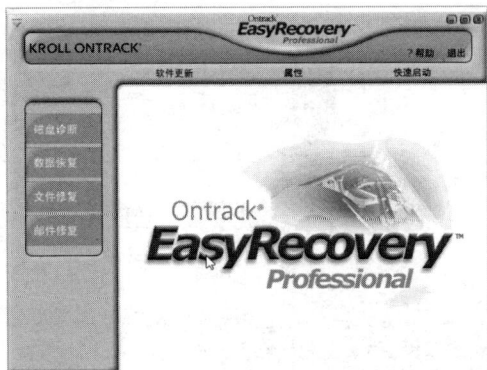

图 7-63　"EasyRecovery"主窗口　　　　　　图 7-64　"数据恢复"子系统窗口

步骤03 选择 F 盘中的"图片 .rar"文件并将其彻底删除，在 EasyRecovery 软件的"数据恢复"子系统窗口中单击"删除恢复"按钮，即可开始扫描系统，如图 7-65 所示。

步骤04 扫描结束后，将会弹出"目的地警告"提示框，建议用户将文件复制到不与恢复来源相同的一个安全位置，如图 7-66 所示。

图 7-65　开始扫描系统　　　　　　图 7-66　"目的地警告"提示框

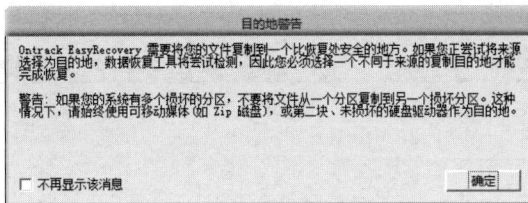

步骤05 单击"确定"按钮，将会自动弹出如图 7-67 所示的对话框，提示用户选择一个要恢复删除文件的分区，这里选择 F 盘。在"文件过滤器"选项组中进行相应的设置，如果误删除的是图片，则选择"图像文档"选项。但若用户要恢复的文件是不同类型的，可直接选择"所有文件"选项，再选择"完全扫描"复选框。

步骤06 单击"下一步"按钮，软件开始扫描选定的磁盘并显示扫描进度，如已用时间、剩余时间、找到目录、找到文件等，如图 7-68 所示。

步骤07 扫描完毕后，将扫描到的相关文件及资料在对话框左侧以树状目录列出来，右侧则显示具体删除的文件信息。在其中选择要恢复的文档或文件夹，这里选择"图片 .rar"文件，如图 7-69 所示。

步骤08 单击"下一步"按钮，可在弹出的对话框中设置恢复数据的保存路径，如图 7-70 所示。

步骤09 单击"浏览"按钮，弹出"浏览文件夹"对话框，在其中选择恢复数据保存的位置，如图 7-71 所示。

步骤10 单击"确定"按钮，返回到设置恢复数据保存的路径，如图 7-72 所示。

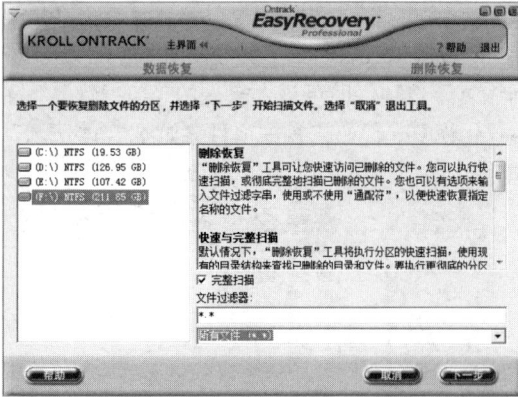

图 7-67　选择要恢复删除文件的分区

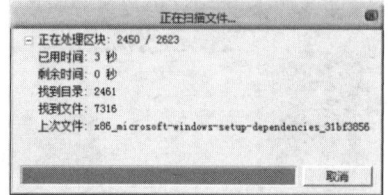

图 7-68　扫描选定的磁盘

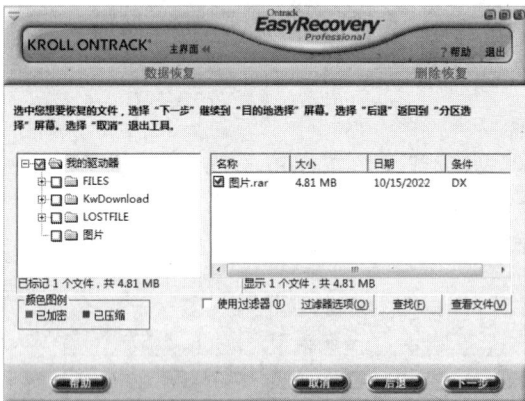

图 7-69　选择"图片 .rar"文件

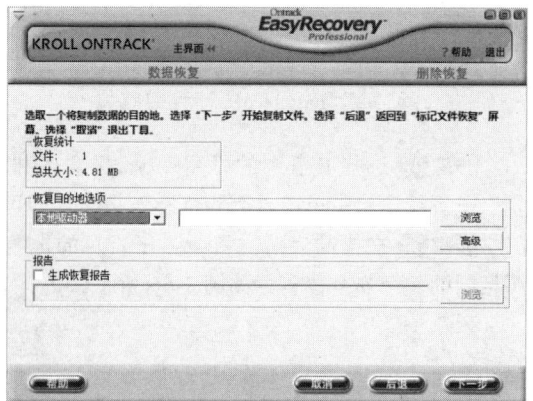

图 7-70　选择恢复目的地

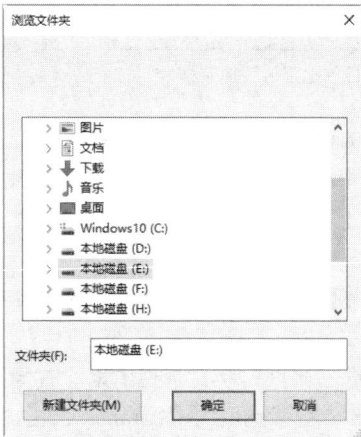

图 7-71　"浏览文件夹"对话框

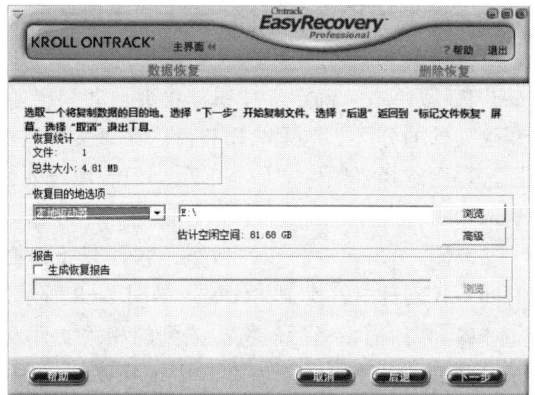

图 7-72　设置恢复目的地为 E 盘

步骤11　单击"下一步"按钮，软件自动将文件恢复到指定的位置，如图 7-73 所示。

步骤12　完成文件恢复操作后，EasyRecovery 将会弹出一个恢复完成的提示信息窗口，在其中显示了数据恢复的详细内容，包括源分区、文件大小、已存储数据的位置等内容，如图 7-74 所示。

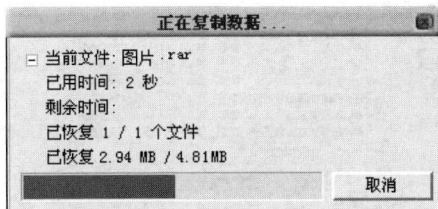

图 7-73　恢复数据

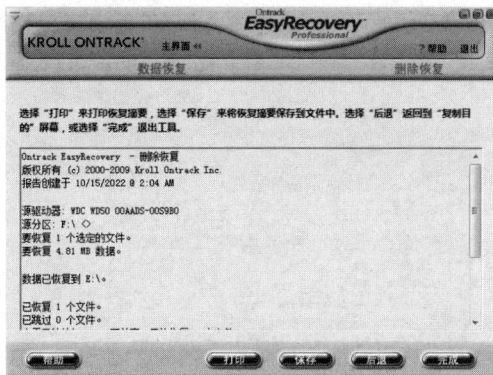

图 7-74　恢复完成提示信息

步骤13 单击"完成"按钮，弹出"保存恢复"对话框。单击"否"按钮，即可完成恢复，如果还有其他的文件要恢复，则可以选择"是"按钮，如图 7-75 所示。

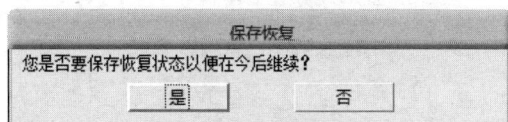

图 7-75　信息提示框

7.5　实战演练

7.5.1　实战 1：虚拟硬盘的创建

在 Windows 11 操作系统中可以创建虚拟硬盘，具体的操作步骤如下：

步骤01 在 Windows 11 操作系统的桌面上右击"此电脑"图标，在弹出的快捷菜单中选择"管理"命令，如图 7-76 所示。

步骤02 在打开的"计算机管理"窗口中选择"存储"下的"磁盘管理"选项，然后在顶部的工具栏中选择"操作"→"创建 VHD"命令，如图 7-77 所示。

图 7-76　选择"管理"命令

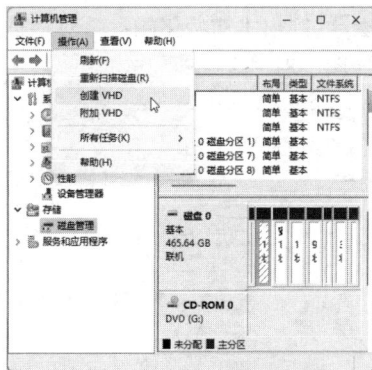

图 7-77　选择"创建 VHD"命令

步骤03 弹出"创建和附加虚拟硬盘"对话框，在其中对虚拟硬盘的位置、大小、格式、类型等参数进行设置，如图 7-78 所示。

步骤04 单击"确定"按钮，即可完成虚拟硬盘的创建。在"计算机管理"窗口中可以看到名称为"磁盘1"的区域就是所创建的虚拟硬盘，如图7-79所示。

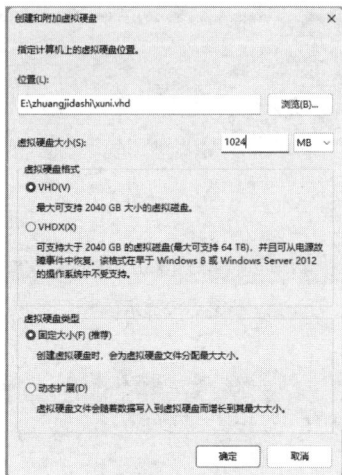

图 7-78　"创建和附加虚拟硬盘"对话框

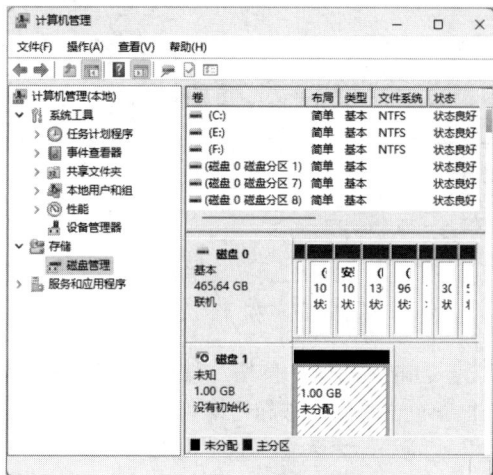

图 7-79　创建的虚拟硬盘

虚拟硬盘格式与类型设置相关选项的介绍如下：

（1）.vhd 格式的虚拟硬盘对 Windows 操作系统版本的兼容性更好。

（2）.vhdx 格式的虚拟硬盘的容量上限更高，具有电源故障弹性，且性能更好。

（3）如果新建的虚拟硬盘是 .vhd 格式的，建议在"虚拟硬盘类型"选项组中选中"固定大小"单选按钮。

（4）如果新建的虚拟硬盘是 .vhdx 格式的，建议选中"动态扩展"单选按钮。

注意： 如果将"虚拟硬盘类型"设置为"动态扩展"，可以减少第一次创建虚拟硬盘时耗费的时间。虚拟硬盘格式可按照自己的需求选用，两者都可以使用。另外，容量设定好以后无法再扩充，请按需要设定，且设定多少容量将占用多少磁盘空间，容量越大，后续加密时间越长。

步骤05 创建完成后，右击创建的虚拟磁盘，在弹出的快捷菜单中选择"初始化磁盘"命令，如图7-80所示。

步骤06 弹出"初始化磁盘"对话框，参数可以直接保持默认设置，最后单击"确定"按钮即可，如图7-81所示。

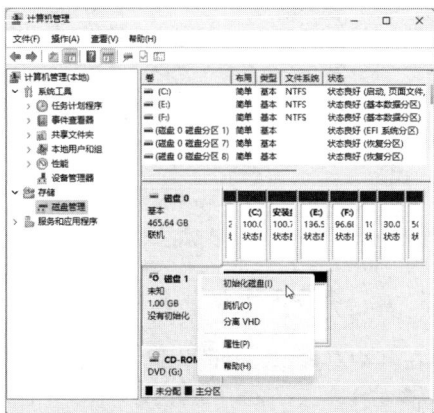

图 7-80　选择"初始化磁盘"命令

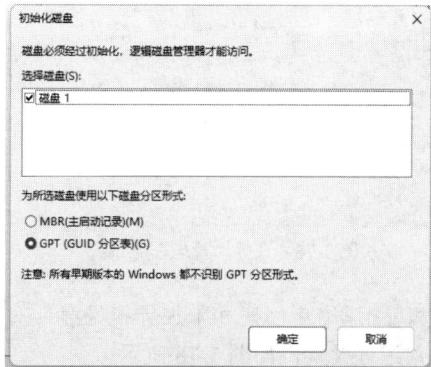

图 7-81　"初始化磁盘"对话框

步骤07 再次右击未分配的虚拟磁盘，在弹出的快捷菜单中选择"新建简单卷"命令，如图7-82所示。

步骤08 弹出"新建简单卷向导"对话框，提示用户使用新建简单卷向导，如图7-83所示。

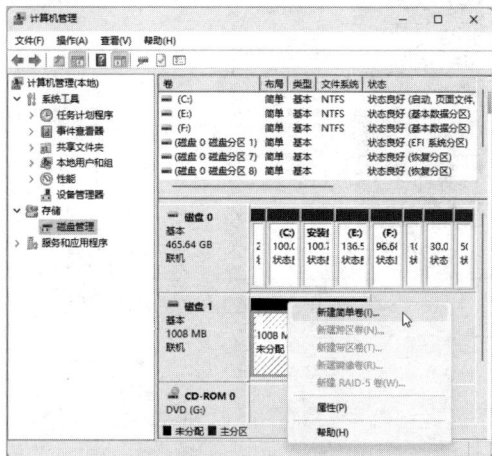

图 7-82　选择"新建简单卷"命令

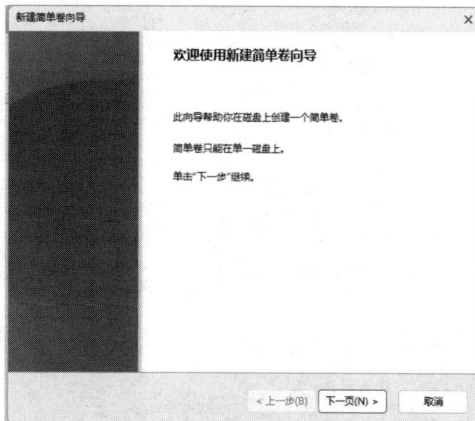

图 7-83　"新建简单卷向导"对话框

步骤09 单击"下一步"按钮，打开"指定卷大小"界面，在其中可以设置简单卷的大小，如图7-84所示。

步骤10 单击"下一步"按钮，打开"分配驱动器号和路径"界面，在其中可以设置驱动器号，这里选择"H"，如图7-85所示。

图 7-84　"指定卷大小"界面

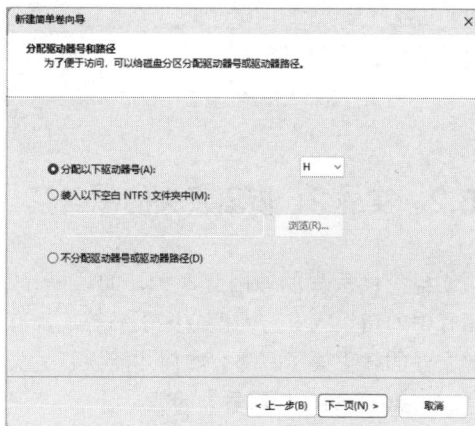

图 7-85　"分配驱动器号和路径"界面

步骤11 单击"下一步"按钮，打开"格式化分区"界面，在这里可以设置格式化分区的格式，如图7-86所示。

步骤12 单击"下一步"按钮，打开"正在完成新建简单卷向导"界面，如图7-87所示。

步骤13 单击"完成"按钮，返回"计算机管理"窗口，可以看到虚拟硬盘已经格式化完成，如图7-88所示。

步骤14 打开"此电脑"窗口，在其中可以看到刚创建的虚拟硬盘，这里虚拟硬盘的名称为"新加卷（H:)"，如图7-89所示。这样就可以在该虚拟硬盘上存储数据了。

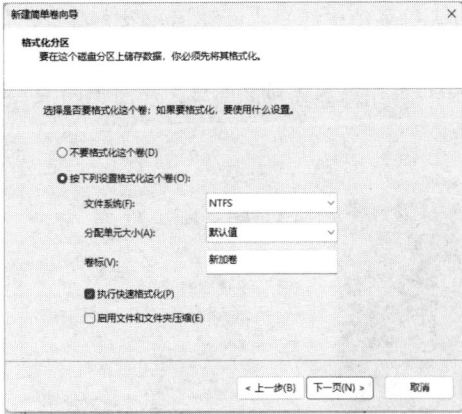

图 7-86 "格式化分区"界面

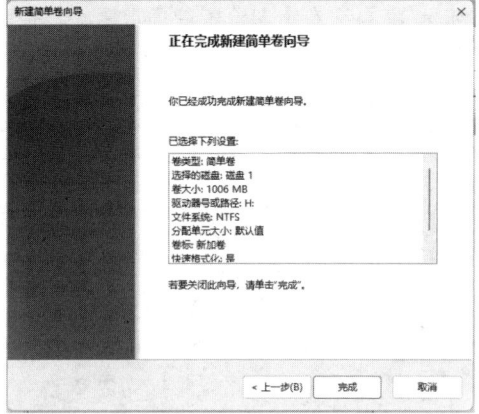

图 7-87 "正在完成新建简单卷向导"界面

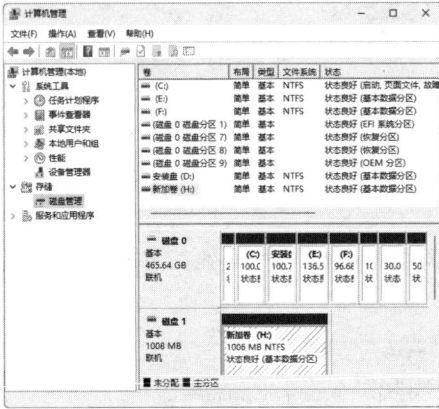

图 7-88 "计算机管理"窗口

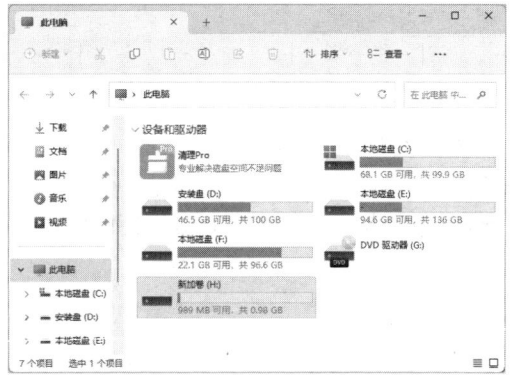

图 7-89 完成虚拟硬盘的创建

7.5.2 实战 2：恢复丢失的磁盘簇

磁盘空间丢失的原因有多种，如误操作、程序非正常退出、非正常关机、病毒的感染、程序运行中的错误或者对硬盘分区不当等，都有可能使磁盘空间丢失。磁盘空间丢失的根本原因是存储文件的簇丢失了。那么如何才能恢复丢失的磁盘簇呢？在命令提示符窗口中，用户可以使用"chkdsk d:/f"命令找回丢失的簇。

具体的操作步骤如下：

步骤01 在桌面上右击"██"图标，在弹出的快捷菜单中选择"运行"命令，如图 7-90 所示。

步骤02 弹出"运行"对话框，在"打开"文本框中输入注册表命令"cmd"，如图 7-91 所示。

步骤03 单击"确定"按钮，打开命令提示符窗口，在其中输入"chkdsk d:/f"，如图 7-92 所示。

步骤04 按 Enter 键，此时会显示输入的 D 盘文件系统类型，并在窗口中显示 chkdsk 状态报告，同时，还会列出符合不同条件的文件，如图 7-93 所示。

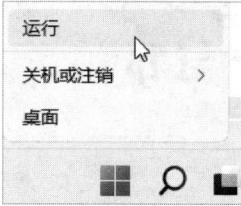

图 7-90　选择"运行"命令

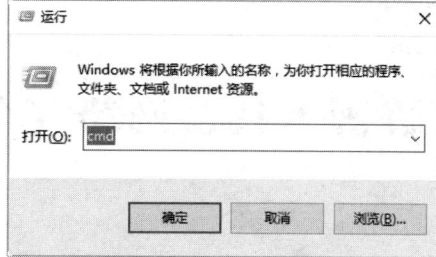

图 7-91　"运行"对话框

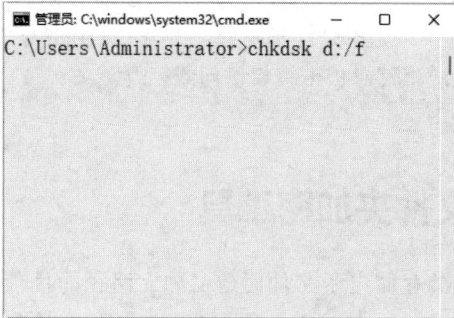

图 7-92　命令提示符窗口

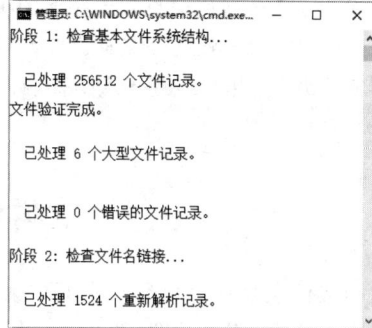

图 7-93　显示 chkdsk 状态报告

第8章

加密解密工具，网络安全中的"正与邪"

加密解密工具是现代信息安全领域的重要利器，它们如同数字世界的守护神，确保数据在传输和存储过程中的机密性与完整性。在数字化时代，无论是电子邮件、办公文档还是云存储，加密技术都在默默地为用户筑起一道防护墙，防止敏感信息被未授权访问或篡改。

8.1 文件和文件夹加密工具

文件和文件夹是计算机磁盘空间中为了分类存储电子文件而建立独立路径的目录，"文件夹"就是一个目录名称。文件夹不但可以包含文件，而且可以包含下一级文件夹。为了保护文件夹的安全，需要对文件或文件夹进行加密。

8.1.1 通过分割加密文件

为了保护自己文件的安全，可以将其分割成几个文件，并在分割的过程中进行加密。Chop分割工具能以向导或普通界面劈分和合并文件，支持保留文件时间和属性并进行加密操作。

使用 Chop 分割和合并文件的具体操作步骤如下：

步骤01 下载 Chop 工具后，解压并运行其中的 Chop.exe 文件，打开"Chop"窗口，如图 8-1 所示。

步骤02 单击"选择"按钮，弹出"打开"对话框，在其中选择要分割的文件，如图 8-2 所示。

图 8-1 "Chop"窗口

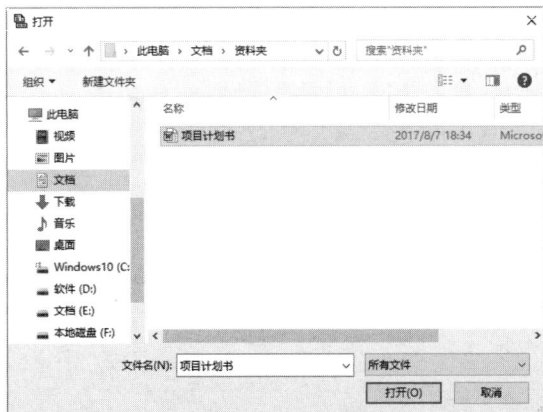

图 8-2 "打开"对话框

步骤03 单击"打开"按钮，返回"Chop"窗口，可以看到添加的分割文件，如图 8-3 所示。

步骤04 选择"加密"复选框，并在后面的文本框中输入加密的密码，最后设置"输出目标位置"选项，如图 8-4 所示。

图 8-3　添加分割文件

图 8-4　输入密码

步骤05 单击"开始劈分"按钮，即可开始进行分割文件操作。待分割完成后，弹出"已完成"对话框，如图 8-5 所示。

步骤06 单击"继续"按钮，完成劈分文件操作，此时打开设置的输出目标文件夹，可以看到劈分后的文件，如图 8-6 所示。

图 8-5　"已完成"对话框

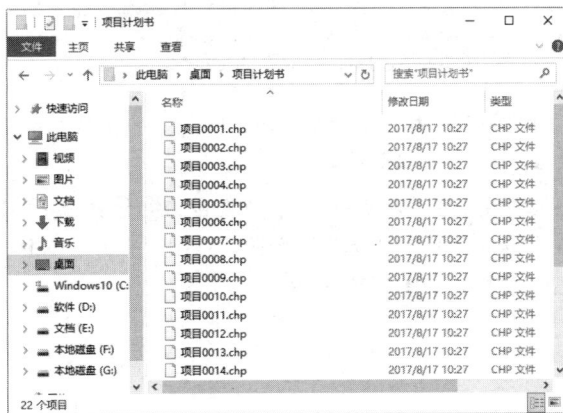

图 8-6　劈分后的文件

步骤07 在 Chop 软件中还可以使用向导劈分文件，在"Chop"窗口中单击"向导"按钮，弹出"选择文件"对话框，如图 8-7 所示。

步骤08 单击"选择"按钮，在弹出的对话框中选择要劈分的文件，然后单击"下一步"按钮，弹出"劈分模式"对话框，设置"分发 / 存储方式"选项，如图 8-8 所示。

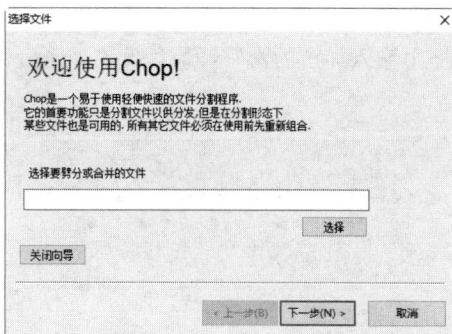

图 8-7 "选择文件"对话框

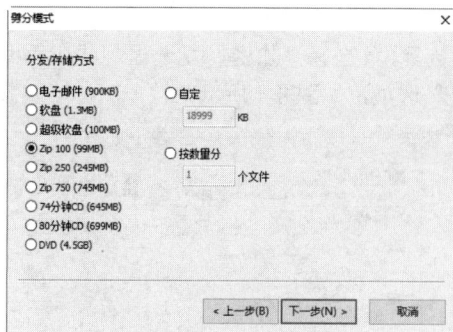

图 8-8 "劈分模式"对话框

步骤 09 单击"下一步"按钮，弹出"选择目标位置"对话框，在"劈分 / 合并的文件存储位置"选项组中选中"在选中文件夹中创建同名的文件夹"单选按钮，如图 8-9 所示。

步骤 10 单击"选择"按钮，选择劈分文件的存储位置，然后单击"下一步"按钮，弹出"选项"对话框，选中"使用 Chop"单选按钮，选择"加密"复选框，并在下面的文本框中输入相应的密码，如图 8-10 所示。

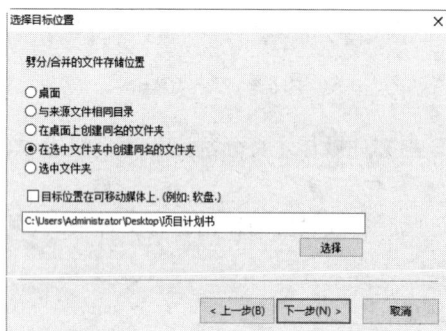

图 8-9 "选择目标位置"对话框

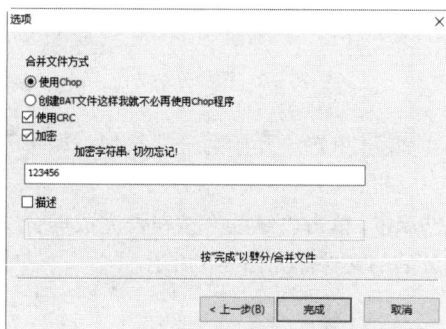

图 8-10 "选项"对话框

步骤 11 单击"完成"按钮，即可开始进行劈分文件操作。待劈分文件完成后，弹出"已完成"对话框，如图 8-11 所示。

步骤 12 也可以使用 Chop 软件合并劈分后的文件，在"Chop"窗口中单击"要劈分 / 合并的文件"选项组中的"选择"按钮，弹出"打开"对话框，选择要合并的文件，这里必须选择 .chp 类型的文件，如图 8-12 所示。

图 8-11 "已完成"对话框

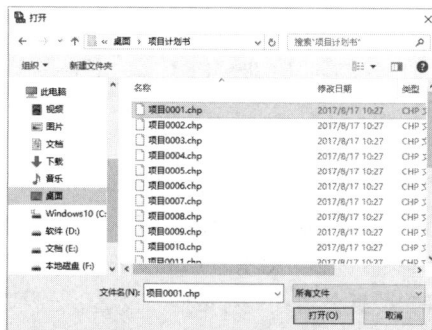

图 8-12 选择要合并的文件

步骤 13 单击"打开"按钮，返回"Chop"窗口，然后设置合并后文件的存储位置，如图 8-13 所示。

步骤 14 单击"开始合并"按钮，开始进行合并文件操作。待合并完成后，弹出"已完成"对话框，如图 8-14 所示。

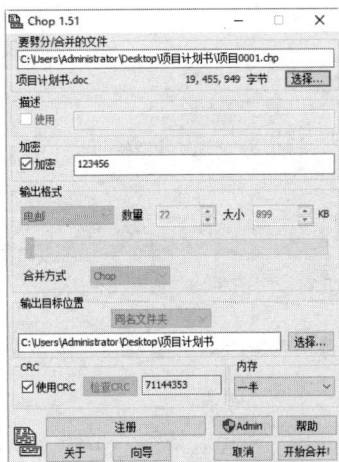

图 8-13　设置文件存储位置

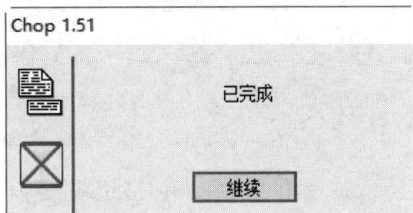

图 8-14　"已完成"对话框

8.1.2　文件夹加密超级大师

文件夹加密超级大师是一款强大的文件和文件夹加密软件。具有文件加密、文件夹加密、数据粉碎、彻底隐藏硬盘分区、禁止或只读使用 USB 设备等功能。

使用文件夹加密超级大师软件进行加密的具体操作步骤如下：

步骤 01 下载并安装"文件夹加密超级大师"软件后，双击桌面上的快捷图标，打开"文件夹加密超级大师"主窗口，如图 8-15 所示。

步骤 02 单击工具栏中的"文件夹加密"按钮，弹出"浏览文件夹"对话框，选择要加密的文件夹，如图 8-16 所示。

图 8-15　"文件夹加密超级大师"主窗口

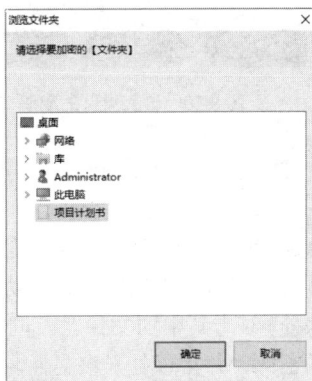

图 8-16　"浏览文件夹"对话框

步骤 03 单击"确定"按钮，弹出"加密文件夹"对话框，输入要设置的密码，如图 8-17 所示。

步骤 04 单击"确定"按钮，进行加密。待加密完成后，即可在"文件夹加密超级大师"主窗口的"文件夹名"列表框中看到成功加密的文件夹，如图 8-18 所示。

图 8-17 输入密码

图 8-18 加密文件夹

提示：加密后的文件夹具有最高的加密强度，并且防删除、防复制、防移动，还有十分方便的打开功能（临时解密），让每次使用加密文件夹或加密文件后不用重新加密。

步骤05 双击使用"文件夹加密超级大师"加密的文件夹，弹出"请输入密码"对话框，在其中输入设置的密码，才可以临时解密并打开该文件夹，如果单击"解密"按钮，则可进行解密操作，如图 8-19 所示。

步骤06 使用"文件夹加密超级大师"工具还可以对单个文件进行加密。在"文件夹加密超级大师"主窗口中单击"文件加密"按钮，弹出"打开"对话框，选择要加密的文件，如图 8-20所示。

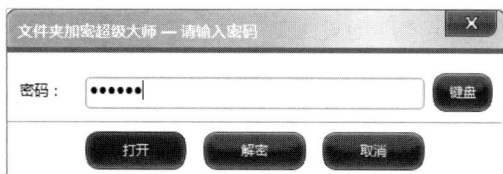

图 8-19 输入设置的密码

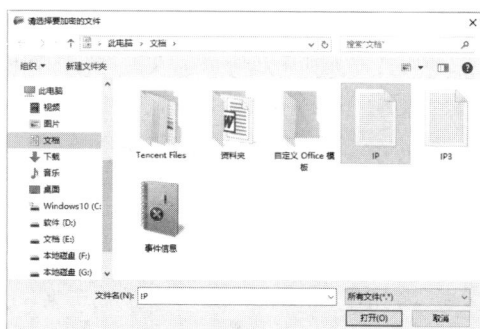

图 8-20 "打开"对话框

步骤07 单击"打开"按钮，弹出"加密文件"对话框，在其中设置加密密码和加密类型，如图 8-21 所示。

步骤08 单击"确定"按钮，进行加密。待加密完成后，即可在"文件夹加密超级大师"主窗口的"文件名"列表框中看到成功加密的文件，如图 8-22 所示。

步骤09 双击其中的文件名，同样弹出"请输入密码"对话框，只有在"密码"文本框中输入正确的密码，才可以打开该文件，如图 8-23 所示。

步骤10 使用"文件夹加密超级大师"工具还可以将文件夹伪装成特定的图标。在"文件夹加密超级大师"主窗口中单击"文件夹伪装"按钮，弹出"浏览文件夹"对话框，选择要伪装的文件夹，如图 8-24 所示。

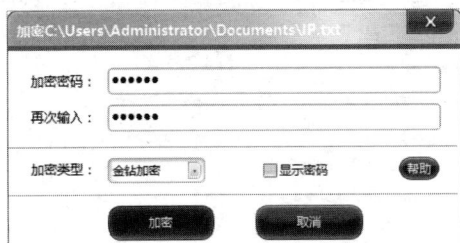

图 8-21　"加密文件"对话框

图 8-22　加密文件

图 8-23　输入密码

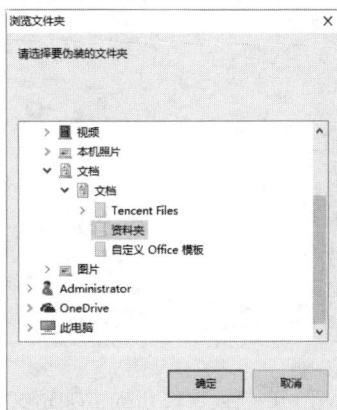

图 8-24　"浏览文件夹"对话框

步骤11 单击"确定"按钮，弹出"请选择伪装类型"对话框，在其中选中"html 文件"单选按钮，如图 8-25 所示。

步骤12 单击"确定"按钮，弹出"文件夹伪装成功"对话框，如图 8-26 所示。

图 8-25　选择伪装的类型

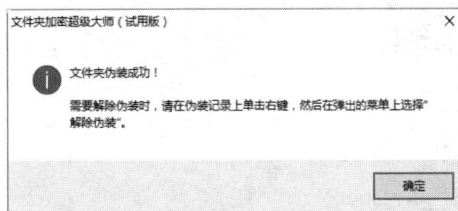

图 8-26　文件夹伪装成功

步骤13 单击"确定"按钮，即可完成伪装文件夹操作，如图 8-27 所示。

步骤14 在"文件夹加密超级大师"主窗口中单击"软件设置"按钮，弹出"高级设置"对话框，在其中可以为该软件设置密码并设置其他属性，如图 8-28 所示。

图 8-27 完成伪装文件夹操作

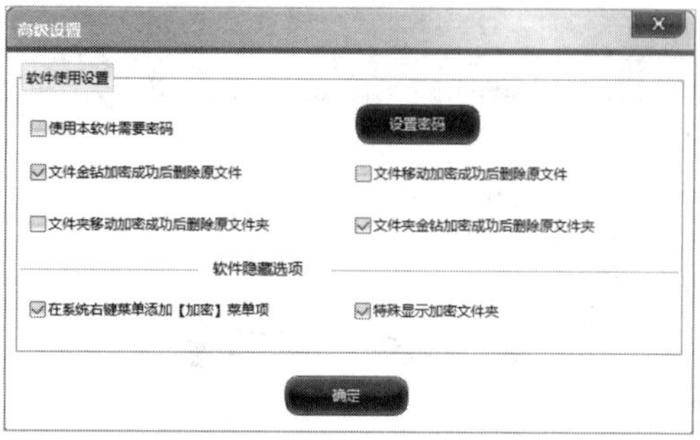

图 8-28 "高级设置"对话框

8.2 办公文档加密工具

用户要想保护自己的文件密码不被破解，最简单的方式就是给各类文件添加比较复杂的密码，如数字、字母或特殊符号等，并且密码的长度最好超过 8 个字符。

8.2.1 加密 Word 文档

Word 办公软件在提供加密文档的同时，还提供保护文档功能。Word 自身就提供了简单的加密功能，可以通过 Word 所提供的"选项"功能轻松实现文档的加密设置。

具体的操作步骤如下：

步骤01 打开一个需要加密的文档，选择"文件"→"另存为"命令，然后选择文件保存的位置为"这台电脑"，如图 8-29 所示。

步骤02 单击"浏览"按钮，弹出"另存为"对话框，在其中单击"工具"按钮，在打开的下拉列表框中选择"常规选项"选项，如图 8-30 所示。

图 8-29 选择文件的保存位置

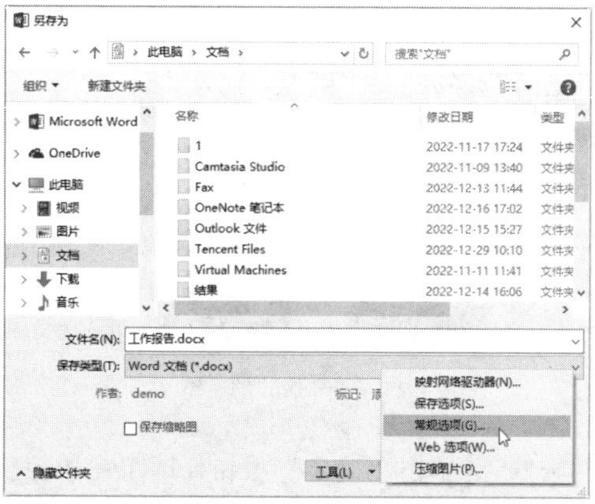

图 8-30 "另存为"对话框

步骤03 弹出"常规选项"对话框，在其中设置打开当前文档时的密码及修改当前文档时的密码（这两个密码可以相同，也可以不同），如图 8-31 所示。

步骤04 输入完毕后，单击"确定"按钮，弹出"确认密码"对话框，在"请再次键入打开文件时的密码"文本框中输入打开该文件的密码，如图 8-32 所示。

图 8-31　"常规选项"对话框　　　　　　　　图 8-32　"确认密码"对话框

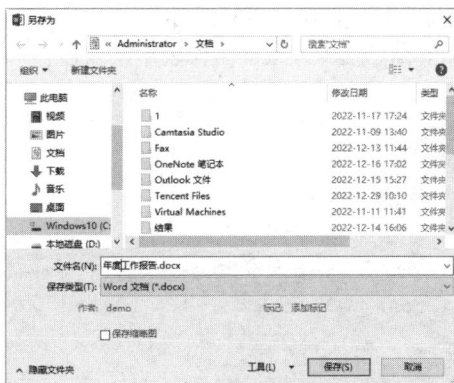

步骤05 单击"确定"按钮，弹出"确认密码"对话框，在"请再次键入修改文件时的密码"文本框中输入修改该文件的密码，如图 8-33 所示。

步骤06 单击"确定"按钮，返回"另存为"对话框，在"文件名"文本框中输入保存文件的名称，如图 8-34 所示。

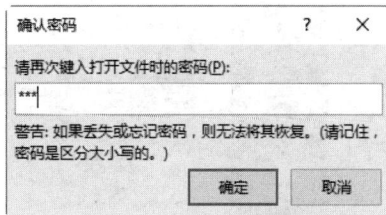

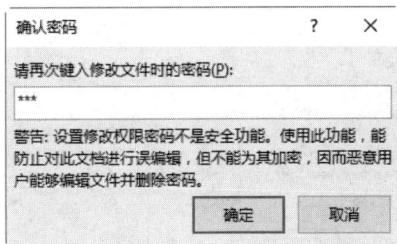

图 8-33　"确认密码"对话框　　　　　　　　图 8-34　输入保存文件的名称

步骤07 单击"保存"按钮，即可将打开的 Word 文档保存起来。当再次打开该文件时，将会弹出"密码"对话框，提示用户键入打开文件所需的密码，如图 8-35 所示。

8.2.2　加密 Excel 文档

图 8-35　"密码"对话框

Excel 自身提供了简单的设置密码进行加密的功能，使用 Excel 自身功能加密与解密 Excel 文件的具体操作步骤如下：

1. 加密 Excel 工作表

步骤01 打开需要保护当前工作表的工作簿，选择"文件"→"信息"命令，在"信息"选项组中单击"保护工作簿"按钮，在打开的下拉列表框中选择"保护当前工作表"选项，如图8-36 所示。

步骤02 弹出"保护工作表"对话框，在"取消工作表保护时使用的密码"文本框中输入密码，系统默认选择"保护工作表及锁定的单元格内容"复选框，也可以在"允许此工作表的所有用户进行"列表框中选择允许修改的选项，如图8-37 所示。

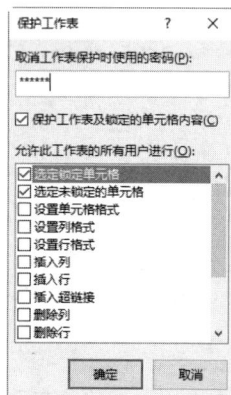

图 8-36 "信息"选项   图 8-37 "保护工作表"对话框

步骤03 单击"确定"按钮，弹出"确认密码"对话框，再次输入刚才设置的密码，单击"确定"按钮，如图8-38 所示。

步骤04 返回 Excel 工作表中，双击任一单元格进行数据修改，则会弹出如图8-39 所示的提示框。

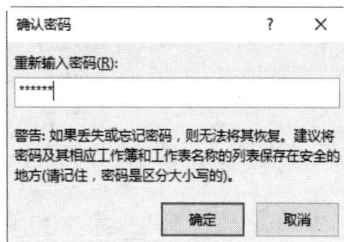

图 8-38 "确认密码"对话框   图 8-39 信息提示框

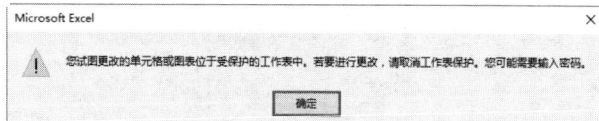

步骤05 如果要取消对工作表的保护，可以在"信息"选项组的"保护工作簿"选项中单击"取消保护"超链接，如图8-40 所示。

步骤06 在弹出的"撤销工作表保护"对话框中，输入所设置的密码，单击"确定"按钮，即可取消保护，如图8-41 所示。

2. 加密工作簿

步骤01 打开需要进行加密的工作簿，选择"文件"→"信息"命令，在"信息"选项组中单击"保护工作簿"按钮，在打开的下拉列表框中选择"用密码进行加密"选项，如图8-42 所示。

步骤02 弹出"加密文档"对话框，输入密码，单击"确定"按钮，如图8-43 所示。

图 8-40　"信息"选项卡

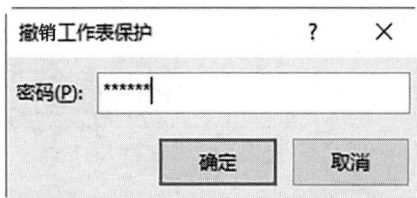

图 8-41　"撤销工作表保护"对话框

图 8-42　"信息"选项卡

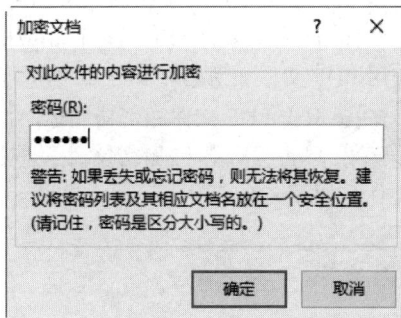

图 8-43　"加密文档"对话框

步骤 03 弹出"确认密码"对话框，再次输入密码，单击"确定"按钮，如图 8-44 所示。

步骤 04 即可为文档进行加密。在"信息"选项组内显示已加密，如图 8-45 所示。

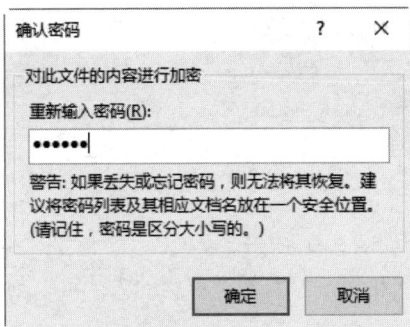

图 8-44　"确认密码"对话框

图 8-45　加密 Excel 文档

步骤 05 再次打开文档时，将弹出"密码"对话框，输入密码后单击"确定"按钮，即可打开工作簿，如图 8-46 所示。

步骤06 如果要取消加密，在"信息"选项组中单击"保护工作簿"按钮，在打开的下拉列表框中选择"用密码进行加密"选项，弹出"加密文档"对话框，清除文本框中的密码，单击"确定"按钮，即可取消工作簿的加密，如图 8-47 所示。

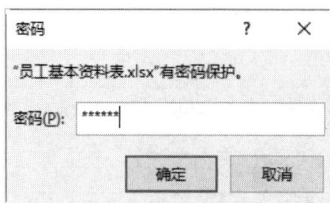

图 8-46　"密码"对话框　　　　　　　　　　图 8-47　清除密码

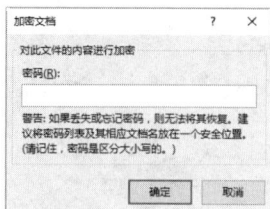

8.2.3　加密 PDF 文件

PDF 文件加密器是一款 PDF 文件内容加密软件，全面支持所有版本的 PDF 文件加密，以防止 PDF 文档内容被盗用。加密后的文档可以进行一机一码授权、禁止复制和打印、禁止拷屏等，阅读者只有拥有秘钥，才可对其进行相应的操作。

使用 PDF 文件加密器对 PDF 文档进行加密的具体操作步骤如下：

步骤01 双击 PDF 文件加密器图标，打开该软件的操作界面，如图 8-48 所示。

步骤02 单击"选择待加密文件"按钮，弹出"打开"对话框，在其中选择相应路径下的 PDF 文件，如图 8-49 所示。

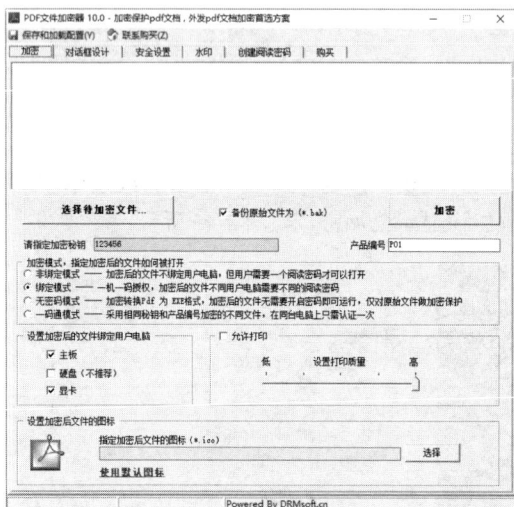

图 8-48　"PDF 文件加密器"操作界面　　　　　图 8-49　"打开"对话框

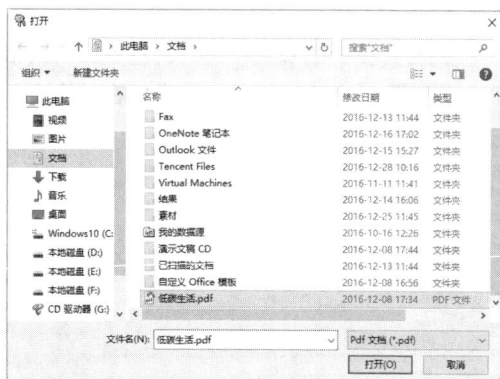

步骤03 单击"打开"按钮，返回软件的操作界面，如图 8-50 所示。

步骤04 在"请指定加密秘钥"文本框中输入相应的秘钥，只有知道秘钥的人才可以创建阅读密码，如图 8-51 所示。

步骤05 在软件的主界面选择加密模式，默认情况下是"一机一码授权"加密模式，对于不同的用户而言，加密后的文件需要不同的阅读密码（只需要加密一次就可以，加密后的文件自动绑定用户机器码），如图 8-52 所示。

图 8-50　返回 PDF 文件加密器

图 8-51　输入秘钥

步骤06 单击"加密"按钮，该软件将对选中的文件进行加密操作，完成后将弹出相应的提示框，如图 8-53 所示。

图 8-52　选择加密模式

图 8-53　加密完成

8.3　办公文档解密工具

随着计算机和因特网的普及及发展，越来越多的人习惯于把自己的隐私数据保存在个人计算机中，而黑客要想知道文件解密后的信息，就需要利用破解密码技术对其进行解密。

8.3.1　破解 Word 文档密码

Word Password Recovery 可以帮助攻击者破解 Word 文档密码，包括暴力破解、字典破解、增强破解 3 种方式。破解 Word 文档密码的具体操作步骤如下：

步骤01 下载并安装 Word Password Recovery 程序，打开"Word Password Recovery"操作界

面，用户可以设置不同的解密方式，从而提高解密的针对性，加快解密速度，如图 8-54 所示。

步骤 02 单击"浏览"按钮，弹出"打开"对话框，在其中选择需要破解的文档，如图 8-55 所示。

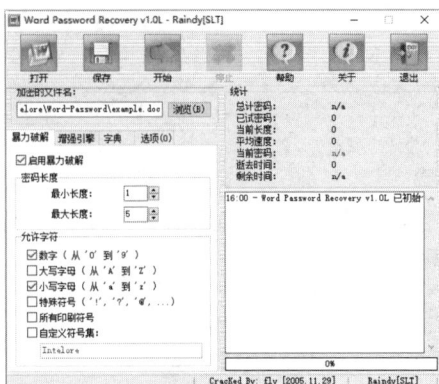

图 8-54 "Word Password Recovery"操作界面

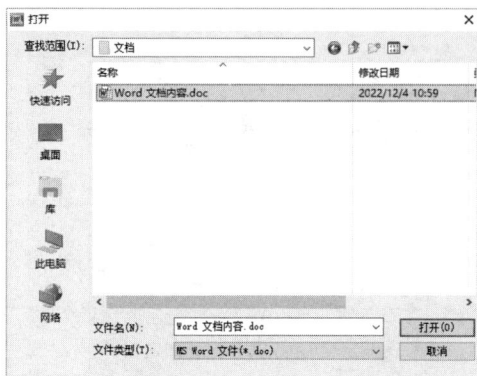

图 8-55 "打开"对话框

步骤 03 单击"打开"按钮，返回"Word Password Recovery"操作窗口，并在"暴力破解"选项卡中设置密码的长度、允许的字符等，如图 8-56 所示。

步骤 04 单击"开始"按钮，即可开始破解加密的 Word 文档，如图 8-57 所示。

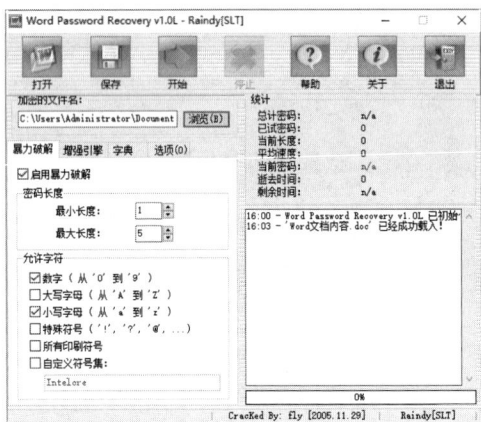

图 8-56 设置密码属性

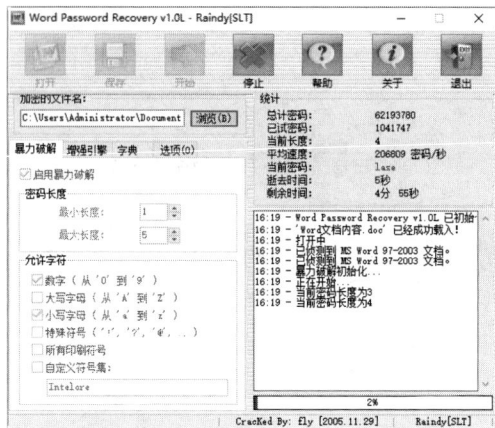

图 8-57 破解 Word 文档密码

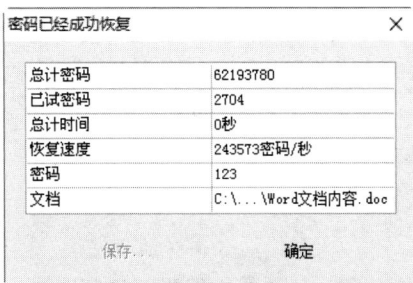

图 8-58 "密码已经成功恢复"对话框

步骤 05 破解完毕后，将弹出"密码已经成功恢复"对话框，并将相关信息显示在该对话框中，如图 8-58 所示。

8.3.2 破解 Excel 文档密码

Excel Password Recovery 是一款简单好用的 Excel 密码破解软件，可以帮助用户快速找回遗忘丢失的 Excel 密码，再也不用担心忘记密码的问题了。

使用 Excel Password Recovery 破解 Excel 文档密码的具体操作步骤如下：

步骤01 下载并安装 Excel Password Recovery 程序，打开"Excel Password Recovery"操作界面，在"恢复"选项卡中用户可以设置攻击加密文档的类型，如图 8-59 所示。

步骤02 单击"打开"按钮，弹出"打开文件"对话框，在其中选择需要破解的 Excel 文档，如图 8-60 所示。

图 8-59 "恢复"选项卡

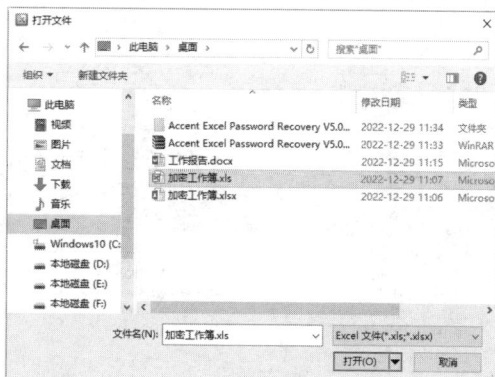

图 8-60 "打开文件"对话框

步骤03 单击"打开"按钮，返回"Excel Password Recovery"操作界面，选择相应的破解方式如图 8-61 所示。

步骤04 单击"开始"按钮，即可开始破解加密的 Excel 工作簿，如图 8-62 所示。

图 8-61 选择破解方式

图 8-62 开始破解加密文件

步骤05 破解完毕后，将弹出"密码已经成功恢复"对话框，并将相关信息显示在该对话框中，如图 8-63 所示。

8.3.3 破解 PDF 文件密码

APDFPR 的全称为 Advanced PDF Password Recovery，该软件主要用于破解受密码保护的 PDF 文档，能够瞬间

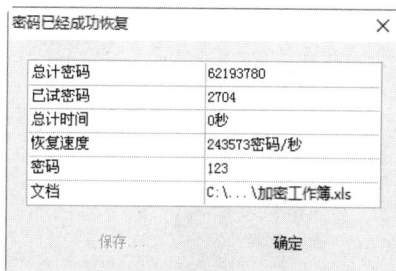

密码已经成功恢复	
总计密码	62193780
已试密码	2704
总计时间	0秒
恢复速度	243573密码/秒
密码	123
文档	C:\...\加密工作簿.xls

图 8-63 密码成功破解

完成解密过程。解密后的文档可以用任何 PDF 查看器打开，并能对其进行任意编辑、复制、打印等操作。

使用 Advanced PDF Password Recovery 破解 PDF 文档的具体操作步骤如下：

步骤01 启动 Advanced PDF Password Recovery 软件，在打开的操作界面中单击"打开"按钮 📂，如图 8-64 所示。

步骤02 弹出"打开"对话框，选择需要破解的 PDF 文档，单击"打开"按钮，如图 8-65 所示。

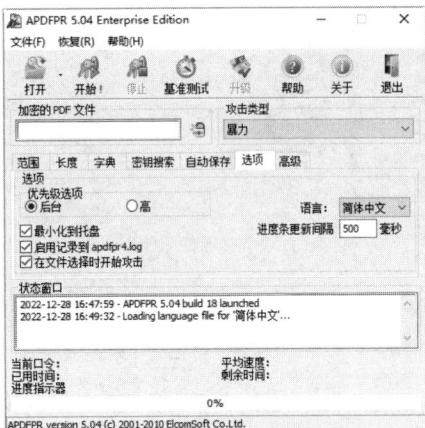

图 8-64　APDFPR 工作界面

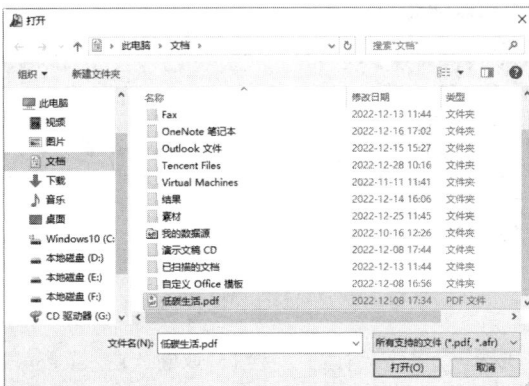

图 8-65　"打开"对话框

步骤03 返回到软件主界面，在"攻击类型"下拉列表框中选择"暴力"选项，如图 8-66 所示。

步骤04 选择"范围"选项卡，选择"所有大写拉丁文""所有小写拉丁文""所有数字"和"所有特殊符号"复选框，主要设置解密时密码的长度范围及允许参与密码组合的字符，如图 8-67 所示。

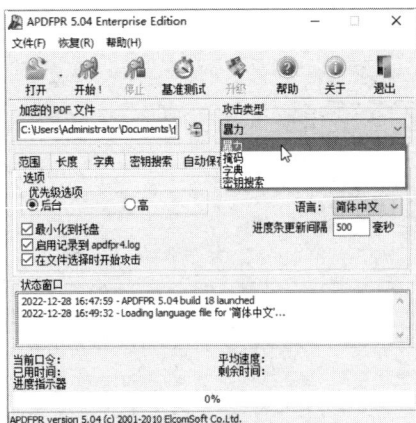

图 8-66　选择攻击类型

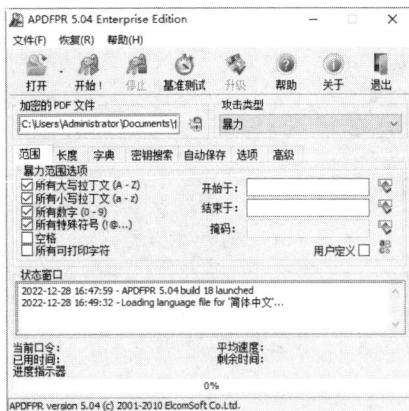

图 8-67　"范围"选项卡

步骤05 选择"长度"选项卡，设置解密时的最小口令长度和最大口令长度，如图 8-68 所示。

步骤06 选择"自动保存"选项卡，设置破解过程中自动保存的时间间隔，如图 8-69 所示。

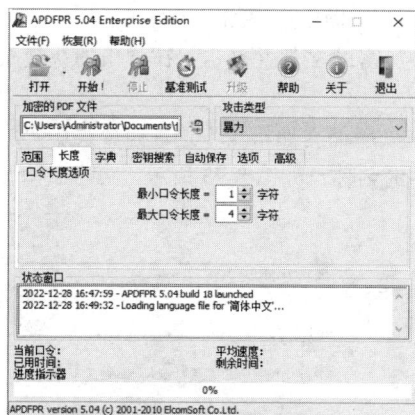

图 8-68　"长度"选项卡

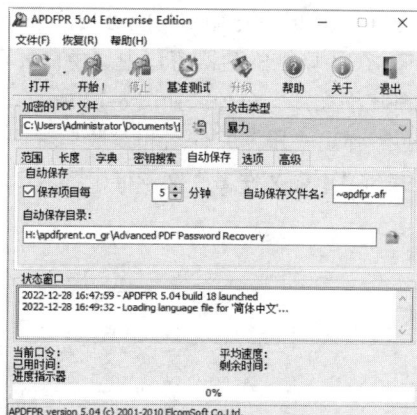

图 8-69　"自动保存"选项卡

步骤 07 单击"开始"按钮 🔨，即可开始破解，相关破解信息将在"状态窗口"列表框中显示，如图 8-70 所示。

步骤 08 如果破解成功，则弹出相应的对话框，提示"口令已成功恢复！"，单击"确定"按钮，完成解密工作，如图 8-71 所示。

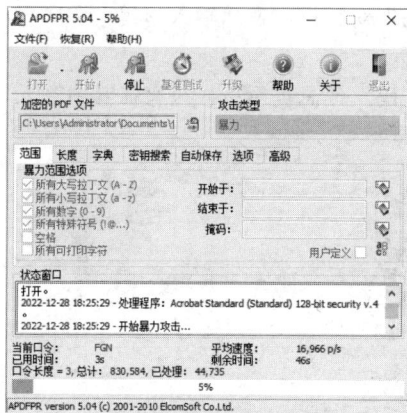

图 8-70　开始破解密码

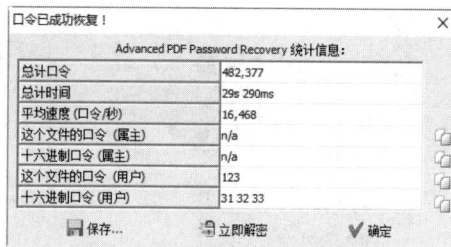

图 8-71　完成密码的破解

8.4　压缩文件加密解密工具

压缩文件可以节省大量的磁盘空间，所以压缩文件的安全也很重要。确保压缩文件安全最常用的方法是给压缩文件添加密码，这样只有在知道密码的前提下才能进行解压并浏览压缩文件，从而可以确保文件的安全。本节将介绍压缩文件密码攻防方面的知识。

8.4.1　利用 WinRAR 加密压缩文件

WinRAR 是一款功能强大的压缩包管理器，该软件可用于备份数据，缩减电子邮件附件的大小，解压缩从 Internet 上下载的 RAR、ZIP 2.0 及其他文件，并且可以新建 RAR 及 ZIP 格式的文件等。

使用 WinRAR 的自身加密功能对文件进行加密的具体操作步骤如下：

步骤01 在计算机驱动器窗口中选中需要压缩并加密的文件并右击，在弹出的快捷菜单中选择"添加到压缩文件"命令，如图 8-72 所示。

步骤02 弹出"压缩文件名和参数"对话框，在"压缩文件格式"选项组中选中"RAR"单选按钮，并在"压缩文件名"文本框中输入压缩文件的名称，如图 8-73 所示。

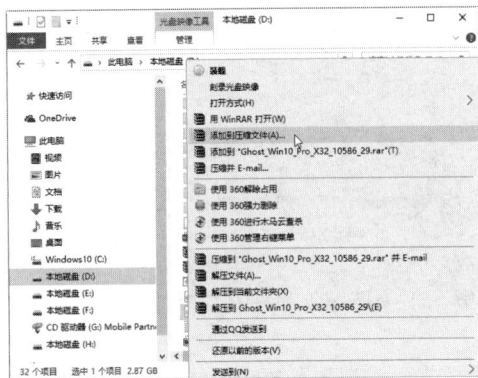

图 8-72 选择"添加到压缩文件"命令

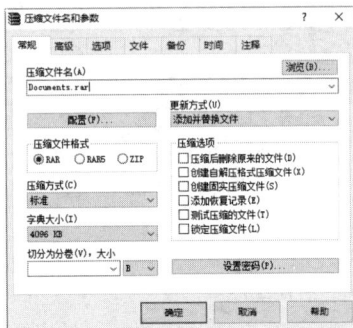

图 8-73 "压缩文件名和参数"对话框

步骤03 单击"设置密码"按钮，弹出"输入密码"对话框，在"输入密码"和"再次输入密码以确认"文本框中输入自己的密码，如图 8-74 所示。

步骤04 这样当解压缩该文件时，会弹出"输入密码"信息提示框。只有在其中输入正确的密码后，才可以对该文件解压，如图 8-75 所示。

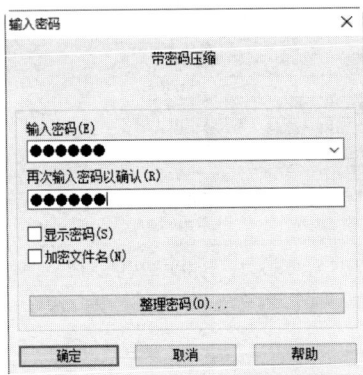

图 8-74 "输入密码"对话框

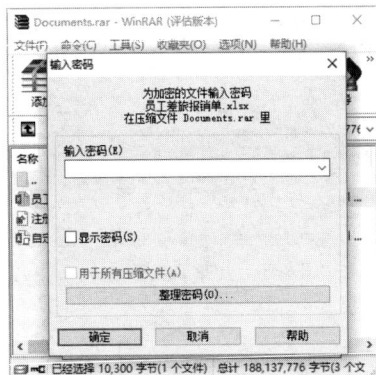

图 8-75 "输入密码"信息提示框

8.4.2 利用 ARCHPR 破解压缩文件

ARCHPR 的全称为 Advanced Archive Password Recovery，该软件用于破解压缩文件。下面介绍使用 ARCHPR 破解压缩文件密码的具体操作步骤。

步骤01 下载并安装 Advanced Archive Password Recovery 工具，双击桌面上的快捷图标，打开其工作界面，如图 8-76 所示。

步骤02 单击"打开"按钮，弹出"打开"对话框，在其中选择加密的压缩文档，如图 8-77 所示。

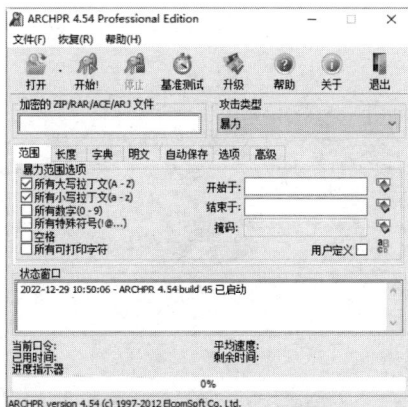

图 8-76 ARCHPR 工作界面

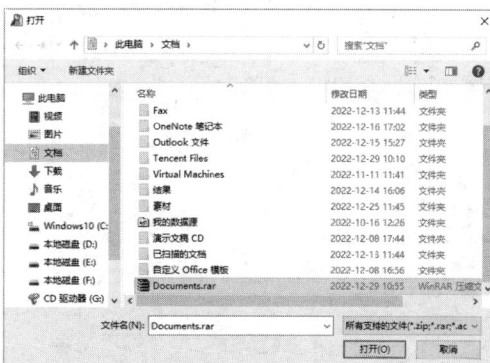

图 8-77 选择加密的压缩文档

步骤03 单击"打开"按钮，返回 ARCHPR 工作界面，在其中设置组合密码的各种字符，也可以设置密码的长度、破解方式等选项，如图 8-78 所示。

步骤04 单击"开始"按钮，即可开始破解压缩密码，如图 8-79 所示。

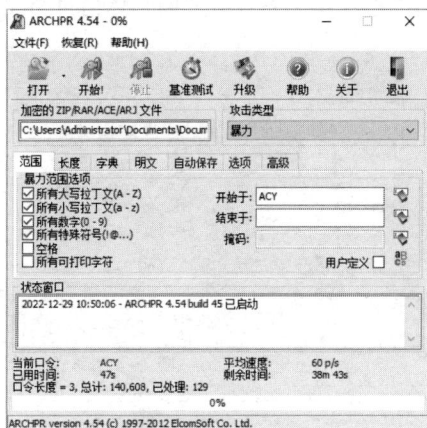

图 8-78 设置密码属性

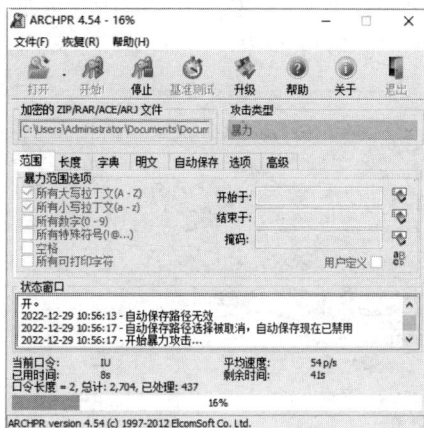

图 8-79 开始破解密码

步骤05 解密完成后，弹出一个信息提示框，在其中可以看到解压出来的密码，如图 8-80 所示。

8.4.3 利用 ARPR 破解压缩文件

Advanced RAR Password Recovery 是一款专门破解 RAR 加密压缩包密码的工具，其最大的特点是破解速度快。

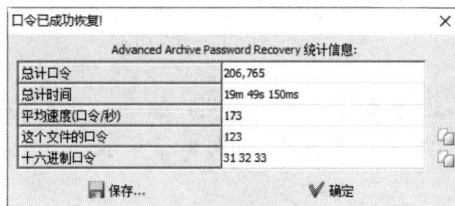

图 8-80 信息提示框

使用该工具破解压缩包密码具体的操作步骤如下：

步骤01 下载并安装 Advanced RAR Password Recovery 工具，然后启动该工具，其主界面如图 8-81 所示。

步骤02 单击"已加密的 RAR 文件"文本框后的"打开"按钮 ，在弹出的"打开"对话框中选择需要解密的 WinRAR 压缩包，如图 8-82 所示。

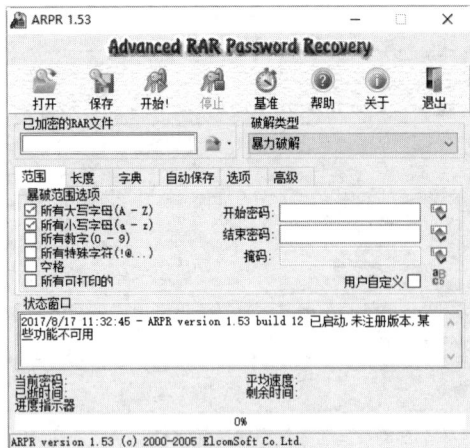

图 8-81　ARPR 主界面

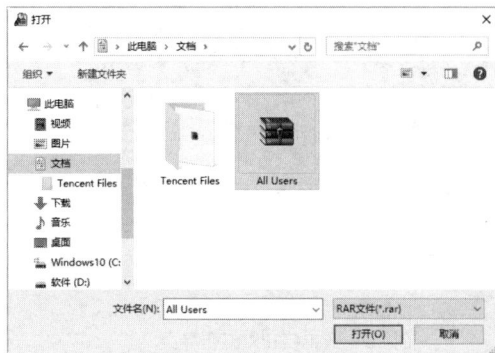

图 8-82　"打开"对话框

步骤 03 单击"打开"按钮，返回到 ARPR 工作界面，在其中设置密码范围、密码长度、密码类型等属性，如图 8-83 所示。

步骤 04 单击工具栏中的"开始"按钮，即可开始破解密码，同时破解的具体信息会显示在"状态窗口"列表框中，如图 8-84 所示。

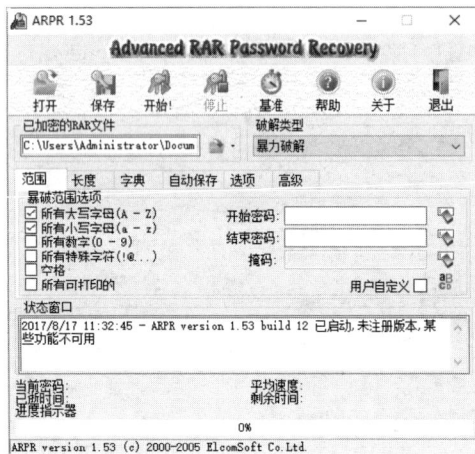

图 8-83　设置密码属性

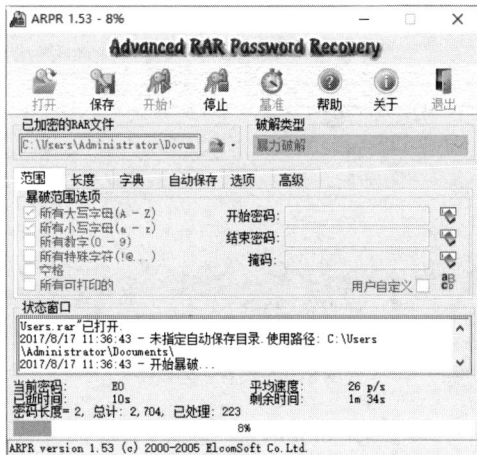

图 8-84　开始破解

步骤 05 破解结束后，如果密码破解成功，则可在"密码已被成功"对话框中看到所选中的 RAR 文件的密码，如图 8-85 所示。

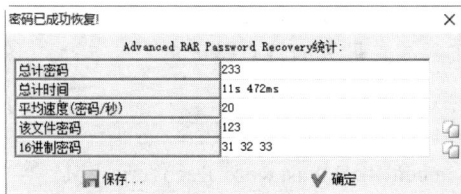

图 8-85　破解成功

8.5　实战演练

8.5.1　实战 1：限制编辑 Word 文档

Microsoft Word 2016 自带的强制保护功能，可以帮助用户保护自己的 Word 文档不被修改。具体的操作步骤如下：

步骤01 在"Microsoft Word"主窗口中打开要加密的 Word 文件，并切换到"审阅"选项卡，如图 8-86 所示。

步骤02 单击"限制编辑"按钮，在"Word"主窗口右边打开"限制编辑"面板，如图 8-87 所示。

图 8-86　"审阅"选项卡

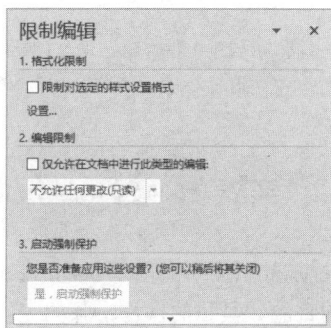

图 8-87　"限制编辑"面板

步骤03 在"编辑限制"选项组中选择"仅允许在文档中进行此类型的编辑"复选框，激活"启动强制保护"选项组中的"是，启动强制保护"按钮，如图 8-88 所示。

步骤04 单击"是，启动强制保护"按钮，弹出"启动强制保护"对话框，选中"密码"单选按钮并输入密码，如图 8-89 所示。

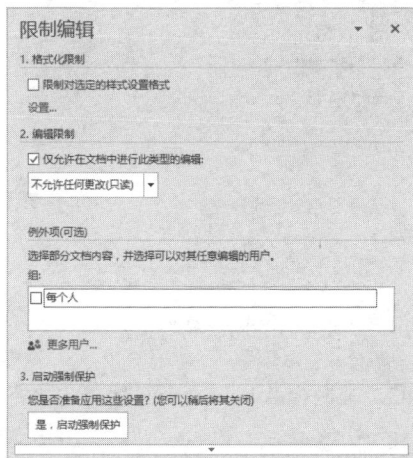

图 8-88　激活按钮

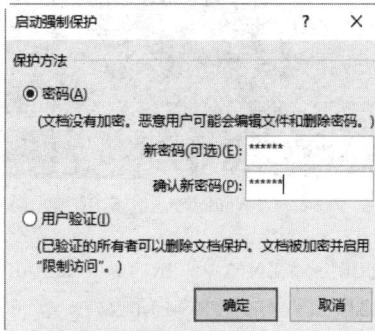

图 8-89　"启动强制保护"对话框

步骤05 单击"确定"按钮，即可对该 Word 文档进行保护，此时是不能对其进行修改的，如图 8-90 所示。

步骤06 如果想取消对 Word 文档的保护，则需单击"停止保护"按钮，弹出"取消保护文档"对话框，在"密码"文本框中输入设置的密码，单击"确定"按钮，即可对该 Word 文档进行编辑操作，如图 8-91 所示。

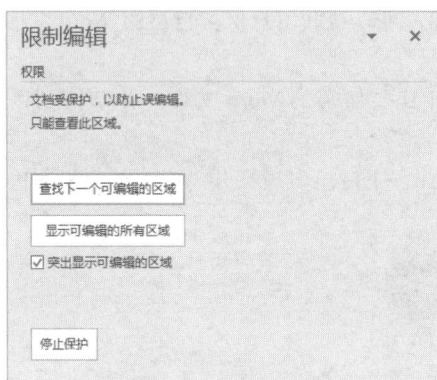

图 8-90 限制编辑文档

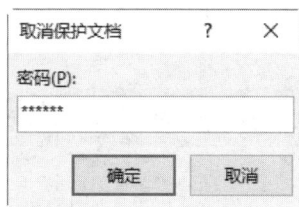

图 8-91 输入密码

8.5.2 实战 2：破解 Windows 账户密码

在 Windows 中提供了 net user 命令，利用该命令可以强制修改用户账户的密码，来达到进入系统的目的。具体的操作步骤如下：

步骤01 首先启动计算机，出现开机画面后按 F8 键，进入"Windows 高级选项菜单"界面，在该界面中选择"带命令行提示的安全模式"选项，如图 8-92 所示。

步骤02 运行过程结束后，系统列出了系统超级用户 Administrator 和本地用户的选择菜单，单击 Administrator，进入命令行模式。如图 8-93 所示。

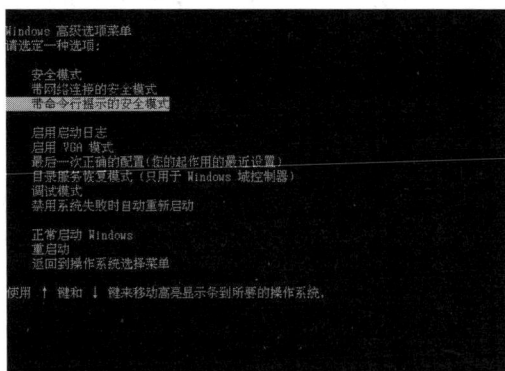

图 8-92 "Windows 高级选项菜单"界面

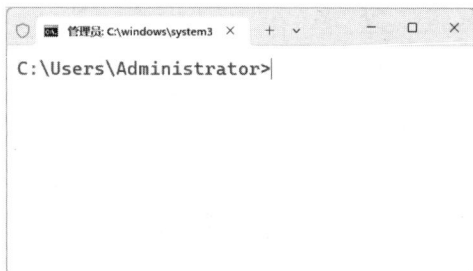

图 8-93 进入命令行模式

步骤03 输入命令：net user Administrator 123456 /add，强制将 Administrator 用户的口令更改为"123456"，如图 8-94 所示。

步骤04 重新启动计算机，选择正常模式下运行，即可用更改后的密码 123456 登录 Administrator

用户，如图 8-95 所示。

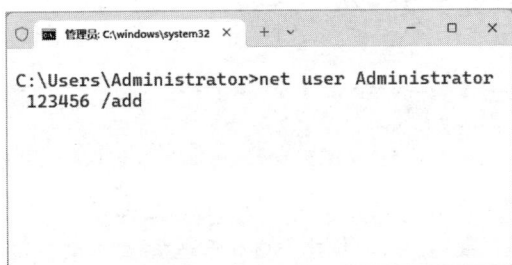

图 8-94　输入命令

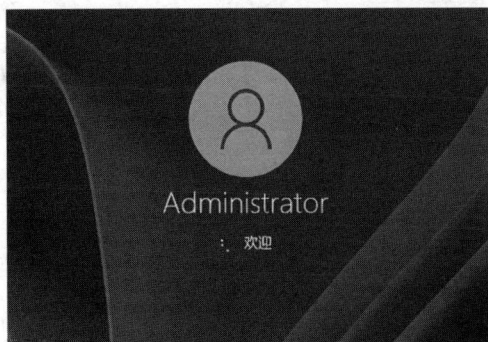

图 8-95　输入密码"123456"后登录成功

第9章

系统优化工具，让Windows系统"飞"起来

用户在使用计算机的过程中，会受到恶意软件的攻击，也会产生垃圾文件，这都有可能导致系统启动过慢、崩溃或无法进入操作系统，这时就需要用户及时优化系统和管理系统。

9.1 共享资源，提高了入侵风险

在计算机中，共享资源是使计算机上的一种设备或某些信息可以让另一台计算机通过局域网或内部网进行远程访问，这个过程是透明的，就像信息资源位于本地计算机一般，这个操作提高了计算机入侵风险。

9.1.1 共享文件夹

计算机上的文件夹可以共享，共享之后，局域网中的其他计算机用户就可以访问这个文件夹。在计算机上共享文件夹的具体操作步骤如下：

步骤01 选择需要共享的文件夹，这里选择"星蔚蓝编程"文件夹，右击，在弹出的快捷菜单中选择"属性"命令，如图 9-1 所示。

步骤02 弹出"星蔚蓝编程 属性"对话框，选择"共享"选项卡，如图 9-2 所示。

图 9-1 选择"属性"命令

图 9-2 "共享"选项卡

步骤 03 单击"共享"按钮，弹出"网络访问"对话框，选择要与其共享的用户，这里选择"Administrators 所有者"选项，如图 9-3 所示。

步骤 04 单击"共享"按钮，即可将该文件夹共享，并显示共享文件夹所在的位置，如图 9-4 所示。

图 9-3　"网络访问"对话框

图 9-4　共享文件夹

步骤 05 单击"显示该计算机上的所有网络共享"超链接，弹出"MYCOMPUTER"对话框，在其中显示了共享的文件夹，如图 9-5 所示。

步骤 06 在"星蔚蓝编程 属性"对话框中如果单击"高级共享"按钮，则弹出"高级共享"对话框，选择"共享此文件夹"复选框，如图 9-6 所示。

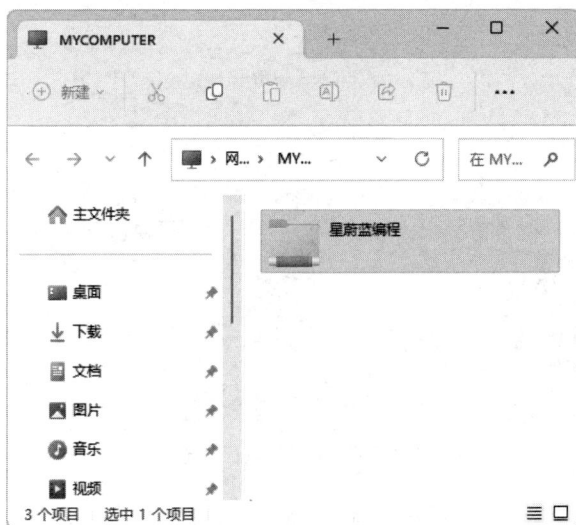

图 9-5　显示共享文件夹

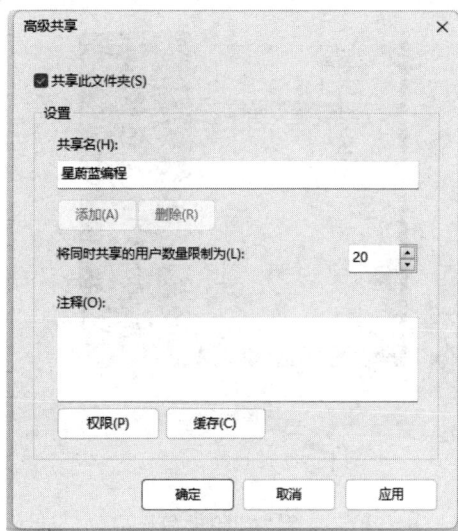

图 9-6　"高级共享"对话框

步骤 07 单击"权限"按钮，弹出"星蔚蓝编程的权限"对话框，在其中选择组或用户名，这里设置 Everyone 的权限为"读取"，如图 9-7 所示。

步骤 08 单击"确定"按钮，返回"星蔚蓝编程 属性"对话框，可以看到该文件夹处于共享状态，如图 9-8 所示。

图 9-7　设置"读取"权限

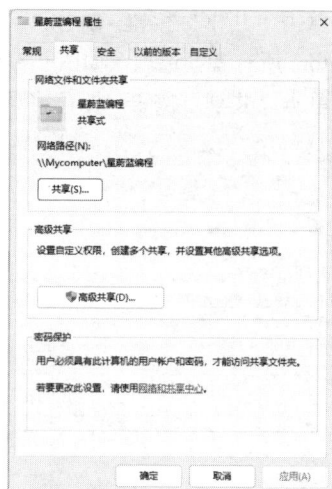

图 9-8　文件夹处于共享状态

9.1.2　共享打印机

共享打印机是指将本地打印机通过网络共享给其他用户，这样其他用户也可以使用打印机完成打印服务。共享打印机的具体操作步骤如下：

步骤01 右击"开始"按钮，在弹出的快捷菜单中选择"设置"命令，如图 9-9 所示。

步骤02 打开"设置"窗口，选择"蓝牙和其他设备"选项，进入"蓝牙和其他设备"窗口，如图 9-10 所示。

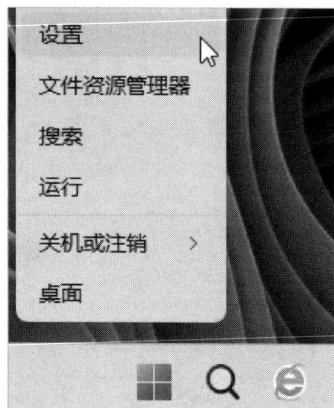

图 9-9　"设置"命令

图 9-10　选择"蓝牙和其他设备"选项

步骤03 选择"打印机和扫描仪"选项，进入"打印机和扫描仪"窗口，如图 9-11 所示。

步骤04 选择本台计算机中的打印机"Brother HL-1208 Printer"选项，显示打印机设置列表，如图 9-12 所示。

步骤05 选择"打印机属性"选项，弹出"Brother HL-1208 Printer 属性"对话框，选择"共享"选项卡，在其中选择"共享这台打印机"复选框，并设置打印机的共享名为"Brother HL-1208 Printer"，如图 9-13 所示。

步骤06 再次打开"MYCOMPUTER"对话框，在其中显示共享的打印机设备，如图 9-14 所示。

图 9-11　"打印机和扫描仪"窗口

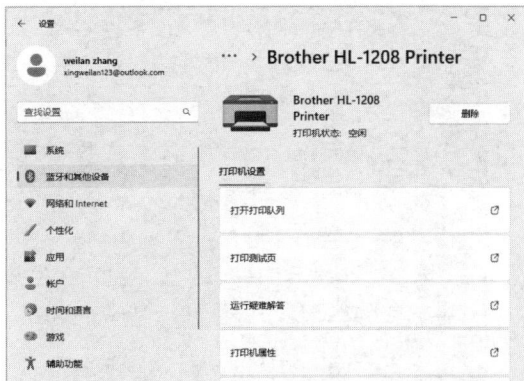

图 9-12　打印机设置列表

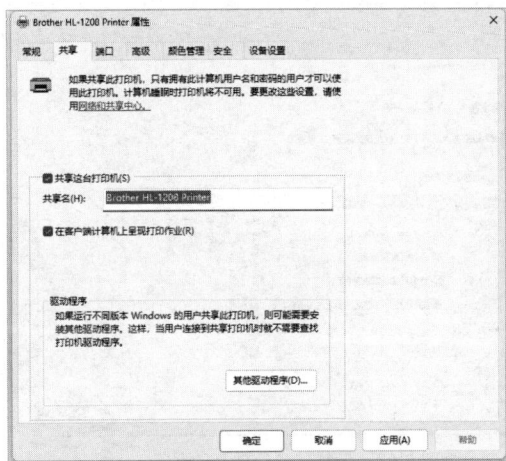

图 9-13　"共享"选项卡

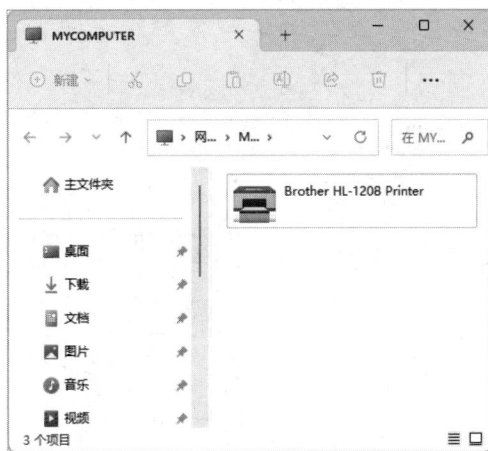

图 9-14　"MYCOMPUTER"对话框

9.1.3　映射网络驱动器

映射网络驱动器是实现磁盘共享的一种方法，具体来说就是利用局域网将自己的数据保存在另外一台计算机上，或者把另外一台计算机里的文件虚拟到自己的计算机上，有点类似于文件夹共享，这样可以提高访问时间。创建映射网络驱动器的具体操作步骤如下：

步骤01 右击"此电脑"图标，在弹出的快捷菜单中选择"映射网络驱动器"命令，如图 9-15 所示。

步骤02 弹出"映射网络驱动器"对话框，在其中可以设置要映射的网络文件夹，如图 9-16 所示。

步骤03 单击"浏览"按钮，弹出"浏览文件夹"对话框，在其中选择共享的文件夹，这里选择"星蔚蓝编程"文件夹，如图 9-17 所示。

步骤04 单击"确定"按钮，返回"映射网络驱动器"对话框，可以看到共享文件夹的路径，如图 9-18 所示。

步骤05 单击"完成"按钮，返回"此电脑"窗口，可以看到添加的网络映射驱动器，该驱动器的名称就是"星蔚蓝编程"，表示映射成功，如图 9-19 所示。

步骤06 双击"星蔚蓝编程"驱动器盘符，即可打开该网络驱动器，就可以访问里面的所有文件了，如图 9-20 所示。

图 9-15 选择"映射网络驱动器"命令

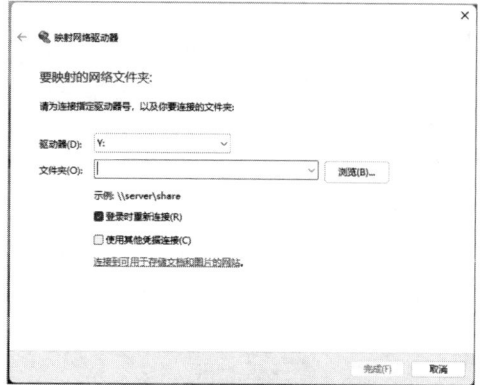

图 9-16 "映射网络驱动器"对话框

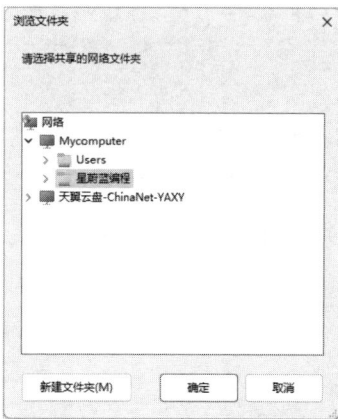

图 9-17 "浏览文件夹"对话框

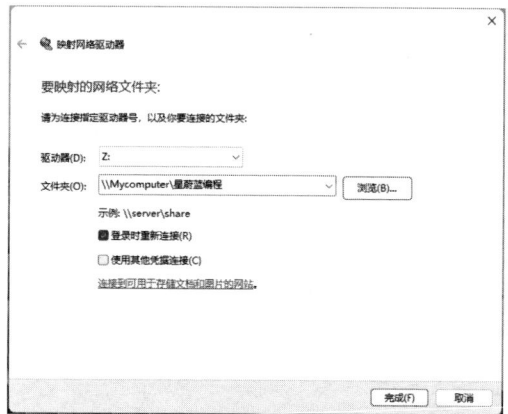

图 9-18 设置共享文件夹的路径

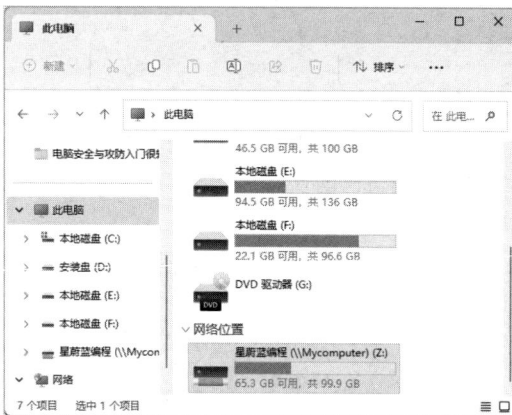

图 9-19 映射成功

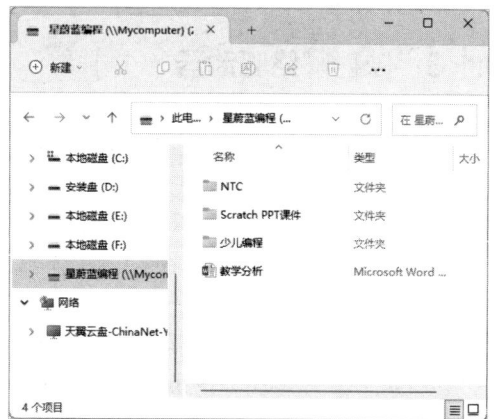

图 9-20 打开网络驱动器

步骤07 如果想要断开该网络驱动器盘符，右击网络驱动器盘符，在弹出的快捷菜单中选择"断开连接"命令，如图 9-21 所示。

步骤08 再次打开"此电脑"窗口，可以发现网络驱动器盘符"星蔚蓝编程"不再显示，如图 9-22 所示。

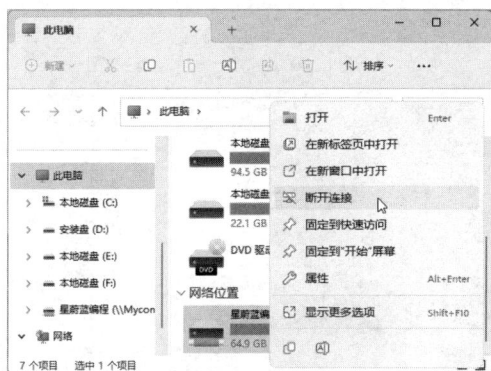

图 9-21　选择"断开连接"命令

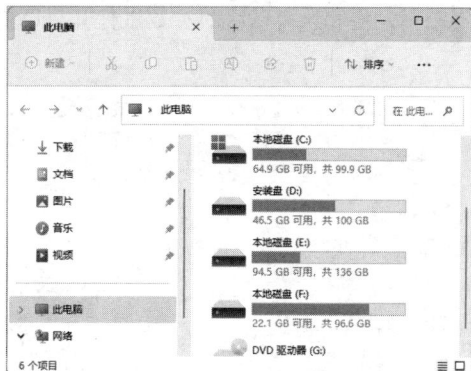

图 9-22　"此电脑"窗口

9.1.4　高级共享设置

Windows 11 操作系统的高级共享设置通过提供详细的配置选项和增强的用户体验，使文件和文件夹的共享变得更加高效、安全和便捷。具体体现在以下几个方面：

（1）提升文件共享效率：通过高级共享设置，用户可以轻松地配置网络发现功能和文件夹共享选项，使得文件共享过程更加高效和用户友好。用户可以通过简单的步骤与其他用户共享文件和文件夹，避免了复杂的设置过程。

（2）增强安全性：通过设置密码保护的共享，增加了访问的安全性，防止未经授权的访问。这在使用公共网络时尤为重要，可以有效保护用户的隐私和数据安全。

（3）提升工作效率：在日常操作中，如工作报告的传递、个人文件的分享等，都可以通过简单的几步完成，这种便捷的操作方式显著提升了整体的工作效率。

在 Windows 11 操作系统中，高级共享设置的具体操作步骤如下：

步骤01 右击"此电脑"图标，在弹出的快捷菜单中选择"属性"命令，如图 9-23 所示。

步骤02 打开"设置"窗口，选择"网络和 Internet"选项，进入"网络和 Internet"窗口，如图 9-24 所示。

图 9-23　选择"属性"命令

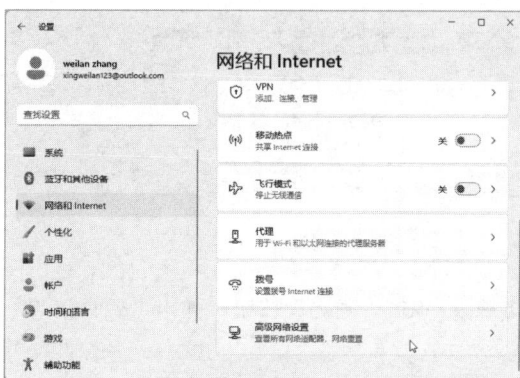

图 9-24　"网络和 Internet"窗口

步骤03 选择"高级网络设置"选项，打开"高级网络设置"窗口，如图 9-25 所示。

步骤04 选择"高级共享设置"选项，打开"高级共享设置"窗口，在其中可以对专用网络、公用网络和所有网络的参数进行开启设置，如图 9-26 所示。

图 9-25 "高级网络设置"窗口

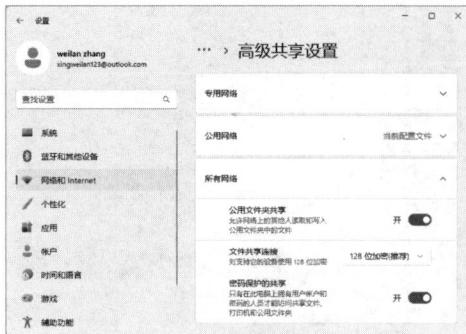

图 9-26 "高级共享设置"窗口

9.2　磁盘的优化处理

对计算机的运行速度进行优化是系统安全优化的一个方面，用户可以通过清理系统盘临时文件、清理磁盘碎片、清理系统垃圾等方式来实现。

9.2.1　清理系统盘

在没有安装专业的清理垃圾的软件前，用户可以手动清理磁盘垃圾临时文件，为系统盘瘦身。具体的操作步骤如下：

步骤01 右击"开始"按钮，在弹出的快捷菜单中选择"运行"命令，弹出"运行"对话框，在"打开"文本框中输入"cleanmgr"命令，按 Enter 键确认，如图 9-27 所示。

步骤02 弹出"磁盘清理：驱动器选择"对话框，单击"驱动器"下拉按钮，在打开的下拉列表框中选择需要清理临时文件的磁盘分区，如图 9-28 所示。

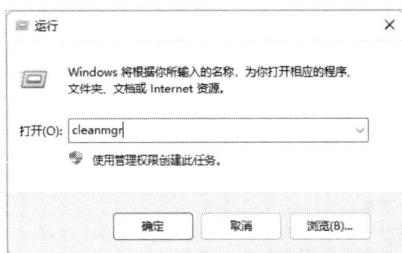

图 9-27 "运行"对话框

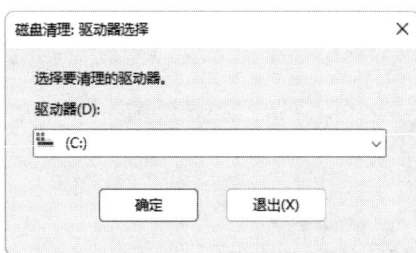

图 9-28 "磁盘清理：驱动器选择"对话框

步骤03 单击"确定"按钮，弹出"磁盘清理"对话框，并开始自动计算清理磁盘垃圾，如图 9-29 所示。

步骤04 弹出"（C:）的磁盘清理"对话框，在"要删除的文件"列表框中显示了扫描出的垃圾文件和大小，选择需要清理的临时文件，如图 9-30 所示。

步骤05 单击"确定"按钮，弹出一个信息提示框，提示用户是否要永久删除这些文件，如图 9-31 所示。

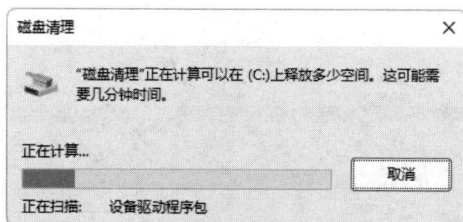

图 9-29　"磁盘清理"对话框

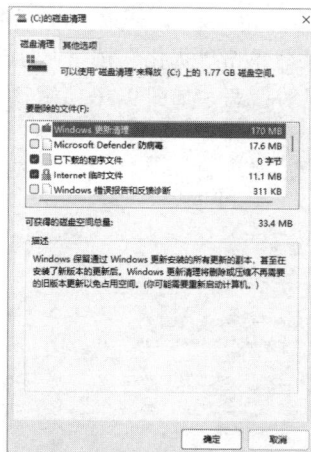

图 9-30　扫描结果

步骤 06 单击"删除文件"按钮，系统开始自动清理磁盘中的垃圾文件，并显示清理的进度，如图 9-32 所示。

图 9-31　信息提示框

图 9-32　清理临时文件

9.2.2　整理磁盘碎片

随着时间推移，频繁地复制和删除操作会导致文件碎片化，这会降低系统的运行速度并影响性能。磁盘碎片整理通过重新排列磁盘上的文件和文件夹，使其连续存储，从而提高数据访问速度和系统性能的过程。

磁盘碎片整理可以通过 Windows 系统中的工具进行，具体的操作步骤如下：

步骤 01 双击"此电脑"图标，打开"此电脑"窗口，如图 9-33 所示。

步骤 02 选择需要整理碎片的磁盘，右击，在弹出的快捷菜单中选择"属性"命令，如图 9-34 所示。

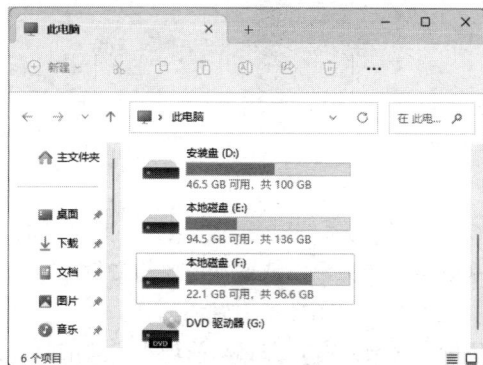

图 9-33　"此电脑"窗口

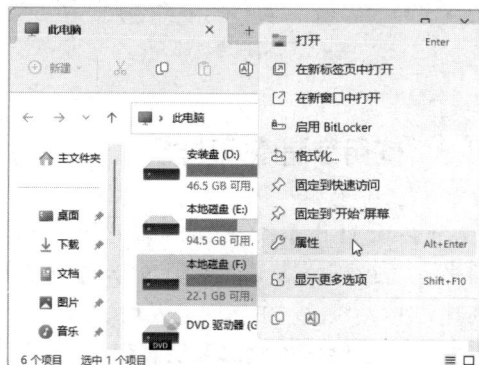

图 9-34　选择"属性"命令

步骤03 弹出"本地磁盘（F:）属性"对话框，选择"工具"选项卡，如图 9-35 所示。

步骤04 单击"优化"按钮，打开"优化驱动器"窗口，选择需要清理磁盘碎片的驱动器，这里选择"F"盘，如图 9-36 所示。

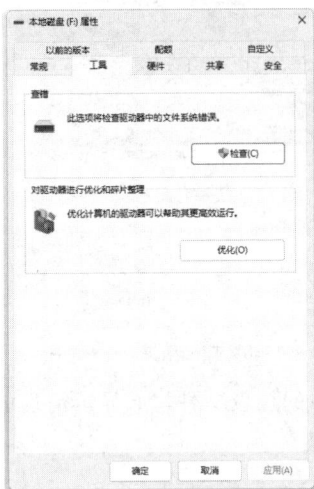

图 9-35 "工具"选项卡

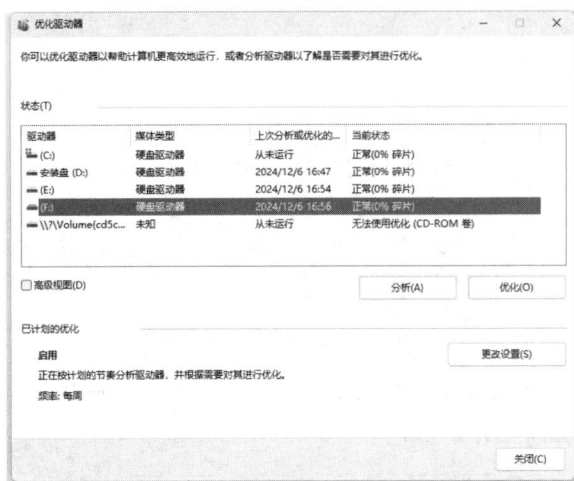

图 9-36 选择"F"盘

步骤05 单击"优化"按钮，开始进行磁盘碎片的清理工作，并显示清理进度，如图 9-37 所示。

步骤06 单击"更改设置"按钮，弹出"优化驱动器"对话框，在"优化计划"选项组中可以设置磁盘清理的频率，如图 9-38 所示。

图 9-37 清理磁盘碎片

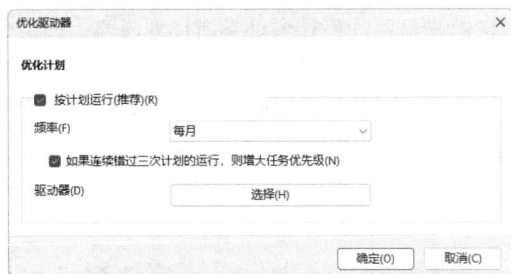

图 9-38 "优化驱动器"对话框

9.2.3 使用存储感知功能

Windows 11 操作系统中的存储感知功能是一款非常好用的系统磁盘清理工具，其自带的 AI 存储感知功能可以发挥磁盘清理功能，能够在操作系统需要的情况下清理不需要的文件，比如系统临时文件与回收站中的文件，从而达到自动释放磁盘空间的目的。

如果默认开启存储感知功能，它会在设备磁盘空间不足时运行，并自动清理不必要的临时文件。在 Windows 11 操作系统中开启和使用存储感知功能的具体操作步骤如下：

步骤01 在系统桌面上右击"开始"按钮，在弹出的快捷菜单中选择"设置"命令，如图 9-39 所示。

步骤02 打开"设置"窗口，选择"系统"选项，进入"系统"窗口，选择"存储"选项，如图 9-40 所示。

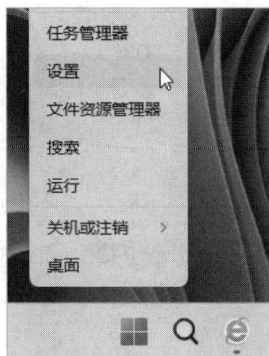

图 9-39 "设置"选项　　　　　　　　　图 9-40 选择"存储"选项

步骤03 打开"存储"窗口，这时可以在"存储管理"选项组中开启"存储感知"功能，如图 9-41 所示。

步骤04 选择"存储感知"选项，打开"存储感知"窗口，选择"清理临时文件"下的"通过自动清理临时系统和应用程序文件来保持 Windows 顺畅运行"复选框，同时开启"自动用户内容清除"功能，如图 9-42 所示。

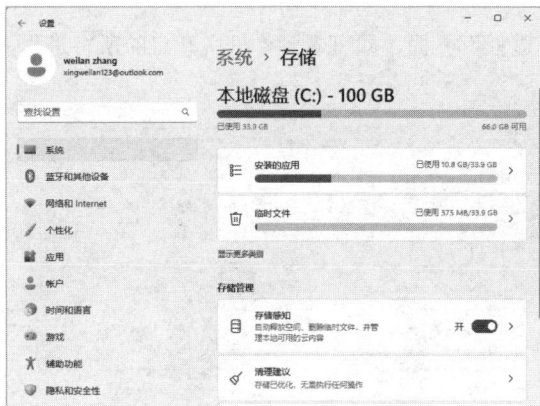

图 9-41 开启存储感知功能　　　　　　　图 9-42 "存储感知"窗口

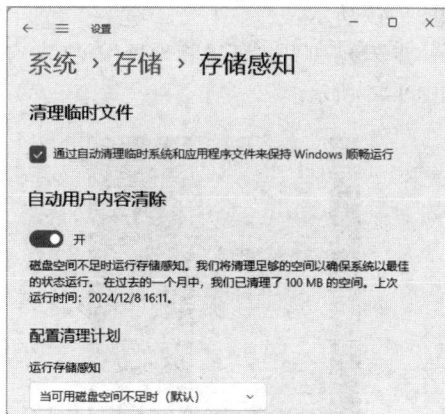

步骤05 这里用户还可以按照自己的需要对"配置清理计划"中"运行存储感知"的条件进行设置，单击"立即运行存储感知"按钮，可以清理磁盘空间，如图 9-43 所示。

步骤06 在"存储"窗口中除了可以对存储感知功能进行设置，还可以对"清理建议"和"高级存储设置"中的选项进行设置，如图 9-44 所示。

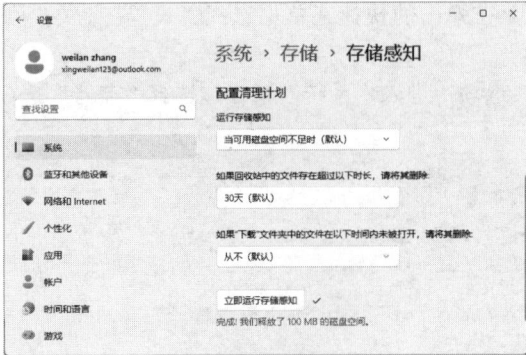

图 9-43　清理磁盘空间

图 9-44　"存储"窗口

9.3　监视系统运行状态

每个使用计算机的用户，都希望自己的计算机系统能够时刻保持在较佳的状态中稳定安全地运行，然而，在实际的工作和生活中，又总是避免不了出现各种问题。下面介绍监视计算机运行状态的方法。

9.3.1　使用任务管理器监视

"任务管理器"窗口中提供了有关计算机性能的信息，并显示了计算机上所运行的程序和进程的详细信息，如果计算机连接到了网络，还可以查看网络状态并迅速了解网络是如何工作的。

使用任务管理器监视计算机运行状态的具体操作步骤如下：

步骤01 在系统桌面上右击"开始"按钮，在弹出的快捷菜单中选择"任务管理器"命令，如图 9-45 所示。

步骤02 打开"任务管理器"窗口，进入"进程"界面，即可看到本机中开启的所有进程，如图 9-46 所示。

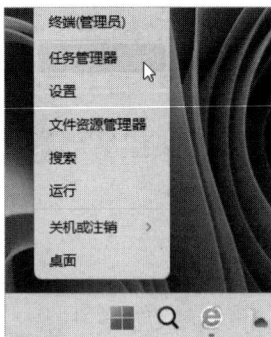

图 9-45　选择"任务管理器"命令

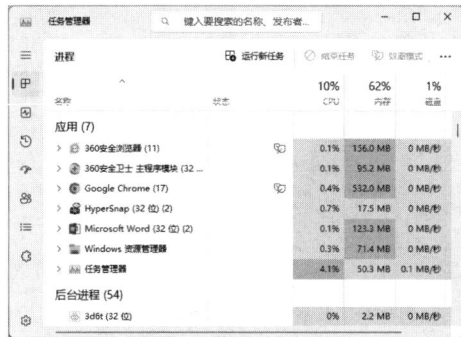

图 9-46　"进程"界面

步骤03 单击左侧列表中的"性能"按钮，打开"性能"界面，可以查看当前计算机的性能，如图 9-47 所示。

步骤04 单击左侧列表中的"应用历史记录"按钮，打开"应用历史记录"界面，可以查看当前计算机的应用历史记录，如图 9-48 所示。

图 9-47 "性能"界面

图 9-48 "应用历史记录"界面

步骤05 单击左侧列表中的"启动应用"按钮，打开"启动应用"界面，可以查看当前计算机的启动应用记录，如图 9-49 所示。

步骤06 单击左侧列表中的"用户"按钮，打开"用户"界面，可以查看当前计算机的用户信息，如图 9-50 所示。

图 9-49 "启动应用"界面

图 9-50 "用户"界面

步骤07 单击左侧列表中的"详细信息"按钮，打开"详细信息"界面，可以查看当前计算机所运行的进程的详细信息，如图 9-51 所示。

步骤08 单击左侧列表中的"服务"按钮，打开"服务"界面，可以查看当前计算机的服务信息列表，如图 9-52 所示。

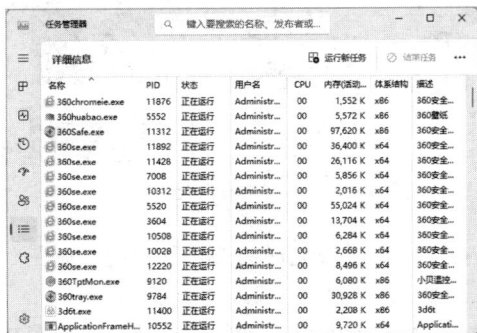

图 9-51 "详细信息"界面

图 9-52 "服务"界面

9.3.2 使用资源监视器监视

Windows 资源监视器是一个功能强大的工具，用于了解进程和服务如何使用系统资源。除了实时监视资源使用情况，资源监视器还可以帮助用户分析没有响应的进程，确定哪些应用程序正在使用文件，以及控制进程和服务。

使用资源监视器监视计算机运行状态的具体操作步骤如下：

步骤01 按 Windows+R 组合键，打开"运行"对话框，在"打开"文本框中输入"resmon"命令，如图 9-53 所示。

步骤02 单击"确定"按钮，即可打开"资源监视器"窗口，在"概述"选项卡下可以查看 CPU、磁盘、网络及内存的使用情况，如图 9-54 所示。

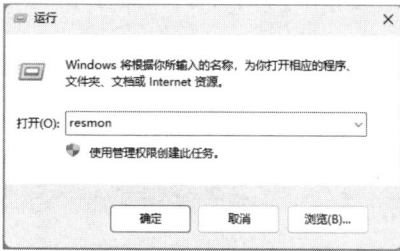

图 9-53 输入"resmon"命令

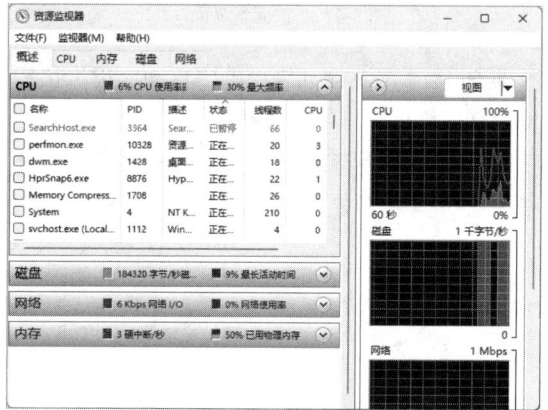

图 9-54 "资源监视器"窗口

步骤03 选择"CPU"选项卡，可以在打开的窗口中查看当前进程和服务的运行情况，如图 9-55 所示。

步骤04 选择"内存"选项卡，可以在打开的窗口中查看物理内存的使用情况，如图 9-56 所示。

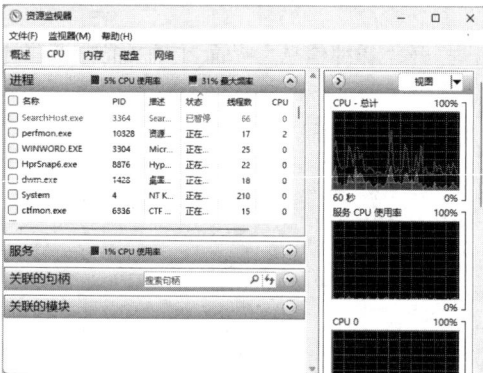

图 9-55 "CPU"选项卡

图 9-56 "内存"选项卡

步骤05 选择"磁盘"选项卡，可以在打开的窗口中查看磁盘活动的进程情况，如图 9-57 所示。

步骤06 选择"网络"选项卡，可以在打开的窗口中查看网络活动的进程情况，如图 9-58 所示。

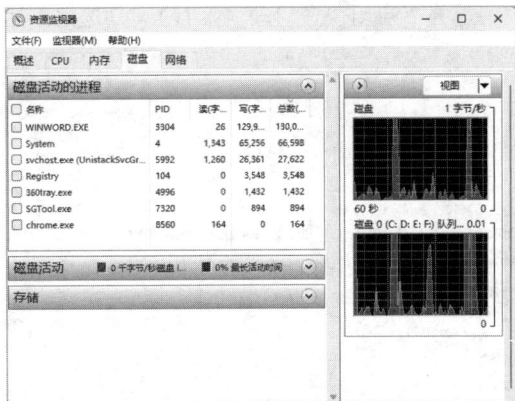

图 9-57　"磁盘"选项卡

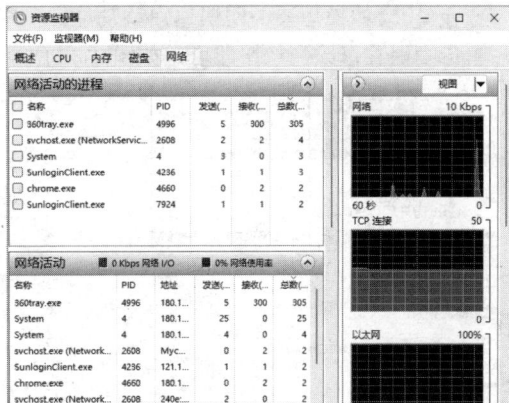

图 9-58　"网络"选项卡

9.4　Windows 11 操作系统自带的优化设置

Windows 11 操作系统自带有多个优化设置选项，通过这些优化选项可以提升系统的运行速度、视觉显示效果等。

9.4.1　优化开机速度

使用系统中的"启用快速启动"功能，可以加快系统的开机启动速度，启用和关闭快速启动功能的具体操作步骤如下：

步骤01 单击"开始"按钮，在打开的菜单中选择"控制面板"选项，打开"控制面板"窗口，如图 9-59 所示。

步骤02 单击"电源选项"图标，打开"电源选项"窗口，如图 9-60 所示。

图 9-59　"控制面板"窗口

图 9-60　"电源选项"窗口

步骤03 在左侧选择"选择电源按钮的功能"选项，打开"系统设置"窗口，在"关机设置"选项组中选择"启用快速启动（推荐）"复选框，单击"保存修改"按钮，即可启用快速启动功能，如图 9-61 所示。

步骤04 如果想要关闭快速启动功能，则可以取消选择"启用快速启动（推荐）"复选框，然后单击"保存修改"按钮即可，如图 9-62 所示。

图 9-61　"系统设置"窗口

图 9-62　关闭快速启动功能

9.4.2　优化视觉效果

Windows 11 操作系统中加入了很多个性化、贴心的功能。如果用户觉得 Windows 11 操作系统的界面不是很舒服，可以为其设置最佳视觉效果。具体的操作步骤如下：

步骤01 在 Windows11 操作系统桌面上单击"开始"按钮，在打开的面板中单击"设置"按钮，如图 9-63 所示。

步骤02 打开"设置"窗口，在左侧选择"辅助功能"选项，进入"辅助功能"界面，如图 9-64 所示。

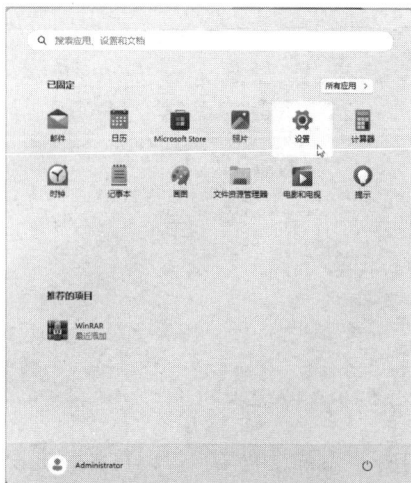

图 9-63　单击"设置"按钮

图 9-64　"辅助功能"界面

步骤03 选择"视觉效果"选项，进入"视觉效果"窗口，在其中可以开启透明效果、动画效果等选项，如图 9-65 所示。

步骤04 在"设置"窗口中选择"系统"选项，进入"系统"窗口，如图 9-66 所示。

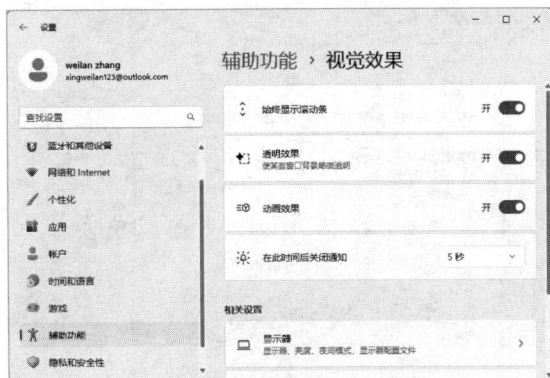

图 9-65　"视觉效果"窗口

图 9-66　"系统"窗口

步骤05 在"系统"窗口中选择"系统信息"选项，进入"系统信息"窗口，如图 9-67 所示。

步骤06 单击"高级系统设置"超链接，弹出"系统属性"对话框，如图 9-68 所示。

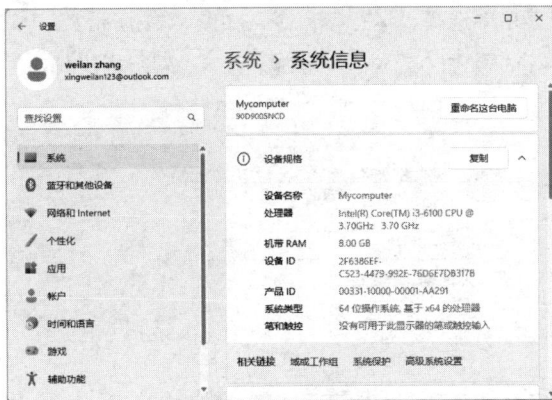

图 9-67　"系统信息"窗口

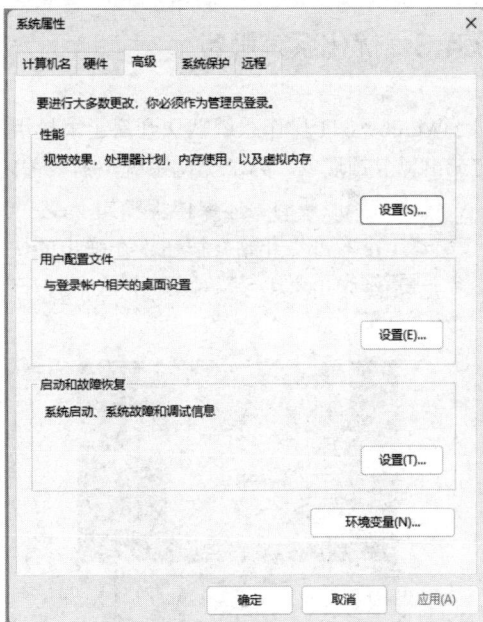

图 9-68　"系统属性"对话框

步骤07 单击"性能"选项组中的"设置"按钮，弹出"性能选项"对话框，选择"视觉效果"选项卡，选中"让 Windows 选择计算机的最佳设置"单选按钮，最后单击"确定"按钮，即可将视觉效果设置为最佳状态，如图 9-69 所示。

步骤08 选择"高级"选项卡，选中"程序"单选按钮，将程序调整为最佳性能，如图 9-70 所示。

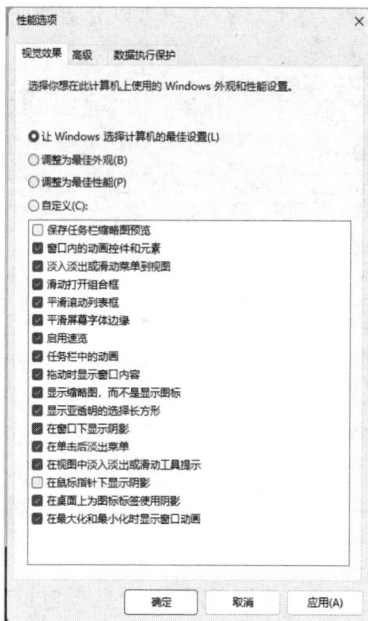

图 9-69 "性能选项"对话框

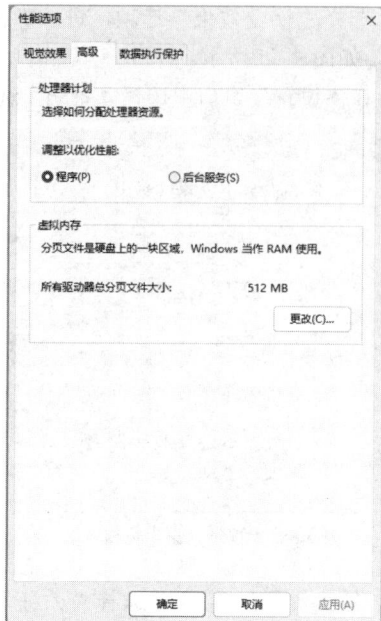

图 9-70 "高级"选项卡

9.4.3 优化系统服务

Windows 11 操作系统默认开启了大量用户可能不会用到的服务，这可能会导致系统运行不稳定或出现卡顿现象。为了优化系统，需要关闭这些不必要的服务。

优化系统服务的具体操作步骤如下：

步骤01 右击"开始"按钮，在弹出的快捷菜单中选择"运行"命令，如图 9-71 所示。

步骤02 弹出"运行"对话框，在"打开"文本框中输入"services.msc"命令，如图 9-72 所示。

图 9-71 选择"运行"命令

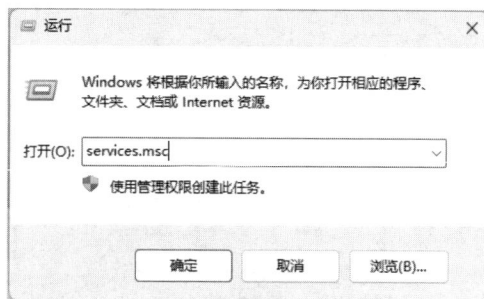

图 9-72 "运行"对话框

步骤03 单击"确定"按钮，打开"服务"窗口，在服务列表中选择"启动类型"选项，将优先级显示改为"自动"，如图 9-73 所示。

步骤04 选择不需要的服务，单击"停止"超链接，即可将其关闭，如图 9-74 所示。

步骤05 双击需要关闭的服务，打开这个服务的属性对话框，将"启动类型"更改为"禁用"，即可完全关闭这个服务，如图 9-75 所示。

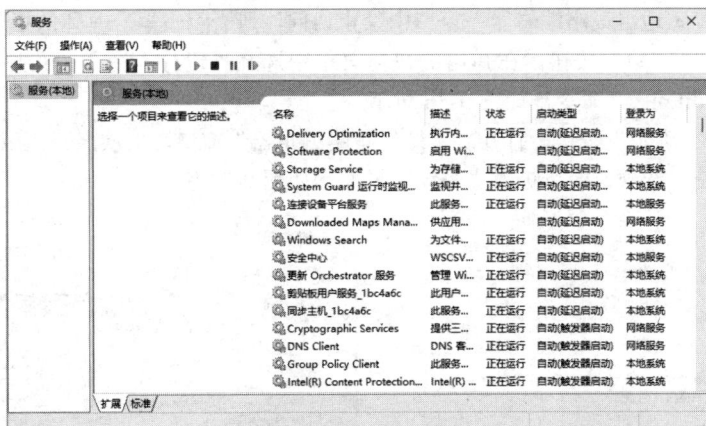

图 9-73 "服务"窗口

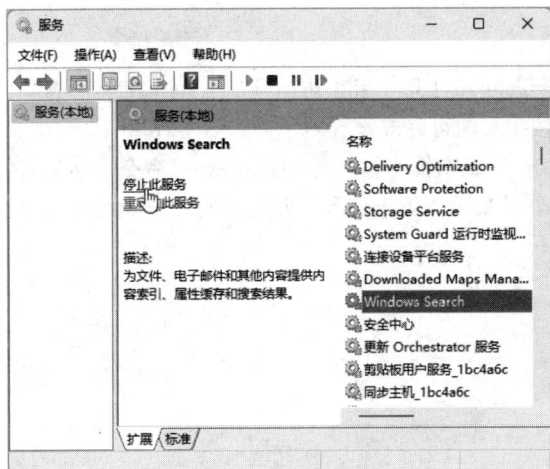

图 9-74 单击"停止"超链接

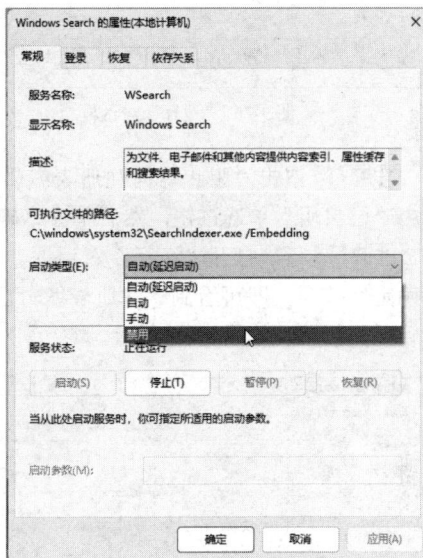

图 9-75 选择"禁用"选项

提示：如果不确定哪些服务是不需要的，可以先选择一个服务，然后查看左侧的"描述"信息，了解这个服务的作用，再决定是否关闭。一般来说，与功能或软件相关的服务，如果不使用，是可以关闭的，如 Edge、Xbox、打印机等。

9.5 实战演练

9.5.1 实战 1：禁止访问注册表

计算机中几乎所有针对硬件、软件、网络的操作都是源于注册表的，如果注册表被损坏，则整个计算机将会一片混乱，因此，防止注册表被修改是保护注册表的首要方法。

用户可以在"本地组策略编辑器"窗口中禁止访问注册表编辑器。具体的操作步骤如下：

步骤01 右击"开始"按钮，在弹出的快捷菜单中选择"运行"命令，在弹出的"运行"对话框中输入"gpedit.msc"命令，如图 9-76 所示。

步骤02 单击"确定"按钮，打开"本地组策略编辑器"窗口，依次展开"用户配置"→"管理模板"→"系统"选项，即可进入"系统"界面，如图 9-77 所示。

图 9-76 "运行"对话框

图 9-77 "系统"界面

步骤03 双击"阻止访问注册表编辑工具"选项，打开"阻止访问注册表编辑工具"窗口，选中"已启用"单选按钮，然后单击"确定"按钮，即可完成设置操作，如图 9-78 所示。

步骤04 再次打开"运行"对话框，在"打开"文本框中输入"regedit.exe"命令，然后单击"确定"按钮，即可看到"注册表编辑已被管理员禁用"提示信息。此时表明注册表编辑器已经被管理员禁用，如图 9-79 所示。

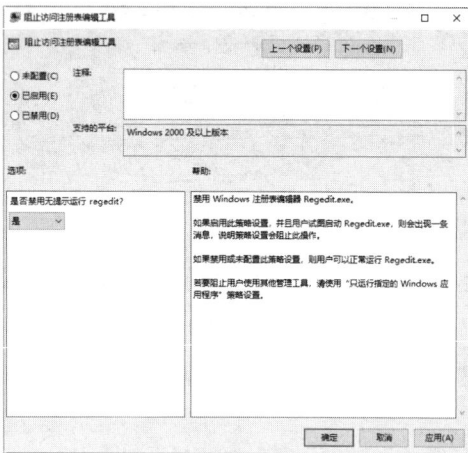

图 9-78 "阻止访问注册表编辑工具"窗口

图 9-79 信息提示框

9.5.2 实战 2：开启 CPU 最强性能

在 Windows 11 操作系统中，用户可以设置系统启动密码，具体的操作步骤如下：

步骤01 按 Windows+R 组合键，打开"运行"对话框，在"打开"文本框中输入"msconfig"命令，如图 9-80 所示。

步骤 02 单击 "确定" 按钮，在弹出的对话框中选择 "引导" 选项卡，如图 9-81 所示。

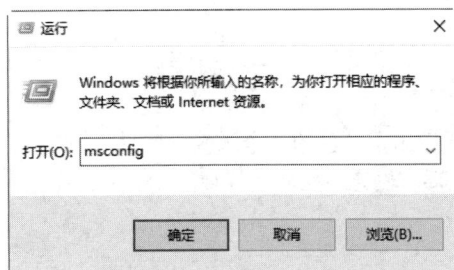

图 9-80　"运行" 对话框

图 9-81　"引导" 选项卡

步骤 03 单击 "高级选项" 按钮，弹出 "引导高级选项" 对话框，选择 "处理器个数" 复选框，将处理器个数设置为最大值，本机最大值为 4，如图 9-82 所示。

步骤 04 单击 "确定" 按钮，弹出 "系统配置" 对话框，单击 "重新启动" 按钮，重启计算机系统后，CUP 就能达到最大性能了，这样计算机的运行速度就会明显提高，如图 9-83 所示。

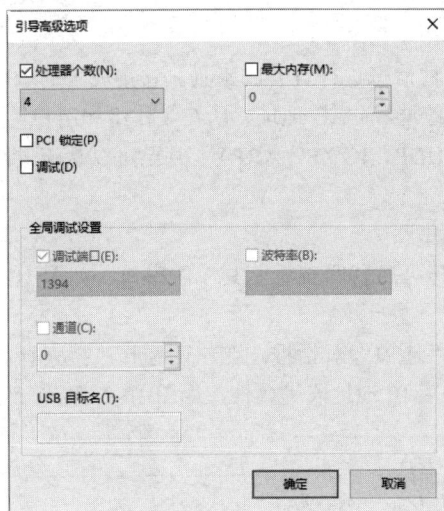

图 9-82　"引导高级选项" 对话框

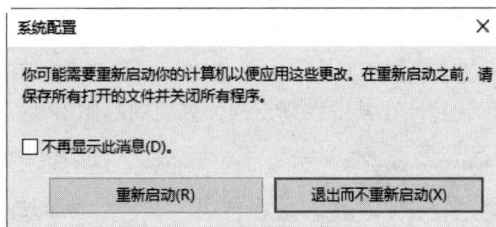

图 9-83　"系统配置" 对话框

第 10 章

防护局域网安全，让上网无忧

局域网作为计算机网络的一个重要成员，已经被广泛应用于社会的各个领域。目前，攻击者主要利用各种专门攻击局域网的工具对局域网进行攻击，如局域网查看工具、局域网攻击工具等。

10.1　局域网查看工具

利用专门的局域网查看工具可以查看局域网中各个主机的信息，本节将介绍两款非常方便实用的局域网查看工具。

10.1.1　使用 LanSee 查看

局域网查看工具（LanSee）是一款对局域网上的各种信息进行查看的工具。它集成了局域网搜索功能，可以快速搜索出计算机（包括计算机名、IP 地址、MAC 地址、所在工作组和用户），共享资源，共享文件；可以捕获各种数据包（如 TCP、UDP、ICMP、ARP），甚至可以从流过网卡的数据中嗅探出 QQ 号码、音乐、视频、图片等文件。

使用该工具查看局域网中各种信息的具体操作步骤如下：

步骤 01 双击下载的"局域网查看工具"程序，打开"局域网查看工具"主窗口，如图 10-1 所示。

步骤 02 在工具栏中单击"工具选项"按钮，弹出"选项"对话框，在左侧选择"搜索计算机"选项，在其中设置扫描计算机的起始 IP 地址段和结束 IP 地址段等属性，如图 10-2 所示。

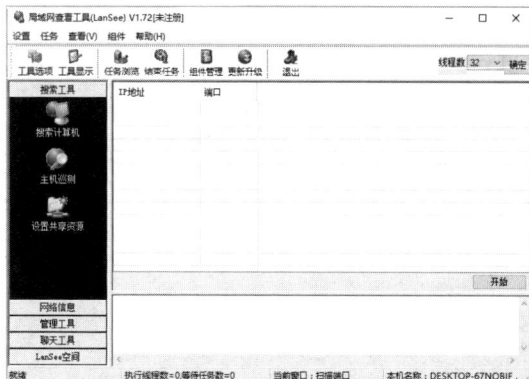

图 10-1　"局域网查看工具"主窗口

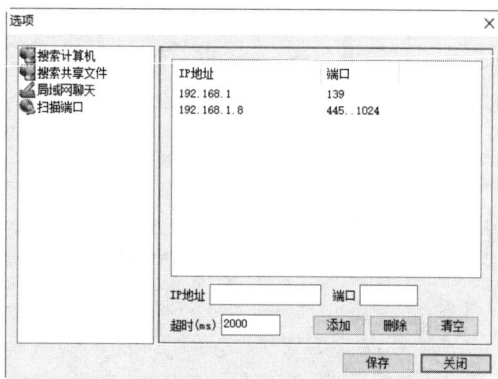

图 10-2　"选项"对话框

步骤 03 选择"搜索共享文件夹"选项，在其中可以添加和删除文件类型，如图 10-3 所示。

步骤 04 选择"局域网聊天"选项，在其中可以设置聊天时使用的用户名和备注，如图 10-4 所示。

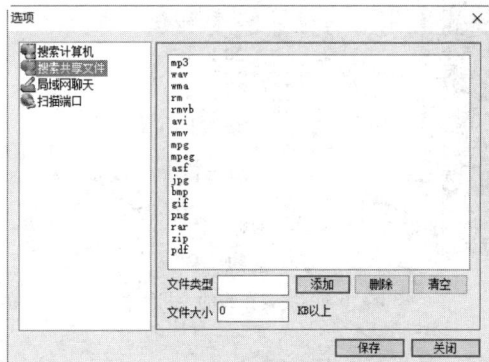
图 10-3　添加或删除文件类型

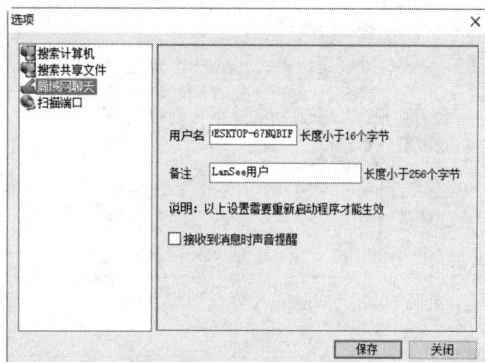
图 10-4　设置用户名和备注

步骤 05 选择"扫描端口"选项，在其中可以设置要扫描的 IP 地址、端口、超时等属性，设置完毕后单击"保存"按钮，即可保存各项设置，如图 10-5 所示。

步骤 06 在"局域网查看工具"主窗口中单击"开始"按钮，即可搜索出指定 IP 地址段内的主机，可以看到各个主机的 IP 地址、计算机名、工作组、MAC 地址等属性，如图 10-6 所示。

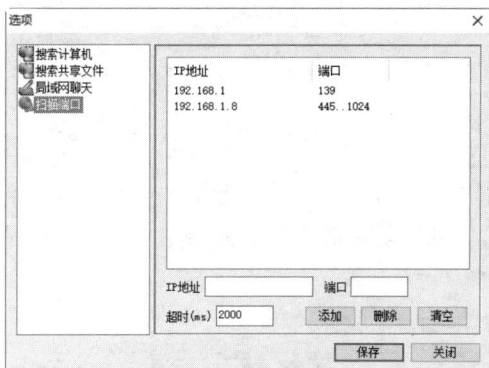
图 10-5　设置扫描端口

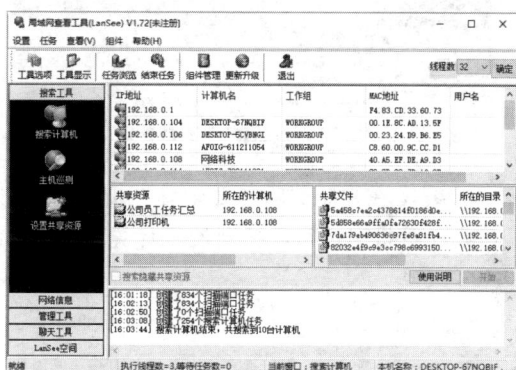
图 10-6　搜索指定 IP 地址段内的主机

步骤 07 如果想与某个主机建立连接，在搜索到的主机列表中右击该主机，在弹出的快捷菜单中选择"打开计算机"命令，弹出"Windows 安全"对话框，在其中输入该主机的用户名和密码后，单击"确定"按钮，才可以与该主机建立连接，如图 10-7 所示。

步骤 08 在"搜索工具"栏目下单击"主机巡测"按钮，打开主机巡测窗口，单击其中的"开始"按钮，即可搜索出在线的主机，在其中可以看到在线主机的 IP 地址、MAC 地址、最近扫描时间等信息，如图 10-8 所示。

步骤 09 在"局域网查看工具"中还可以对共享资源进行设置。在"搜索工具"栏目下单击"设置共享资源"按钮，即可打开设置共享资源窗口，如图 10-9 所示。

步骤 10 单击"共享目录"文本框后的"浏览"按钮，弹出"浏览文件夹"对话框，如图 10-10 所示。

步骤 11 在其中选择需要设置为共享文件的文件夹后，单击"确定"按钮，即可在设置共享资源窗口中看到添加的共享文件夹，如图 10-11 所示。

图 10-7 "Windows 安全"对话框

图 10-8 搜索在线的主机

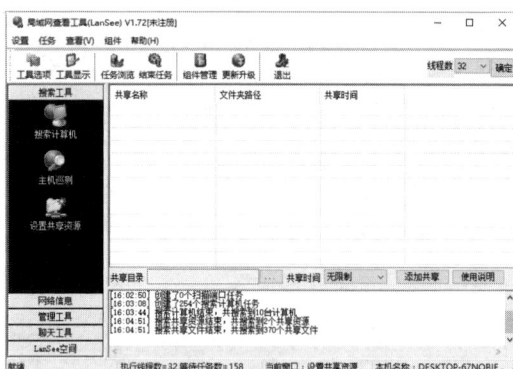

图 10-9 设置共享资源窗口

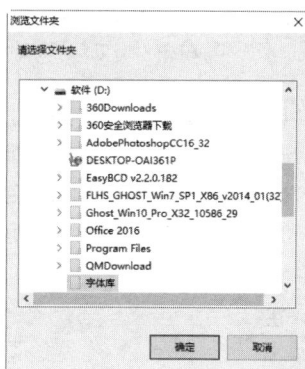

图 10-10 "浏览文件夹"对话框

步骤12 在"局域网查看工具"中还可以进行文件复制操作，单击"搜索工具"栏目下的"搜索计算机"按钮，打开搜索计算机窗口，在其中可以看到前面添加的共享文件夹，如图 10-12 所示。

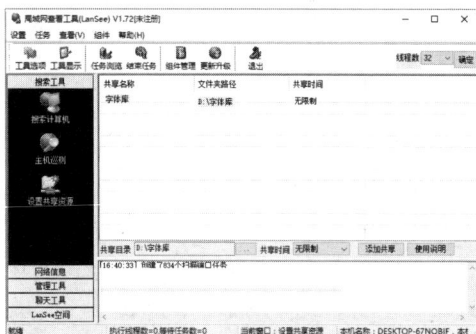

图 10-11 添加共享文件夹

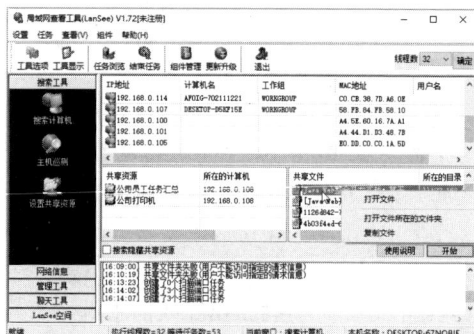

图 10-12 搜索计算机窗口

步骤13 在"共享文件"列表框中右击需要复制的文件，在弹出的快捷菜单中选择"复制文件"命令，弹出"建立新的复制任务"对话框，如图 10-13 所示。

步骤14 设置存储目录并选择"立即开始"复选框后，单击"确定"按钮，即可开始复制所选择的文件。此时单击"管理工具"栏目下的"复制文件"按钮，打开复制文件窗口，在其中可以看到刚才复制的文件，如图 10-14 所示。

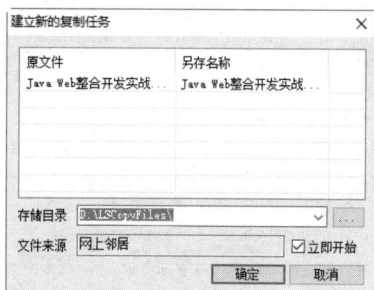

图 10-13　"建立新的复制任务"对话框

图 10-14　查看复制的文件

步骤15 在"网络信息"栏目下可以查看局域网中各个主机的网络信息。例如单击"活动端口"按钮，在打开的活动端口窗口中单击"刷新"按钮，可以看到所有主机中正在活动的端口，如图 10-15 所示。

步骤16 如果想查看计算机的网络适配器信息，则需要单击"适配器信息"按钮，即可在打开的适配器信息窗口中看到网络适配器的详细信息，如图 10-16 所示。

图 10-15　查看正在活动的端口

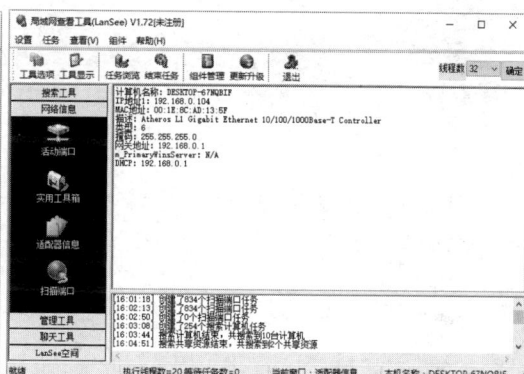

图 10-16　查看网络适配器的信息

步骤17 利用"局域网查看工具"还可以对远程主机进行远程关机和重启操作。单击"管理工具"栏目下的"远程关机"按钮，打开远程关机窗口，单击"导入计算机"按钮，即可导入整个局域网中所有的主机，选择主机前面的复选框后，单击"远程关机"按钮和"远程重启"按钮，即可分别完成关闭和重启远程计算机的操作，如图 10-17 所示。

步骤18 在"局域网查看工具"中还可以给指定的主机发送消息。单击"管理工具"栏目下的"发送消息"按钮，打开发送消息窗口，单击"导入计算机"按钮，即可导入整个局域网中所有的主机，如图 10-18 所示。

步骤19 选择要发送消息的主机后，在"发送消息"文本框中输入要发送的消息，然后单击"发送"按钮，即可将这条消息发送给指定的用户，此时可以看到该主机的"发送状态"是"正在发送"，如图 10-19 所示。

步骤20 在"聊天工具"栏目可以与局域网中的用户进行聊天，还可以共享局域网中的文件。如果想与局域网中的用户聊天，只需单击"局域网聊天"按钮，即可打开局域网聊天窗口，如图 10-20 所示。

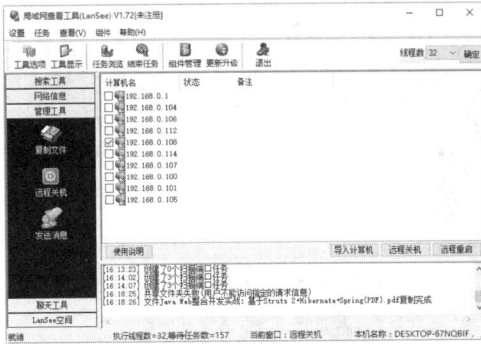

图 10-17　远程关机窗口

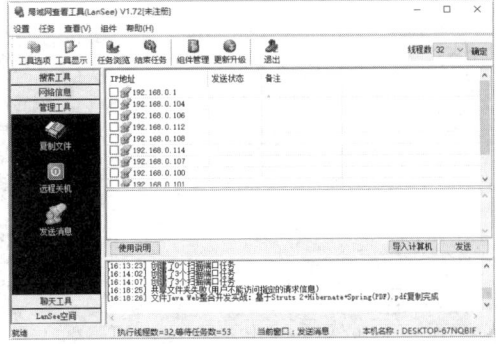

图 10-18　发送消息窗口

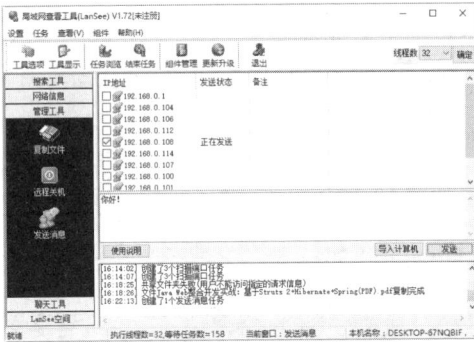

图 10-19　发送消息给指定用户

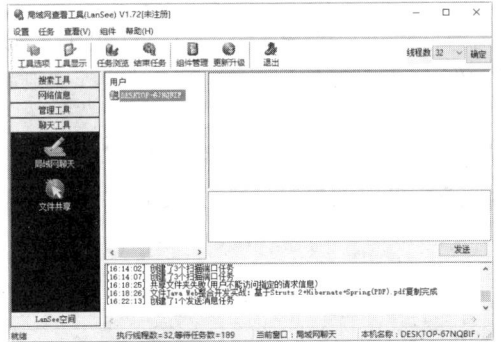

图 10-20　局域网聊天窗口

步骤21 在右侧下方的"发送信息"文本框中编辑要发送的消息后，单击"发送"按钮，即可将该消息发送出去，此时在局域网聊天窗口中即可看到发送的消息，该模式类似 QQ 聊天模式，如图 10-21 所示。

步骤22 单击"文件共享"按钮，打开文件共享窗口，在其中可以进行搜索用户共享、复制文件、添加共享等操作，如图 10-22 所示。

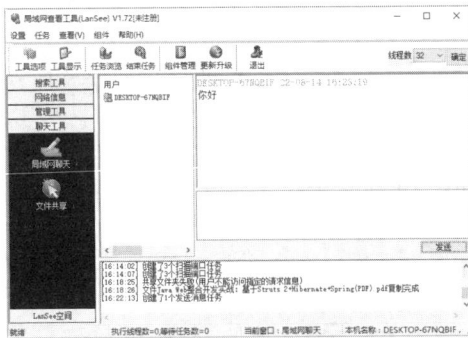

图 10-21　发送消息

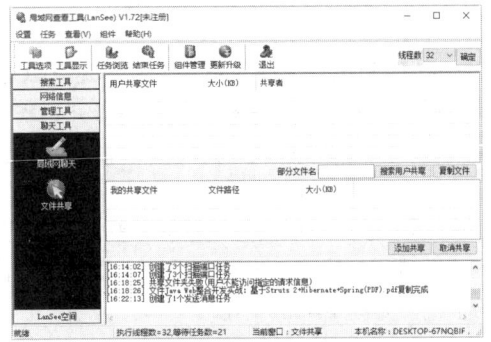

图 10-22　文件共享窗口

10.1.2　使用 IPBook 查看

IPBook（超级网络邻居）是一款小巧的搜索共享资源及 FTP 共享的工具，软件自解压后即可直接运行。它还有很多辅助功能，如发送短信等，并且所有功能不限于局域网，可以在因特网上使用。使用该工具查看局域网中各种信息的具体操作步骤如下：

步骤01 双击下载的"IPBook"应用程序，打开"IPBook（超级网络邻居）"主窗口，其中自动显示了本机的 IP 地址和计算机名，其中 192.168.0.104 和 192.168.0 分别是本机的 IP 地址与本机所处的局域网的 IP 范围，如图 10-23 所示。

步骤02 在 IPBook 工具中可以查看本网段所有机器的计算机名与共享资源。在"IPBook（超级网络邻居）"主窗口中单击"扫描一个网段"按钮，几秒钟之后，本机所在的局域网中所有在线计算机的详细信息将显示在左侧列表框中，如图 10-24 所示，其中包含 IP 地址、计算机名、工作组、信使等信息。

图 10-23 "IPBook"主窗口

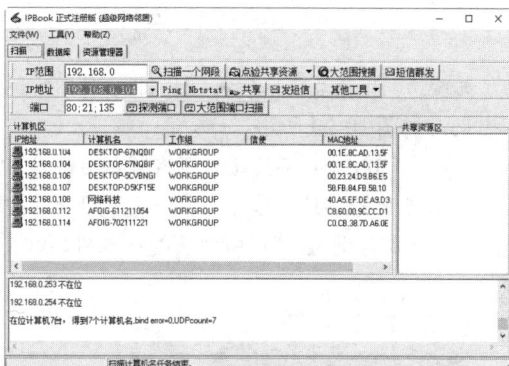

图 10-24 显示局域网中所有的在线主机

步骤03 在显示出所有计算机信息后，单击"点验共享资源"按钮，即可查出本网段机器的共享资源，并将搜索的结果显示在右侧的树状显示框中，如图 10-25 所示，在搜索之前还可以设置是否同时搜索 HTTP、FTP、隐藏共享服务等。

步骤04 在 IPBook 工具中还可以给目标网段发送短信，在"IPBook（超级网络邻居）"主窗口中单击"短信群发"按钮，弹出"短信群发"对话框，如图 10-26 所示。

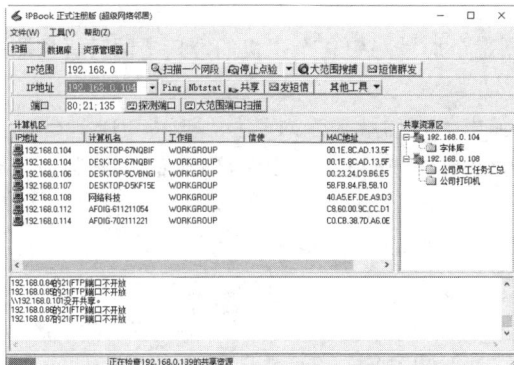

图 10-25 共享资源信息

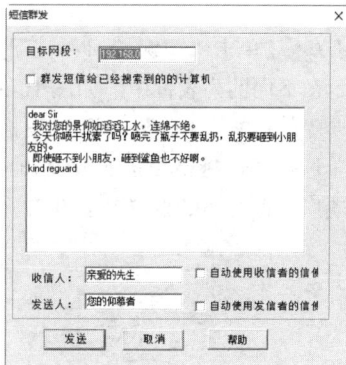

图 10-26 "短信群发"对话框

步骤05 在"计算机区"列表框中选择某台计算机，单击"Ping"按钮，即可在"IPBook（超级网络邻居）"主窗口中看到该命令的运行结果，如图 10-27 所示。根据得到的信息来判断目标计算机的操作系统类型。

步骤06 在"计算机区"列表框中选择某台计算机，单击"Nbtstat"按钮，即可在"IPBook（超级网络邻居）"主窗口中看到该主机的计算机名称，如图 10-28 所示。

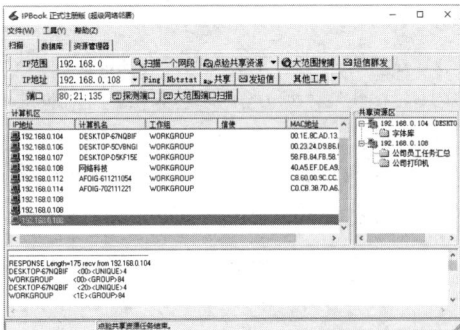

图 10-27　命令运行结果

图 10-28　计算机名称信息

步骤 07 单击"共享"按钮，即可对指定网络段的主机进行扫描，并把扫描到的共享资源显示出来，如图 10-29 所示。

步骤 08 IPBook 工具还具有将域名转换为 IP 地址的功能，在"IPBook（超级网络邻居）"主窗口中单击"其他工具"按钮，在打开的下拉列表框中选择"域名、IP 地址转换"→"IP->Name"选项，即可将当前 IP 地址所对应的计算机名称在下方的窗格中显示出来，如图 10-30 所示。

图 10-29　显示共享资源

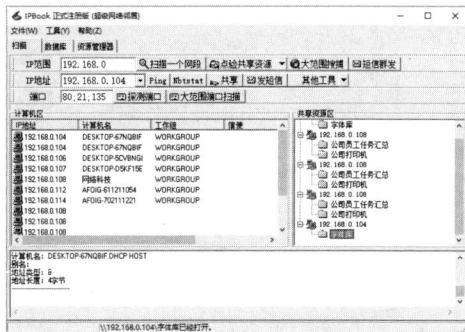

图 10-30　将 IP 地址转换为域名

步骤 09 单击"探测端口"按钮，即可探测整个局域网中各个主机的端口，同时将探测的结果显示在下面的列表框中，如图 10-31 所示。

步骤 10 单击"大范围端口扫描"按钮，弹出"扫描端口"对话框，选中"IP 地址起止范围"单选按钮，将要扫描的 IP 地址范围设置为 192.168.000.001 ～ 192.168.000.254，最后将要扫描的端口设置为 80,21，如图 10-32 所示。

图 10-31　探测主机的端口

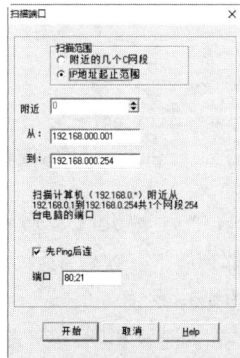

图 10-32　"扫描端口"对话框

170

步骤11 单击"开始"按钮，即可对设定 IP 地址范围内的主机进行扫描，同时将扫描到的主机配置显示在下面的列表框中，如图 10-33 所示。

步骤12 在使用 IPBook 工具的过程中，还可以对该软件的属性进行设置。在"IPBook（超级网络邻居）"主窗口中选择"工具"→"选项"命令，弹出"设置"对话框，在"扫描设置"选项卡中设置"Ping 设置"和"解析计算机名的方式"属性，如图 10-34 所示。

步骤13 选择"共享设置"选项卡，在其中可以设置最大扫描线程数、搜索共享时的顺带搜索项目等属性，如图 10-35 所示。

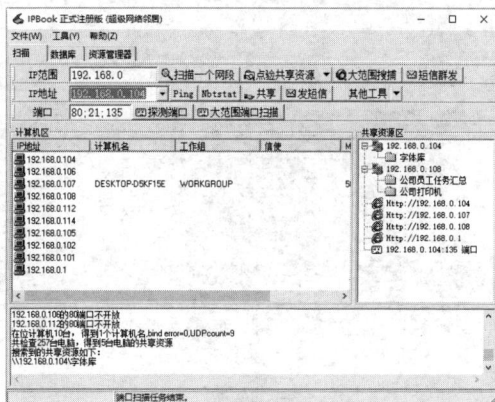

图 10-33　扫描主机信息

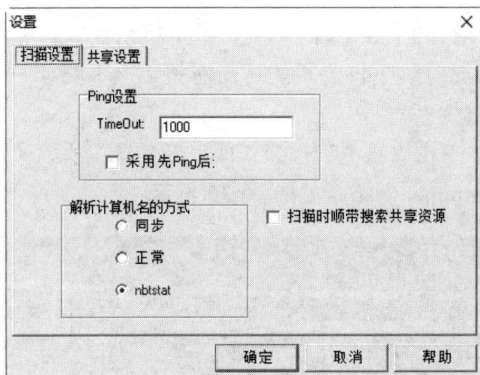

图 10-34　"扫描设置"选项卡

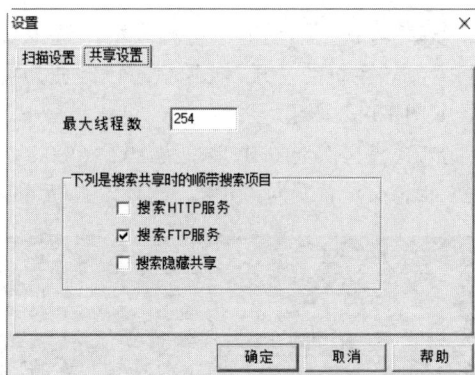

图 10-35　"共享设置"选项卡

10.2　局域网攻击工具

黑客可以利用专门的工具来攻击整个局域网，例如使局域网中两台计算机的 IP 地址发生冲突，从而导致其中的一台计算机无法上网。本节将介绍几款常见的局域网攻击工具的使用方法。

10.2.1　网络剪刀手

网络剪切手 Netcut 是一款网管必备工具，可以切断局域网中的任何主机，使其断开网络连接。利用 ARP 协议，还可以看到局域网内所有主机的 IP 地址。具体的操作步骤如下：

步骤01 下载并安装"网络剪切手"程序，然后双击其快捷图标，即可打开"Netcut"主窗口，软件会自动搜索当前网段内的所有主机的 IP 地址、计算机名及各自对应的 MAC 地址，如图 10-36 所示。

步骤02 单击"选择网卡"按钮，弹出"选择网卡"对话框，在其中可以选择搜索计算机及发送数据包所使用的网卡，如图 10-37 所示。

图 10-36 "Netcut"主窗口

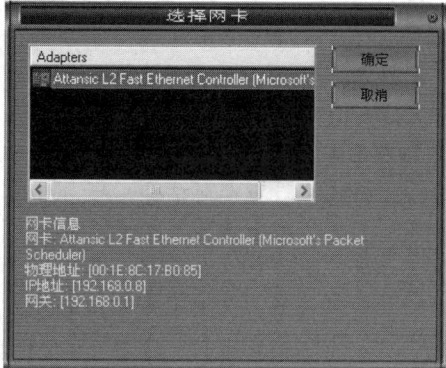

图 10-37 "选择网卡"对话框

步骤03 在扫描出的主机列表框中选中 IP 地址为 192.168.0.8 的主机，单击"切断"按钮，即可看到该主机的"开 / 关"状态已经变为"关"，此时该主机既不能访问网关，也不能打开网页，如图 10-38 所示。

步骤04 再次选中 IP 地址为 192.168.0.8 的主机，单击"恢复"按钮，即可看到该主机的"开 / 关"状态又重新变为"开"，此时该主机可以访问 Internet 网络，如图 10-39 所示。

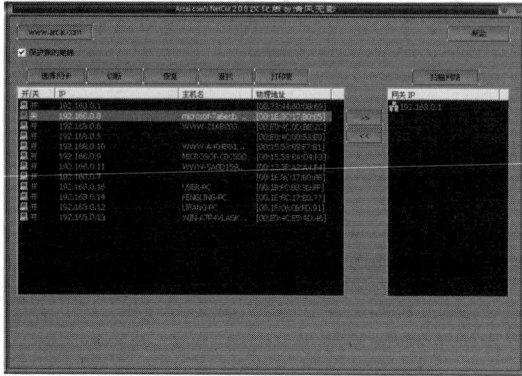

图 10-38 关闭局域网内的主机

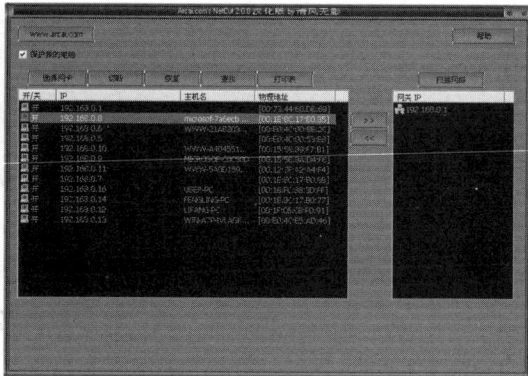

图 10-39 恢复主机状态

步骤05 如果局域网中的主机过多，可以使用该工具提供的查找功能，快速查看某个主机的信息。在"Netcut"主窗口中单击"查找"按钮，弹出"查找"对话框，如图 10-40 所示。

步骤06 在文本框中输入要查找主机的某个信息，这里输入的是 IP 地址，然后单击"查找"按钮，即可在"Netcut"主窗口中快速找到 IP 地址为 192.168.0.8 的主机信息，如图 10-41 所示。

步骤07 在"Netcut"主窗口中单击"打印表"按钮，弹出"地址表"对话框，在其中即可看到所在局域网中所有主机的 MAC 地址、IP 地址、用户名等信息，如图 10-42 所示。

步骤08 在网络剪刀手工具中，还可以将某个主机的 IP 地址设置成网关 IP 地址。在"Netcut"主窗口中选择某台主机后，单击 << 按钮，将该 IP 地址添加到"网关 IP"列表框中，如图 10-43 所示。

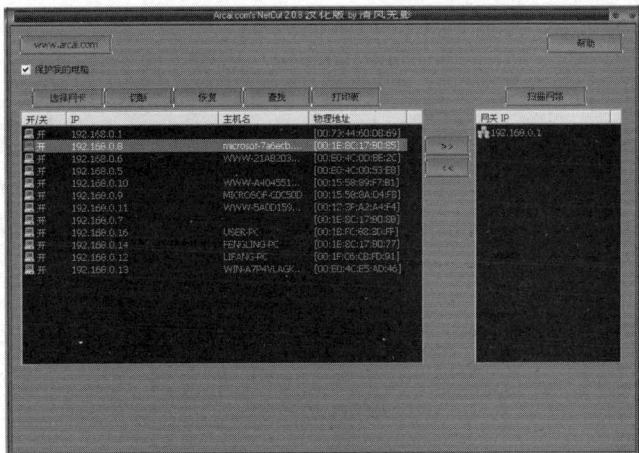

图 10-41 查看主机信息

图 10-40 "查找"对话框

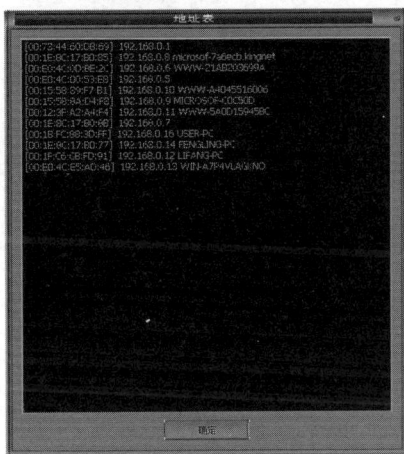

图 10-42 "地址表"对话框

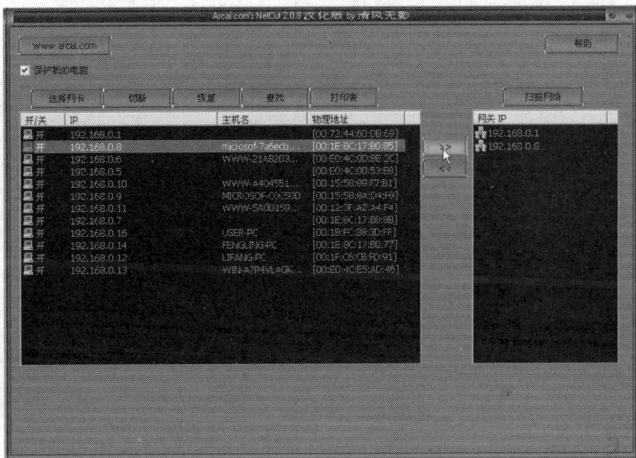

图 10-43 "网关 IP"列表框

10.2.2 使用网络特工

网络特工可以监视与主机相连的 HUB 上所有机器收发的数据包，还可以监视所有局域网内的机器的上网情况，以便对非法用户进行管理，并使其登录指定的 IP 网址。使用网络特工的具体操作步骤如下：

步骤01 下载并运行"网络特工 .exe"程序，打开"网络特工"主窗口，如图 10-44 所示。

步骤02 选择"工具"→"选项"命令，弹出"选项"对话框，在其中可以设置"启动""全局热键"等属性，如图 10-45 所示。

步骤03 在"网络特工"主窗口左边的列表框中选择"数据监视"选项，打开"数据监视"窗口。在其中设置要监视的内容后，单击"开始监视"按钮，即可进行监视，如图 10-46 所示。

步骤04 在"网络特工"主窗口左边的列表框中右击"网络管理"选项，在弹出的快捷菜单中选择"添加新网段"命令，弹出"添加新网段"对话框，如图 10-47 所示。

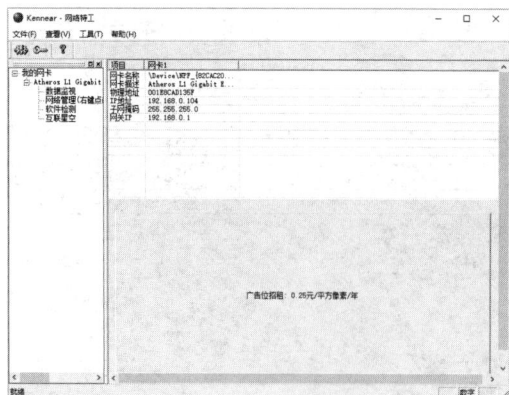

图 10-44 "网络特工"主窗口

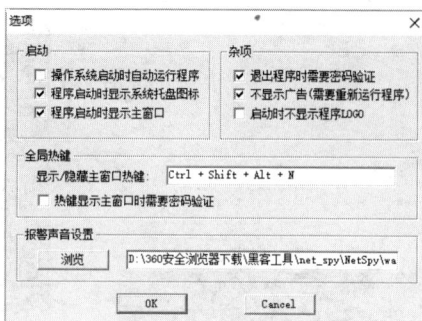

图 10-45 "选项"对话框

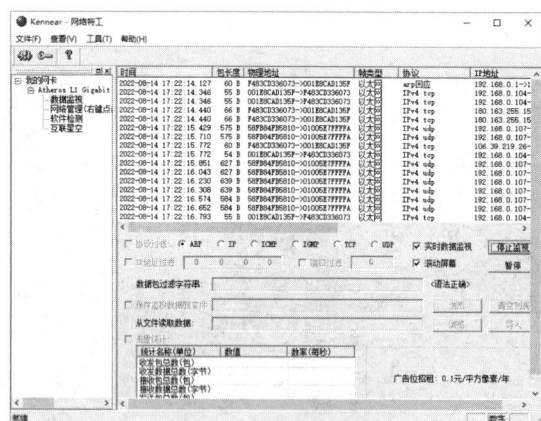

图 10-46 开始进行监视

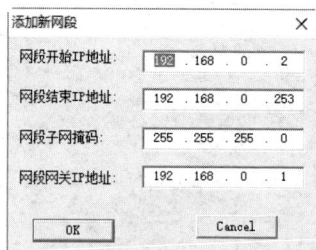

图 10-47 "添加新网段"对话框

步骤05 在其中设置网段的开始 IP 地址、结束 IP 地址、子网掩码和网关 IP 地址，单击"OK"按钮，即可在"网络特工"主窗口左边的"网络管理"选项中看到新添加的网段，如图 10-48 所示。

步骤06 双击该网段，在右边打开的窗口中可以看到刚设置的网段中所有的信息，如图 10-49 所示。

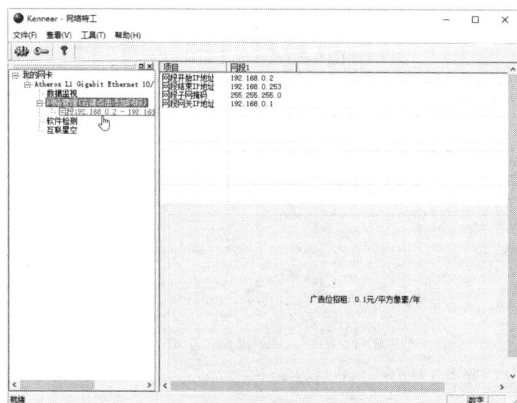

图 10-48 查看新添加的网段

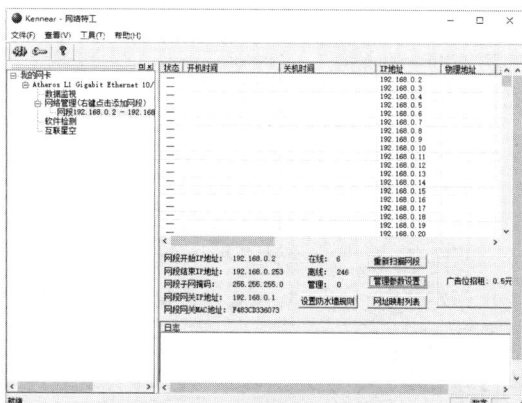

图 10-49 查看网段中所有的信息

步骤07 单击其中的"管理参数设置"按钮，弹出"网段参数设置"对话框，在其中可以对各个网络参数进行设置，如图 10-50 所示。

步骤08 单击"网址映射列表"按钮，弹出"网址映射列表"对话框，如图 10-51 所示。

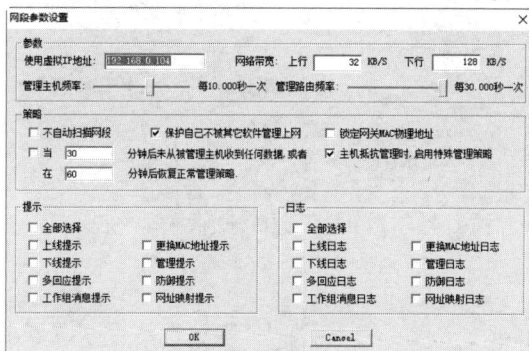

图 10-50　"网段参数设置"对话框

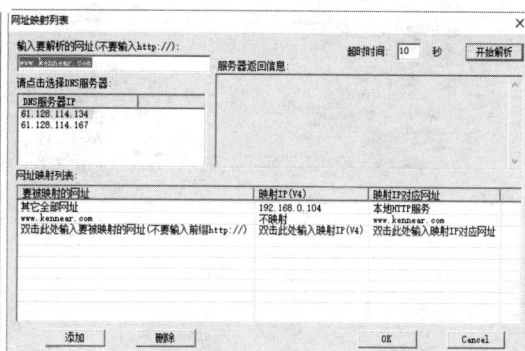

图 10-51　"网址映射列表"对话框

步骤09 在"DNS 服务器 IP"列表框中选中要解析的 DNS 服务器后，单击"开始解析"按钮，即可对选中的 DNS 服务器进行解析。解析完毕后，即可看到该域名对应的主机地址等属性，如图 10-52 所示。

步骤10 在"网络特工"主窗口左边的列表框中选择"互联星空"选项，即可打开"互联星空"窗口，在其中可以进行扫描端口和 DHCP 服务操作，如图 10-53 所示。

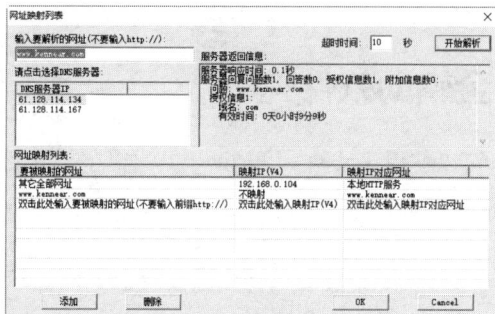

图 10-52　解析 DNS 服务器

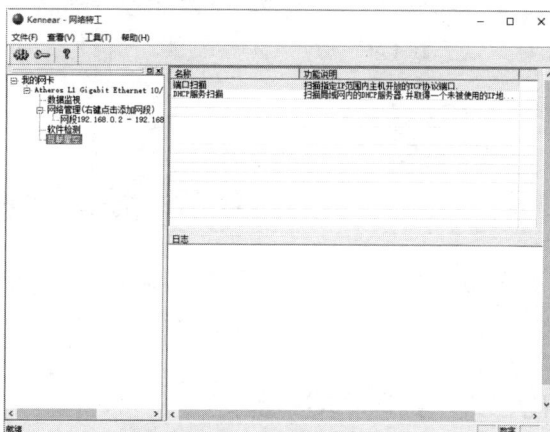

图 10-53　"互联星空"窗口

步骤11 在右边的列表框中选择"端口扫描"选项，单击"开始"按钮，弹出"端口扫描参数设置"对话框，如图 10-54 所示。

步骤12 设置起始 IP 和结束 IP，单击"常用端口"按钮，即可将常用的端口显示在"端口列表"列表框中，如图 10-55 所示。

步骤13 单击"OK"按钮，即可进行扫描端口操作，在扫描的同时，将扫描结果显示在下面的"日志"列表框中，在其中可以看到各个主机开启的端口，如图 10-56 所示。

步骤14 在"互联星空"窗口右边的列表框中选择"DHCP 服务扫描"选项，单击"开始"按钮，即可进行 DHCP 服务扫描操作，如图 10-57 所示。

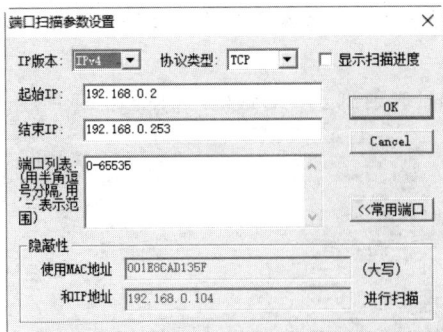

图 10-54　"端口扫描参数设置"对话框

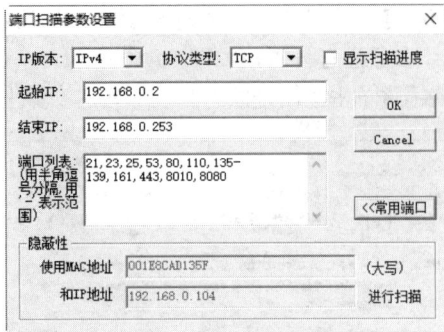

图 10-55　端口列表信息

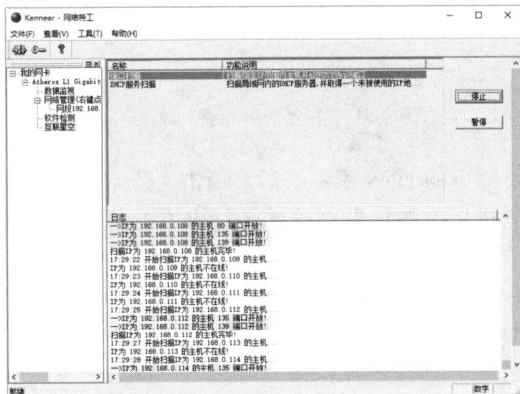

图 10-56　查看主机开启的端口

图 10-57　扫描 DHCP 服务

10.3　局域网安全辅助软件

面对黑客针对局域网的各种攻击，局域网管理者可以使用局域网安全辅助工具来对整个局域网进行管理。

10.3.1　长角牛网络监控机

长角牛网络监控机（网络执法官）只需在一台机器上运行，即可穿透防火墙，实时监控、记录整个局域网的用户上线情况，可限制各用户上线时所用的 IP、时段，并可将非法用户踢下局域网。该软件的适用范围为局域网内部，不能对网关或路由器外的机器进行监视或管理，适合局域网管理员使用。

1. 查看主机信息

利用该工具可以查看局域网中各个主机的信息，如用户属性、在线记录、记录查询等，具体的操作步骤如下：

步骤01 下载并安装"长角牛网络监控机"软件后，选择"开始"→"所有应用"→"Netrobocop"命令，弹出"设置监控范围"对话框，如图 10-58 所示。

步骤02 设置完网卡、子网、扫描范围等属性后，单击"添加 / 修改"按钮，即可将设置的扫描范围添加到"监控如下子网及 IP 段"列表框中，如图 10-59 所示。

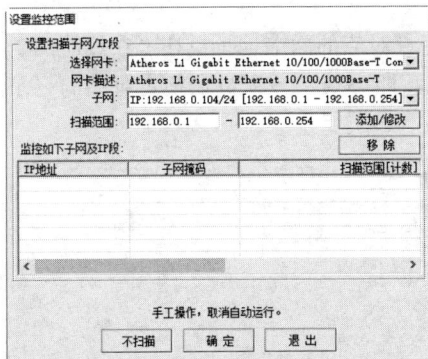

图 10-58　"设置监控范围"对话框

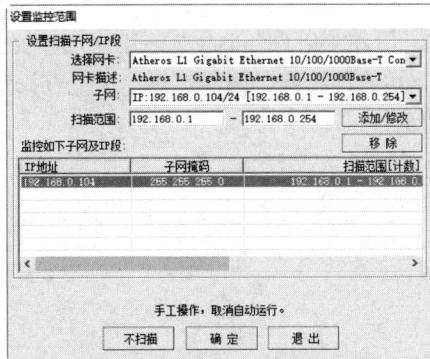

图 10-59　添加监控范围

步骤03 选中刚添加的 IP 段，单击"确定"按钮，即可打开"长角牛网络监控机"主窗口，在其中可以看到设置 IP 地址段内的主机的各种信息，如网卡权限及地址、IP 地址、上线时间等，如图 10-60 所示。

步骤04 在"长角牛网络监控机"窗口的计算机列表框中双击需要查看的对象，弹出"用户属性"对话框，如图 10-61 所示。

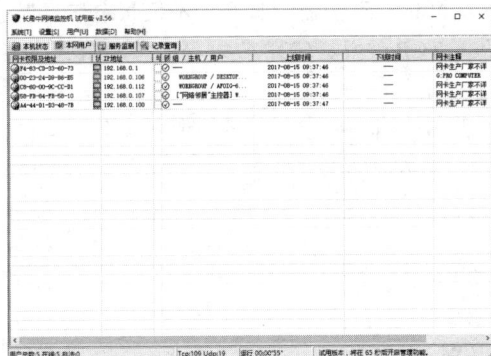

图 10-60　查看扫描信息

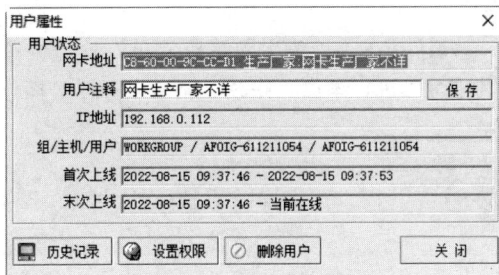

图 10-61　"用户属性"对话框

步骤05 单击"历史记录"按钮，弹出"在线记录"对话框，在其中查看该计算机的上线情况，如图 10-62 所示。

步骤06 单击"导出"按钮，即可将该计算机的上线记录保存为文本文件，如图 10-63 所示。

图 10-62　查看上线情况

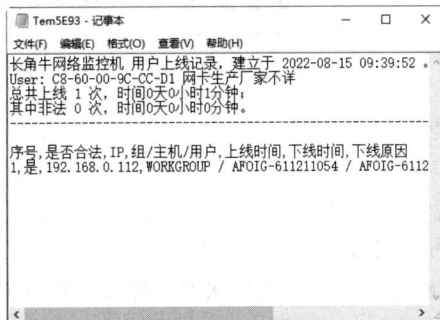

图 10-63　保存为文本文件

步骤07 在"长角牛网络监控机"窗口中单击"记录查询"按钮，打开"记录查询"窗口，如图 10-64 所示。

步骤08 在"用户"下拉列表框中选择要查询用户对应的网卡地址；在"在线时间"文本框中设置该用户的在线时间，然后单击"查找"按钮，即可找到该主机在指定时间的记录，如图 10-65 所示。

图 10-64 "记录查询"窗口

图 10-65 显示指定时间的记录

步骤09 在"长角牛网络监控机"窗口中单击"本机状态"按钮，打开"本机状态信息"窗口。在其中可以看到本机计算机的网卡参数、IP 收发、TCP 收发、UDP 收发等信息，如图 10-66 所示。

步骤10 在"长角牛网络监控机"窗口中单击"服务监测"按钮，打开"服务监测"窗口，在其中可以进行添加、修改、删除服务器等操作，如图 10-67 所示。

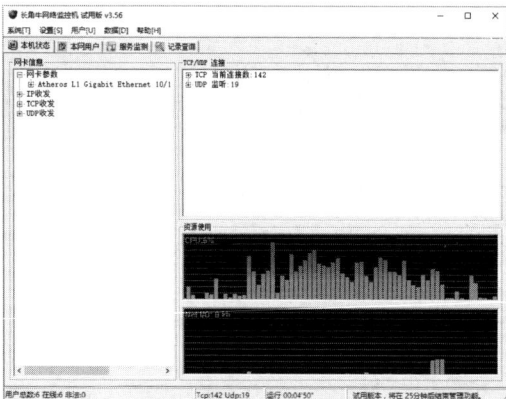

图 10-66 "本机状态信息"窗口

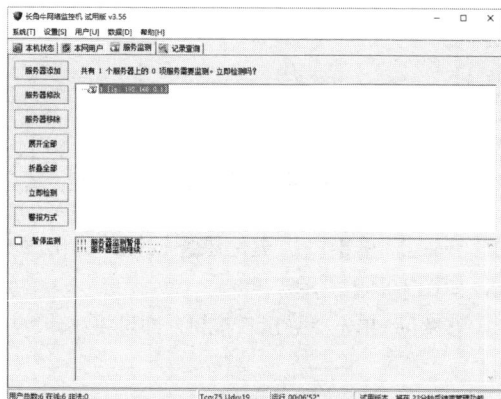

图 10-67 "服务监测"窗口

2. 设置局域网

除了收集局域网内各个计算机的信息，"长角牛网络监控机"工具还可以对局域网中的各个计算机进行网络管理，可以在局域网内的任意一台计算机上安装该软件，实现对整个局域网内的计算机进行管理。具体的操作步骤如下：

步骤01 在"长角牛网络监控机"窗口中选择"设置"→"关键主机组"命令，弹出"关键主机组设置"对话框，在"选择关键主机组"下拉列表框中选择相应的主机组，并在"组名称"

文本框中输入相应的名称，再在"组内 IP"列表框中输入相应的 IP 组。最后，单击"全部保存"按钮，即可完成关键主机组的设置操作，如图 10-68 所示。

步骤02 在"长角牛网络监控机"窗口中选择"设置"→"默认权限"命令，弹出"用户权限设置"对话框，选中"受限用户，若违反以下权限将被管理"单选按钮，设置"IP 限制""时间限制"和"组 / 主机 / 用户名限制"等选项。这样，当目标计算机与局域网连接时，"长角牛网络监控机"将按照设定的选项对该计算机进行管理，如图 10-69 所示。

图 10-68 "关键主机组设置"对话框

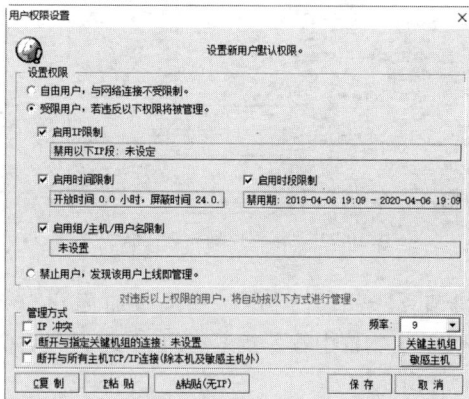

图 10-69 "用户权限设置"对话框

步骤03 选择"设置"→"IP 保护"命令，弹出"IP 保护"对话框。在其中设置要保护的 IP 段后，单击"添加"按钮，即可将该 IP 段添加到"已受保护的 IP 段"列表框中，如图 10-70 所示。

步骤04 选择"设置"→"敏感主机"命令，弹出"设置敏感主机"对话框，在"敏感主机 MAC"文本框中输入目标主机的 MAC 地址，单击 >> 按钮，即可将该主机设置为敏感主机，如图 10-71 所示。

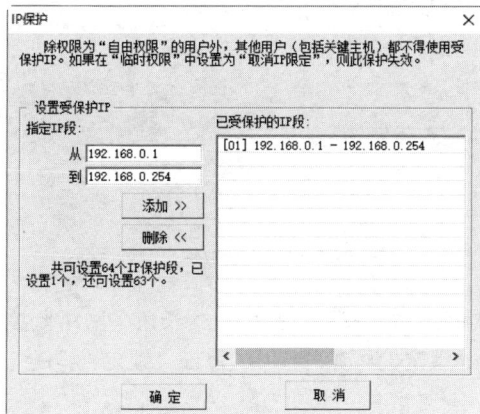

图 10-70 "IP 保护"对话框

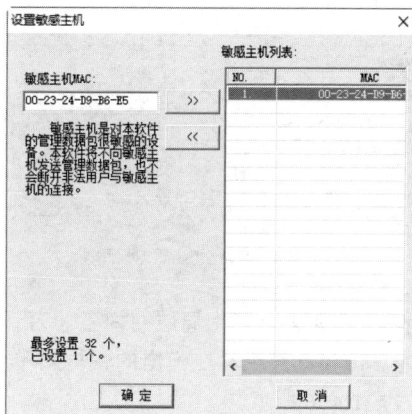

图 10-71 "设置敏感主机"对话框

步骤05 选择"设置"→"远程控制"命令，弹出"远程控制"对话框，在其中选择"接受远程命令"复选框，并输入目标主机的 IP 地址和口令，即可对该主机进行远程控制，如图 10-72 所示。

步骤06 选择"设置"→"主机保护"命令，弹出"主机保护"对话框，选择"启用主机保

护"复选框，输入要保护主机的 IP 地址和网卡地址，单击"加入"按钮，即可将该主机添加到
"受保护主机"列表框中，如图 10-73 所示。

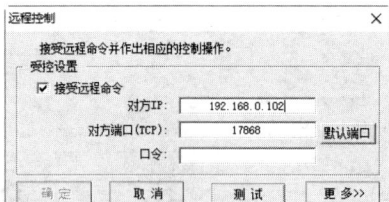

图 10-72　"远程控制"对话框

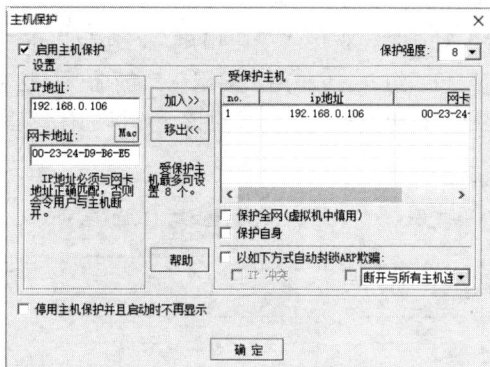

图 10-73　"主机保护"对话框

步骤 07 选择"用户"→"添加用户"命令，弹出"New user（新用户）"对话框，在
"MAC"文本框中输入新用户的 MAC 地址，单击"保存"按钮，即可实现添加新用户操作，如
图 10-74 所示。

步骤 08 选择"用户"→"远程添加"命令，弹出"远程获取用户"对话框，在其中输入远
程计算机的 IP 地址、数据库名称、登录名称及口令，单击"连接数据库"按钮，即可从该远程主
机中读取用户，如图 10-75 所示。

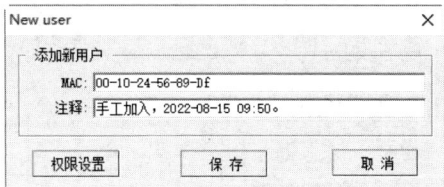

图 10-74　"New user"对话框

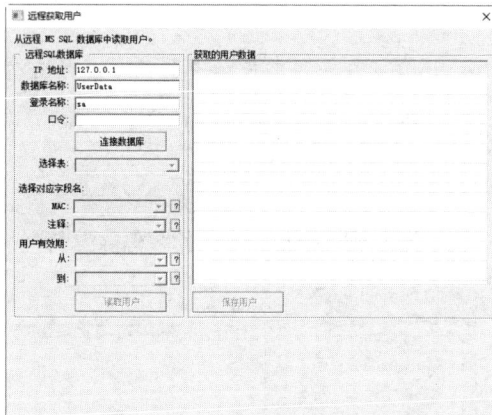

图 10-75　"远程获取用户"对话框

步骤 09 如果要禁止局域网内某一台计算机的网络访问权限，则可在"长角牛网络监控机"
窗口内右击该计算机，在弹出的快捷菜单中选择"锁定 / 解锁"选项，弹出"锁定 / 解锁"对话
框，如图 10-76 所示。

步骤 10 在其中选择目标计算机与其他计算机（或关键主机组）的连接方式后，单击"确
定"按钮，即可禁止该计算机访问相应的连接，如图 10-77 所示。

步骤 11 在"长角牛网络监控机"窗口内右击某台计算机，在弹出的快捷菜单中选择"手
工管理"命令，弹出"手工管理"对话框，在其中可以手动设置对该计算机的管理方式，如
图 10-78 所示。

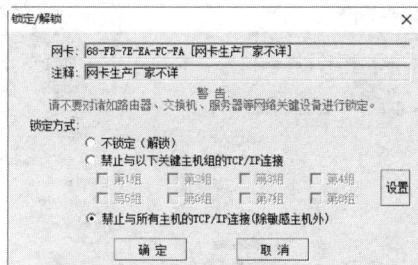

图 10-76　"锁定 / 解锁"对话框

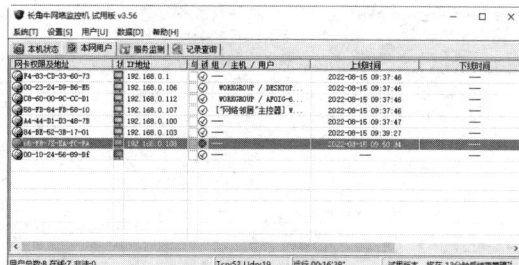

图 10-77　禁止访问相应的连接

步骤12 在"长角牛网络监控机"工具中还可以给指定的主机发送消息。在"长角牛网络监控机"窗口内右击某台计算机，在弹出的快捷菜单中选择"发送消息"命令，弹出"Send message（发送消息）"对话框，在其中输入要发送的消息后，单击"发送"按钮，即可给该主机发送指定的消息，如图 10-79 所示。

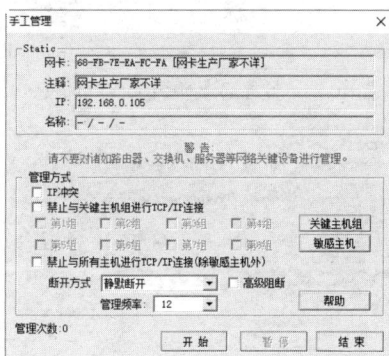

图 10-78　"手工管理"对话框

图 10-79　"Send message"对话框

10.3.2　大势至局域网安全卫士

大势至局域网安全卫士是一款专业的局域网安全防护系统，它能够有效地防止外来计算机接入公司局域网，有效隔离局域网计算机，并且还有禁止计算机修改 IP 和 MAC 地址、检测局域网混杂模式网卡、防御局域网 ARP 攻击等功能。

使用大势至局域网安全卫士防护系统安全的具体操作步骤如下：

步骤01 下载并安装大势至局域网安全卫士，打开"大势至局域网安全卫士"工作界面，如图 10-80 所示。

步骤02 单击"开始监控"按钮，即可开始监控当前局域网中的计算机信息，对于局域网外的计算机将显示在"黑名单"列表框中，如图 10-81 所示。

步骤03 如果确定某台计算机是局域网内的计算机，则可以在"黑名单"列表框中选中该计算机信息，然后单击"移至白名单"按钮，将其移动到"白名单"列表框中，如图 10-82 所示。

步骤04 单击"自动隔离局域网无线路由器"右侧的"检测"按钮，可以检测当前局域网中存在的无线路由器设备信息，并在"网络安全事件"列表框中显示检测结果，如图 10-83 所示。

步骤05 单击"查看历史记录"按钮，打开"IPMAC- 记事本"窗口，在其中可以查看检测结果，如图 10-84 所示。

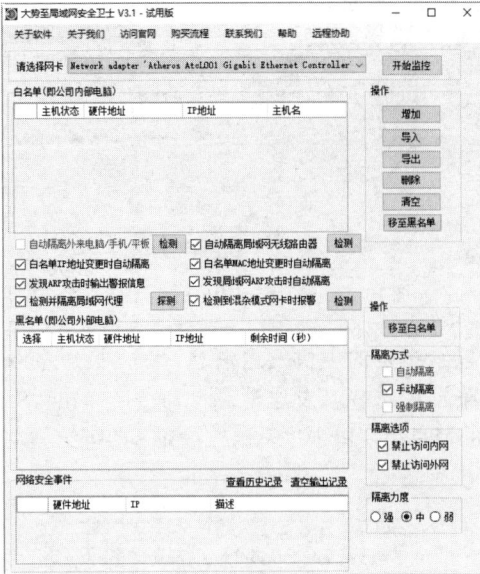

图 10-80　"大势至局域网安全卫士"工作界面

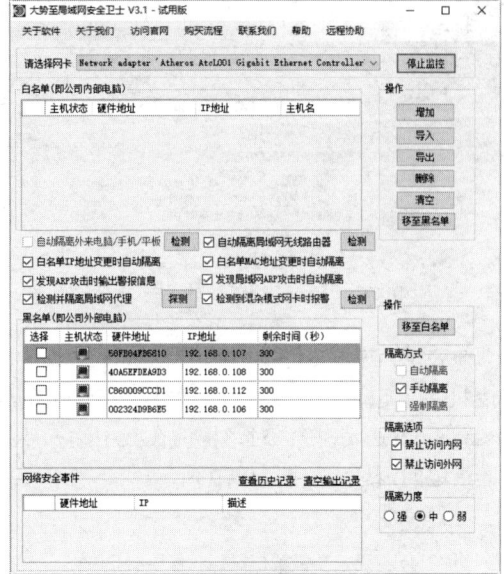

图 10-81　监控局域网中的计算机信息

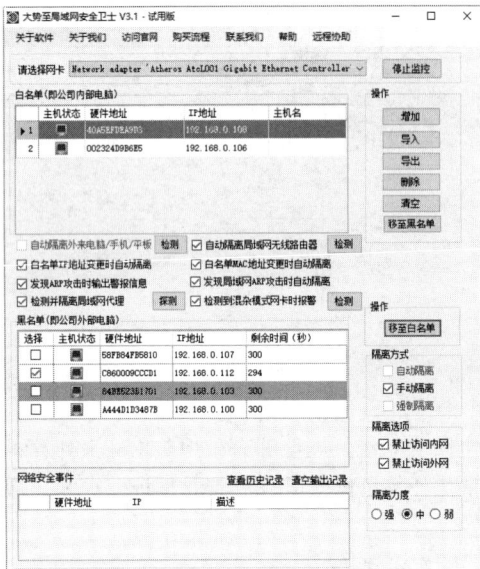

图 10-82　移至"白名单"列表框中

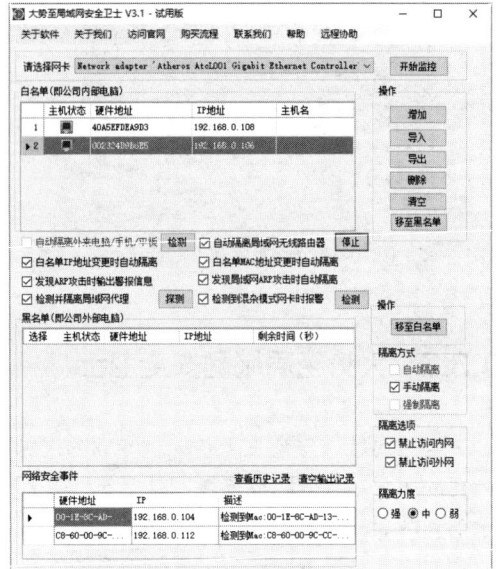

图 10-83　显示检测结果

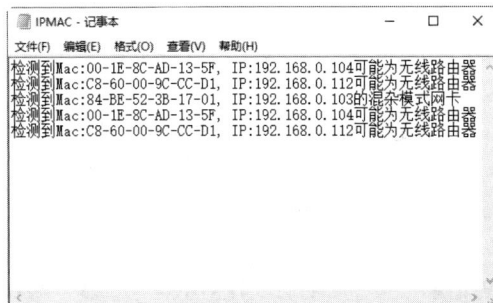

图 10-84　"IPMAC-记事本"窗口

10.4　无线局域网防护工具

无线网络是利用电磁波作为数据传输的媒介，就应用层面而言，与有线网络的用途相似，最大的不同是传输信息的媒介不同。

10.4.1　测试无线网络的速度

当遇到网络不稳定或速度不足时，进行网速测试是第一步。通过测试网速，用户可以清晰地掌握下载速度和上传速度，定期测试网速有助于监控网络性能。

在 Windows 中可以通过任务管理器查看网络的速度，具体的操作步骤如下：

步骤01 在任务栏空白区域右击，在弹出的快捷菜单中选择"任务管理器"命令，打开"任务管理器"窗口，如图 10-85 所示。

步骤02 选择"性能"选项卡，然后单击要查看网速的以太网或 Wi-Fi，在右侧的显示区域中会显示该网卡的实时速度，如图 10-86 所示。

图 10-85　"任务管理器"窗口

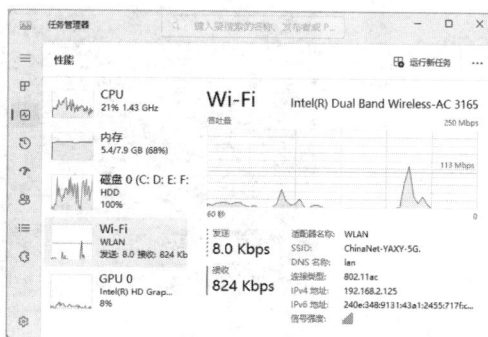

图 10-86　"性能"选项卡

另外，也可以使用浏览器在线测速工具进行网速测试，具体的操作步骤如下：

步骤01 在浏览器中输入"测速网"或"speedtest.net"等关键词，进入在线测速网站的官网，如图 10-87 所示。

步骤02 单击"测速"按钮，弹出一个信息提示框，显示为检测真实网络状况所给出的建议，如图 10-88 所示。

图 10-87　在线测速网站

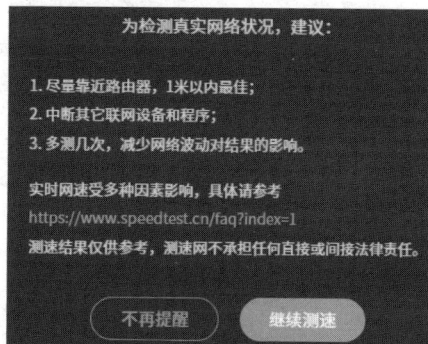

图 10-88　信息提示框

步骤03 单击"继续测速"按钮，即可开始测速，包括下载速度、上传速度等信息，如图 10-89 所示。

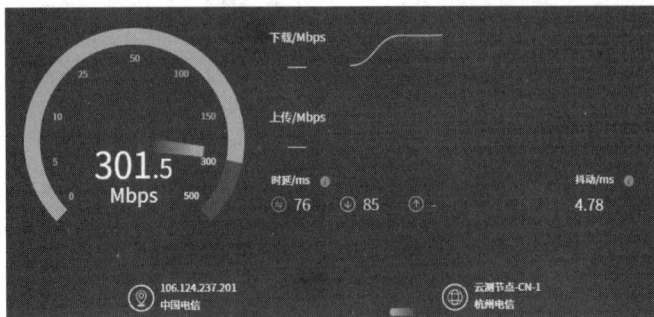

图 10-89　开始测速

步骤04 等待测试完成后，测试结果会显示网络速度，通常以 Mbps（兆比特每秒）为单位，如图 10-90 所示。

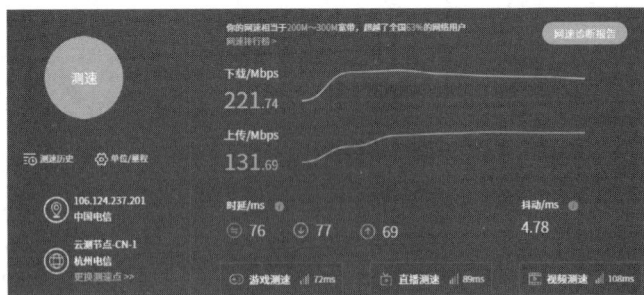

图 10-90　测试结果

步骤05 单击测试结果右上角的"网速诊断报告"按钮，即可打开诊断报告，如图 10-91 所示。

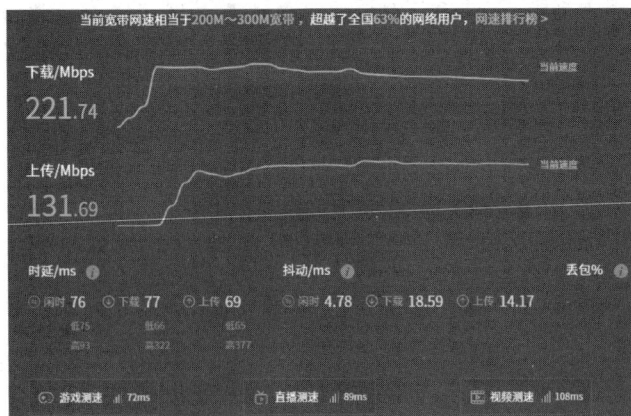

图 10-91　诊断报告

10.4.2　组建无线局域网

建立无线局域网的第一步是配置无线路由器，默认情况下，具有无线功能的路由器是不开启无线功能的，需要用户手动配置。开启了路由器的无线功能后，下面就可以配置无线网了。

使用计算机配置无线网的具体操作步骤如下：

步骤01 打开 IE 浏览器，在地址栏中输入路由器的网址，一般情况下路由器的默认网址为"192.168.0.1"，输入完毕后单击"转至"按钮，即可打开路由器的登录窗口，如图 10-92 所示。

步骤02 在"密码"文本框中输入管理员的密码，默认情况下为"123456"，如图 10-93 所示。

图 10-92　路由器登录窗口

图 10-93　输入管理员的密码

步骤03 单击"登录"按钮，即可进入路由器的"运行状态"工作界面，在其中可以查看路由器的基本信息，如图 10-94 所示。

步骤04 选择窗口上侧的"Wi-Fi 设置"选项，在打开的子选项中选择"基本设置"选项，即可在右侧的窗格中显示无线设置的基本功能，如图 10-95 所示。

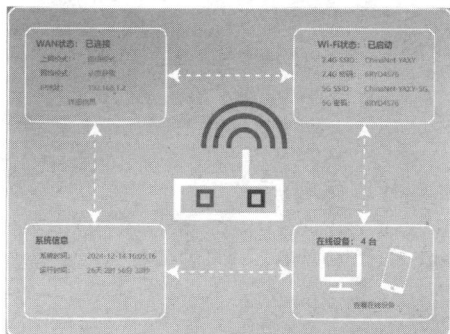

图 10-94　"运行状态"工作界面

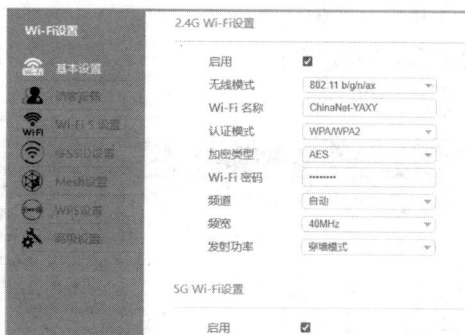

图 10-95　无线设置的基本功能

步骤05 当启用了路由器的无线功能后，单击"保存设置"按钮进行保存，然后重新启动路由器，即可完成无线网的设置。这样具有 Wi-Fi 功能的手机、计算机、iPad 等电子设备就可以与路由器进行无线连接，从而实现共享上网，如图 10-96 所示。

10.4.3　设置局域网管理员密码

路由器的初始密码比较简单，为了保证局域

图 10-96　完成无线网设置

网的安全，一般需要修改或设置管理员密码，具体的操作步骤如下：

步骤01 打开路由器的 Web 后台设置界面，选择"高级设置"选项下的"管理密码"选项，打开"管理密码"工作界面，如图 10-97 所示。

步骤02 在"新密码"和"确认密码"文本框中输入新设置的密码，最后单击"保存设置"按钮即可，如图 10-98 所示。

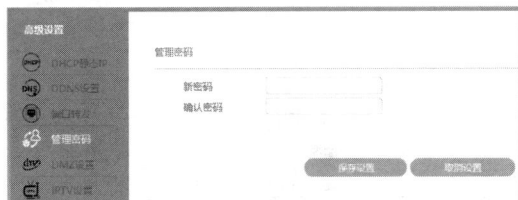

图 10-97 "管理密码"工作界面

图 10-98 输入密码

10.4.4 360 路由器卫士

使用无线路由管理工具可以方便地管理无线网络中的上网设备。360 路由器卫士是一款由 360 官方推出的绿色免费的家庭必备无线网络管理工具。360 路由器卫士软件功能强大，支持几乎所有的路由器。在管理的过程中，一旦发现蹭网设备想踢就踢。下面介绍使用 360 路由器卫士管理网络的操作方法。

步骤01 下载并安装 360 路由器卫士，双击桌面上的快捷图标，打开"路由器卫士"工作界面，提示用户正在连接路由器，如图 10-99 所示。

步骤02 连接成功后，弹出"路由器卫士提醒您"对话框，在其中输入路由器账号和路由密码，如图 10-100 所示。

图 10-99 "路由器卫士"工作界面

图 10-100 输入路由器账号和路由密码

步骤03 单击"下一步"按钮，进入"我的路由"工作界面，在其中可以看到当前的在线设备，如图 10-101 所示。

步骤04 如果想要对某个设备限速，则可以单击设备后的"限速"按钮，弹出"限速"对话框，在其中设置设备的上传速度与下载速度，设置完毕后单击"确认"按钮，即可保存设置，如图 10-102 所示。

步骤05 在管理的过程中，一旦发现有蹭网设备，可以单击该设备后的"禁止上网"按钮，如图 10-103 所示。

图 10-101　"我的路由"工作界面

图 10-102　"限速"对话框

步骤06 禁止上网后，选择"黑名单"选项卡，进入"黑名单"设置界面，在其中可以看到被禁止的上网设备，如图 10-104 所示。

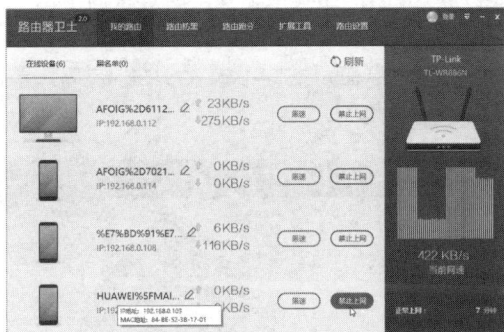

图 10-103　禁止不明设备上网

图 10-104　"黑名单"设置界面

步骤07 选择"路由防黑"选项卡，进入"路由防黑"设置界面，在其中可以对路由器进行防黑检测，如图 10-105 所示。

步骤08 单击"立即检测"按钮，即可开始对路由器进行检测，并给出检测结果，如图 10-106 所示。

图 10-105　"路由防黑"设置界面

图 10-106　检测结果

步骤09 选择"路由设置"选项卡，进入"路由设置"设置界面，在其中可以对宽带上网、Wi-Fi 密码、路由器密码等选项进行设置，如图 10-107 所示。

步骤10 选择"路由时光机"选项，在打开的界面中单击"立即开启"按钮，打开"时光机开启"设置界面，在其中输入 360 账号与密码，然后单击"立即登录并开启"按钮，即可开启时光机，如图 10-108 所示。

图 10-107 "路由设置"工作界面

图 10-108 "时光机开启"设置界面

步骤11 选择"宽带上网"选项，进入"宽带上网"界面，在其中输入网络运营商给出的上网账号与密码，单击"保存设置"按钮，即可保存设置，如图 10-109 所示。

步骤12 选择"Wi-Fi 密码"选项，进入"Wi-Fi 密码"界面，在其中输入 Wi-Fi 密码，单击"保存设置"按钮，即可保存设置，如图 10-110 所示。

图 10-109 "宽带上网"界面

图 10-110 "Wi-Fi 密码"界面

步骤13 选择"路由器密码"选项，进入"路由器密码"界面，在其中输入路由器密码，单击"保存设置"按钮，即可保存设置，如图 10-111 所示。

步骤14 选择"重启路由器"选项，进入"重启路由器"界面，单击"重启"按钮，即可对当前路由器进行重启操作，如图 10-112 所示。

图 10-111 "路由器密码"界面

图 10-112 "重启路由器"界面

10.5　实战演练

10.5.1　实战 1：将计算机转变为无线热点

Windows 允许将计算机转变为无线热点，以便其他设备可以通过你的计算机连接到因特网。将计算机转变为无线热点的具体操作步骤如下：

步骤 01 右击"开始"按钮，在弹出的快捷菜单中选择"设置"命令，如图 10-113 所示。

步骤 02 打开"设置"窗口，选择"网络和 Internet"选项，进入"网络和 Internet"窗口，将"移动热点"设置为开启状态，如图 10-114 所示。

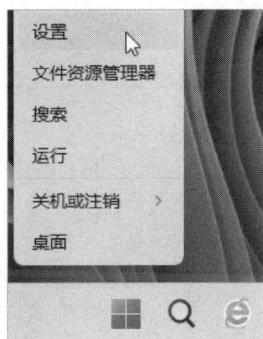

图 10-113　选择"设置"命令

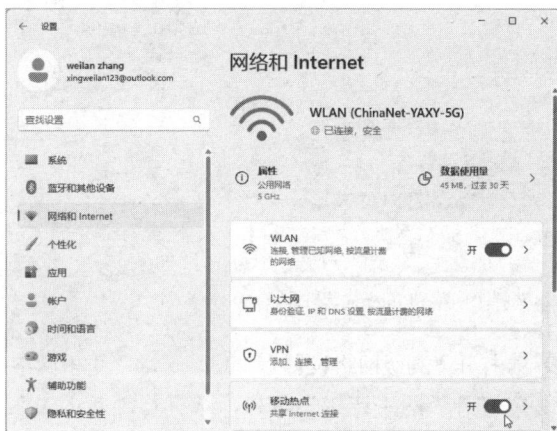

图 10-114　开启移动热点

步骤 03 单击"开"按钮右侧的"＞"按钮，进入"移动热点"窗口，在其中可以看到移动热点的网络属性，如图 10-115 所示。

步骤 04 使用手机搜索计算机的热点，这里计算机热点的名称为"MYCOMPUTER 1873"，然后在手机中输入这个热点的密码，这时就可以在"属性"信息中看到已经连接的设备信息，如图 10-116 所示。

图 10-115　"移动热点"窗口

图 10-116　连接计算机热点

10.5.2 实战 2：查看已连接的 Wi-Fi 密码

通过"网络和 Internet"窗口可以查看计算机已连接的 Wi-Fi 密码，具体的操作步骤如下：

步骤 01 右击任务栏上的网络图标，在弹出的快捷菜单中选择"网络和 Internet 设置"命令，如图 10-117 所示。

步骤 02 打开"网络和 Internet"窗口，选择"高级网络设置"选项，如图 10-118 所示。

图 10-117　选择"网络和 Internet 设置"命令　　　　图 10-118　"网络和 Internet"窗口

步骤 03 打开"高级网络设置"窗口，选项"更多网络适配器选项"选项，如图 10-119 所示。

步骤 04 打开"网络连接"窗口，选择已连接的 WLAN 并右击，在弹出的快捷菜单中选择"状态"命令，如图 10-120 所示。

图 10-119　"高级网络设置"窗口　　　　　　　　　图 10-120　选择"状态"命令

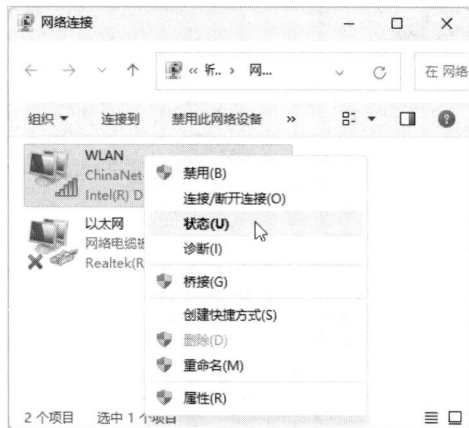

步骤 05 弹出"WLAN 状态"对话框，在其中可以查看当前网络连接的状态，如图 10-121 所示。

步骤 06 单击"无线属性"按钮，弹出"无线网络属性"对话框，选择"安全"选项卡，选择"显示字符"复选框，即可在"网络安全密钥"文本框中显示 Wi-Fi 密码，如图 10-122 所示。

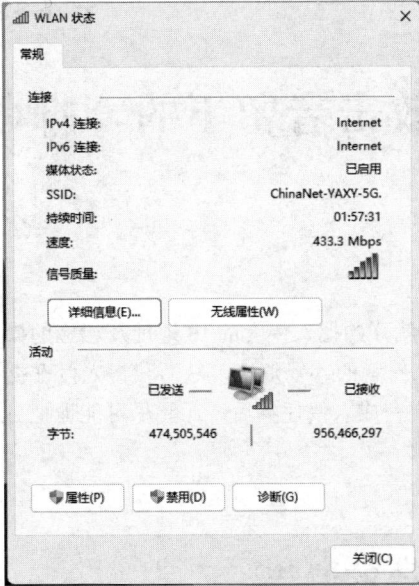

图 10-121　查看网络连接状态

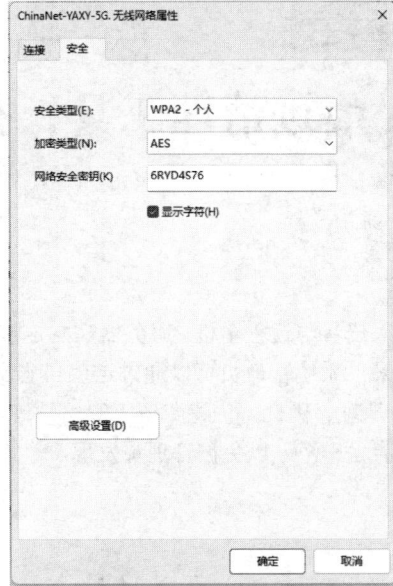

图 10-122　显示 Wi-Fi 密码

第 11 章

入侵痕迹清理工具，抹去攻击者留下的"脚印"

从入侵者与远程主机 / 服务器建立连接起，系统就开始把入侵者的 IP 地址及相应的操作事件记录下来，系统管理员可以通过这些日志文件找到入侵者的入侵痕迹，从而获得入侵证据及入侵者的 IP 地址。因此，为避免留下蛛丝马迹，入侵者在完成入侵任务后，还要尽可能地把自己的入侵痕迹清除干净，以免被管理员发现。

11.1　入侵痕迹的追踪

随着网络应用技术的发展，如何保护网络生活的隐私越来越引起了人们的重视，有什么办法可以使用户躲避多变的网络追踪和攻击呢？实际上，使用好代理工具，实现通过跳板访问网络，就可以轻松实现这一目标。

11.1.1　定位 IP 物理地址

在网络管理中，常常需要精确地定位某个 IP 地址的所在地，实际上，使用一些简单命令和方法即可完成 IP 地址的地位。下面介绍使用网站定位 IP 物理地址的方法，具体的操作步骤如下：

步骤01 打开一个 IP 地址查询网站，这里打开 http://www.ip.cn 网站。如果要查找已知的 IP 地址，直接在"请输入 IP 地址"文本框中输入要查找的 IP 地址，如图 11-1 所示。

步骤02 单击"查询"按钮，即可得到查询 IP 地址的物理位置信息，如图 11-2 所示。

图 11-1　输入 IP 地址

图 11-2　查询得到的物理位置信息

11.1.2　使用网络追踪器追踪信息

NeoTrace Pro v3.25（网络追踪器）是一款非常受欢迎的网络路由追踪软件，用户可以只输入远程计算机的 E-mail、IP 位置或超链接 URL 位置等，该软件会自动帮助用户显示介于本机计算机与远端机器之间的所有节点与相关的登记资讯。

使用 NeoTrace Pro v3.25 追踪信息的具体操作步骤如下：

步骤01 双击桌面上的"NeroTrace Pro"应用程序图标，即可进入其主操作界面，在"Target（目标）"文本框中输入想要追踪的网址，例如，这里输入"www.baidu.com"，如图 11-3 所示。

步骤02 单击右侧的"go"按钮，即可开始进入追踪状态，如图 11-4 所示。

步骤03 扫描完毕后，单击"Map View"右侧的下拉按钮，在打开的下拉列表框中选择"List View"选项，如图 11-5 所示。

图 11-3　输入想要追踪的网址

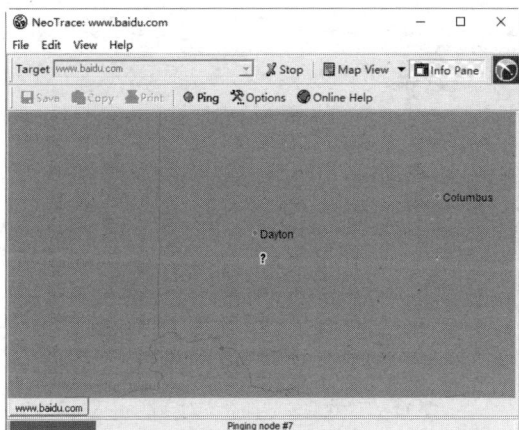

图 11-4　进入追踪状态

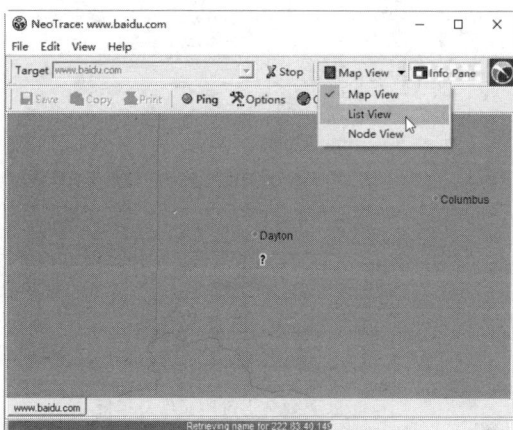

图 11-5　选择"List View"选项

步骤04 这样在"NeroTrace Pro"工作界面的左侧窗格中将显示追踪的详细列表，如图 11-6 所示。

步骤05 单击"Map View"右侧的下拉按钮，在打开的下拉列表框中选择"Node View"选项，即可以 Node View 的方式显示追踪结果，如图 11-7 所示。

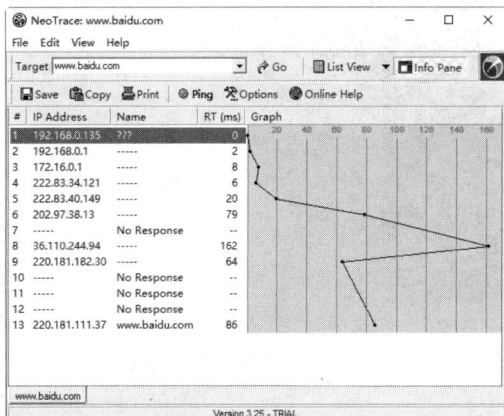

图 11-6　显示追踪的详细列表

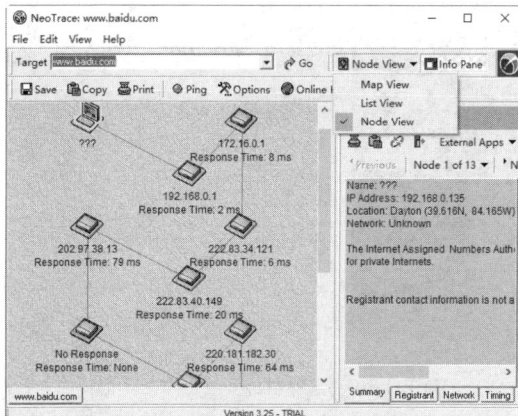

图 11-7　以 Node View 方式显示追踪结果

11.2 日志分析工具

WebTrends 是一款非常好的日志分析软件，它可以很方便地生成日报、周报和月报等，并有多种图表生成方式，如柱状图、曲线图、饼图等。

11.2.1 安装日志分析工具

在使用 WebTrends 软件之前，先安装它，具体的操作步骤如下：

步骤01 下载并双击"WebTrends"安装程序图标，弹出"License Agreement（安装许可协议）"对话框，如图 11-8 所示。

步骤02 在认真阅读安装许可协议后，单击"Accept（同意）"按钮，弹出"Welcome!（欢迎安装向导）"对话框，在"Please select from the following options（请从以下选项中选择）"选项组中选中"Install a time limited trial（安装有时间限制）"单选按钮，如图 11-9 所示。

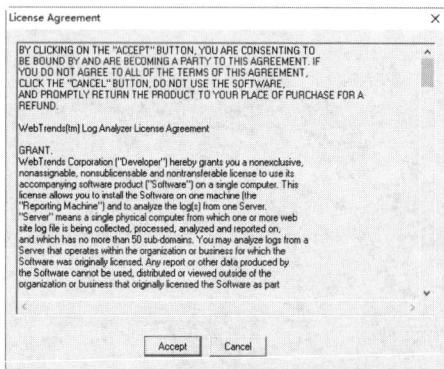

图 11-8 "安装许可协议"对话框　　　　图 11-9 "欢迎安装向导"对话框

步骤03 单击"Next"按钮，弹出"Select Destination Directory（选择目标安装位置）"对话框，在其中选择目标程序安装的位置，如图 11-10 所示。

步骤04 选择好需要安装的位置后，单击"Next"按钮，弹出"Ready to Install（准备安装）"对话框，在其中可以看到安装的信息，如图 11-11 所示。

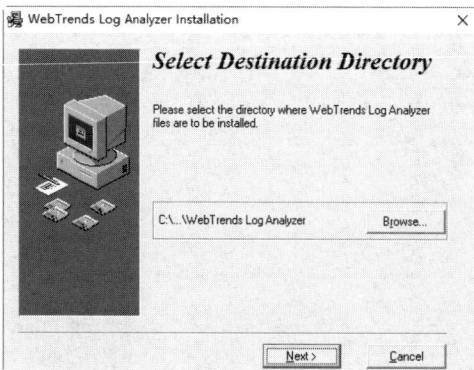

图 11-10 "选择目标安装位置"对话框　　　　图 11-11 "准备安装"对话框

步骤 05 单击"Next"按钮，弹出"Installing（正在安装）"对话框，在其中可以看到安装的状态并显示安装进度条，如图 11-12 所示。

步骤 06 安装完成后，弹出"Installation Completed!（安装完成）"对话框，单击"Finish"按钮，即可完成整个安装过程，如图 11-13 所示。

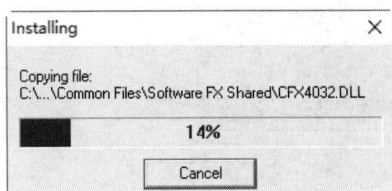

图 11-12　"正在安装"对话框

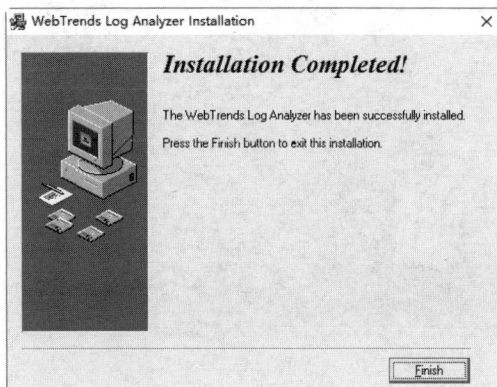

图 11-13　"安装完成"对话框

11.2.2　创建日志站点

另外，在使用 WebTrends 之前，用户还必须先建立一个新的站点，在 WebTrends 中创建日志站点的具体操作步骤如下：

步骤 01 WebTrends 安装完成后，选择"开始"→"所有程序"→"WebTrends Log Analyzer"命令，弹出"WebTrends Product Licensing（输入序列号）"对话框，在其中输入序列号，如图 11-14 所示。

步骤 02 单击"Submit（提交）"按钮，如果弹出"Successfully added serial number（添加序列号成功）"提示信息，则说明该序列号是可用的，如图 11-15 所示。

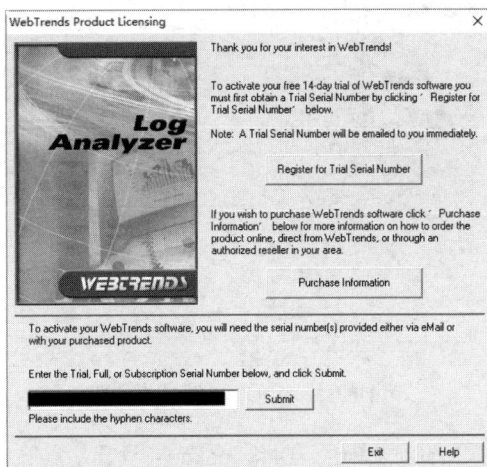

图 11-14　"输入序列号"对话框

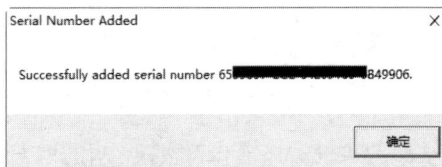

图 11-15　信息提示框

步骤 03 单击"确定"按钮，单击"Exit（退出）"按钮，即可打开"Professor WebTrends

（WebTrends 目录）"窗口，如图 11-16 所示。

步骤 04 单击"Start Using the Product（开始使用产品）"按钮，弹出"Registration（注册）"对话框，如图 11-17 所示。

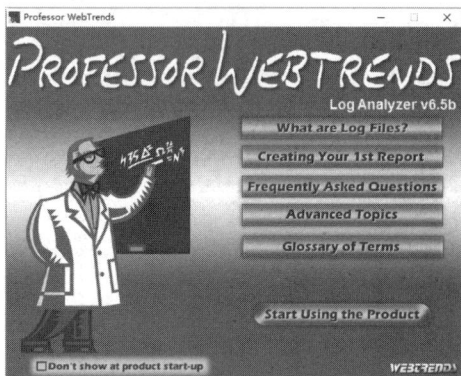

图 11-16 "WebTrends 目录"窗口

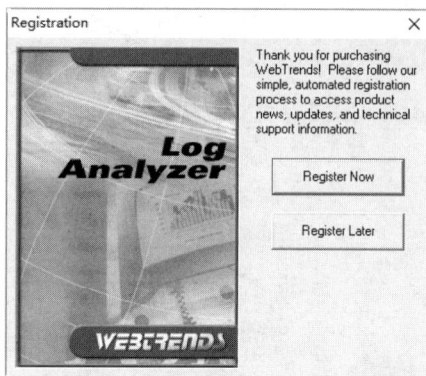

图 11-17 "注册"对话框

步骤 05 单击"Register Later（以后注册）"按钮，打开"WebTrends Log Analyzer"主窗口，如图 11-18 所示。

步骤 06 单击"New（新建）"按钮，弹出"Add Web Traffic Profile--Title, URL（添加站点日志—标题，URL）"对话框，在"Description（描述）"文本框中输入准备访问日志的服务器类型名称；在"Log File URL Path（日志文件 URL 路径）"下拉列表框中选择存放方式；在后面的文本框中输入相应的路径；在"Log File Format（日志文件格式）"下拉列表框中可以看到WebTrends 支持多种日志格式，这里选择"Auto-detect log File type（自动监听日志文件类型）"选项，如图 11-19 所示。

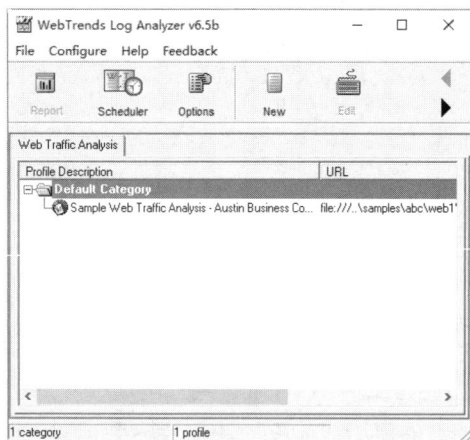

图 11-18 "WebTrends Log Analyzer"主窗口

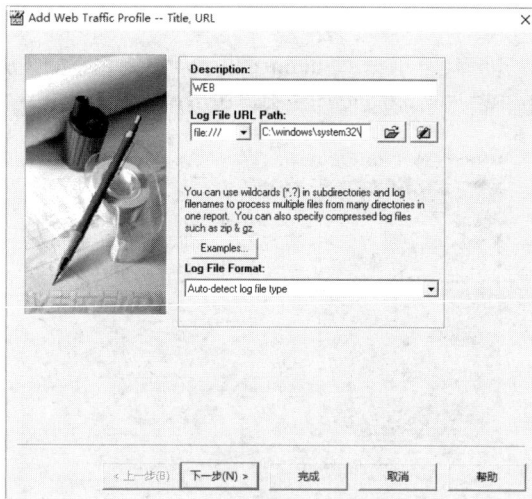

图 11-19 "添加站点日志"对话框

步骤 07 单击"下一步"按钮，弹出"Add Web Traffic Profile--DNS lookup（设置站点日志—查询 DNS）"对话框，在其中可以设置站点的日志 IP 采用查询 DNS 的方式，如图 11-20 所示。

步骤 08 单击"下一步"按钮，弹出"Add Web Traffic Profile--Home Page（设置站点日志—

站点首页）"对话框，在其中可以设置站点的首页文件和 URL 等属性，如图 11-21 所示。

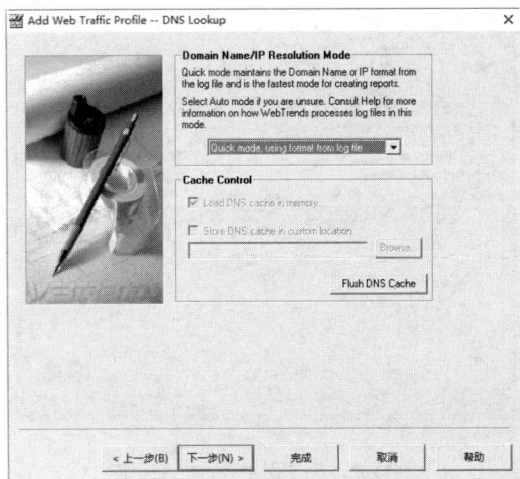

图 11-20　"查询 DNS"对话框

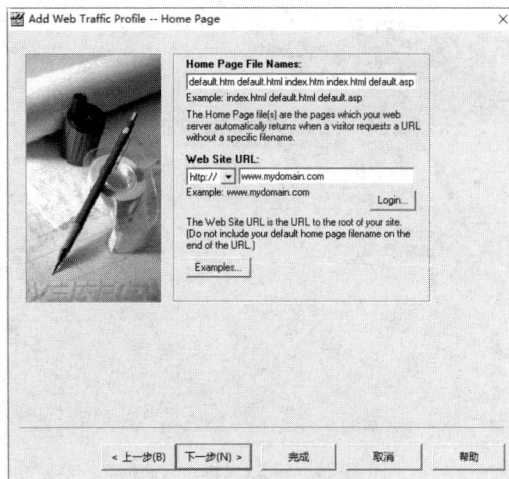

图 11-21　"站点首页"对话框

步骤09 单击"下一步"按钮，弹出"Add Web Traffic Profile--Filters（设置站点日志—过滤）"对话框，在其中需要设置 WebTrend 对站点中哪些类型的文件做日志，这里默认的是所有文件类型（Include all），如图 11-22 所示。

步骤10 单击"下一步"按钮，弹出"Add Web Traffic Profile--Database and Real-Time（设置站点日志—数据和真实时间）"对话框，在其中选择"Use FastTrends database（使用快速分析数据库）"复选框和"Analyze log file in real-time（在真实时间分析日志）"复选框，如图 11-23 所示。

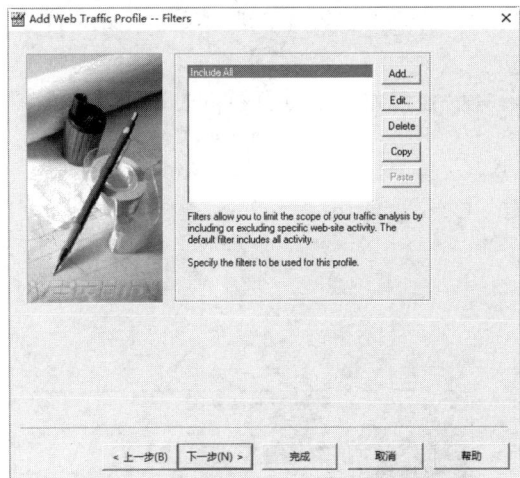

图 11-22　"过滤"对话框

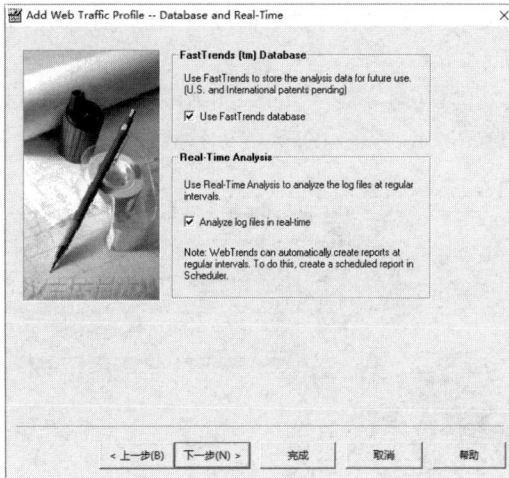

图 11-23　"数据和真实时间"对话框

步骤11 单击"下一步"按钮，弹出"Add Web Traffic Profile--Advanced FastTrends（设置站点日志—高级设置）"对话框，这里选择"Store Fast Trends database in default location（在本地保存快速生成的数据库）"复选框，如图 11-24 所示。

步骤12 单击"完成"按钮，即可完成创建日志站点操作，在"WebTrends Log Analyzer"窗口中可以看到新创建的 Web 站点，如图 11-25 所示。

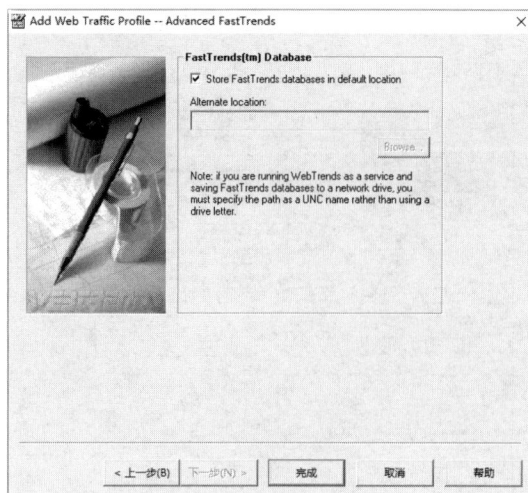

图 11-24 "高级设置"对话框

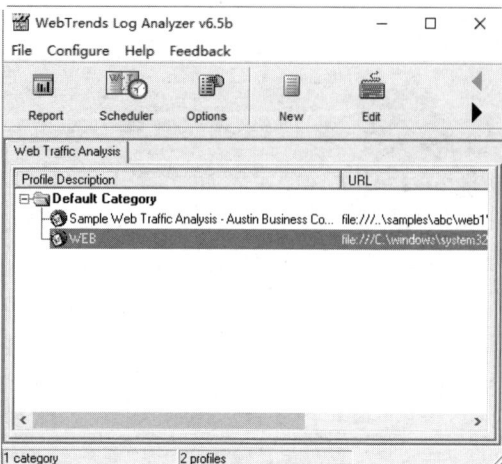

图 11-25 完成创建日志站点操作

11.2.3 生成日志报表

一个日志站点创建完成后，等待一定访问量后，就可以对指定的目标主机进行日志分析，并生成日志报表了，具体的操作步骤如下：

步骤01 在"WebTrends Log Analyzer"主窗口中单击"工具栏"中的"Report（报告）"按钮，弹出"Create Report（生成报告）"对话框，在"Report Range（报告类型）"列表框中可以看到 WebTrends 提供了多种日志的产生时间供选择，这里选择所有的日志。还需要对报告的风格、标题、文字、显示哪些信息（如访问者 IP、访问时间、访问内容等）等进行设置，如图 11-26所示。

步骤02 单击"Start（开始）"按钮，即可对选择的日志站点进行分析并生成报告，如图11-27 所示。

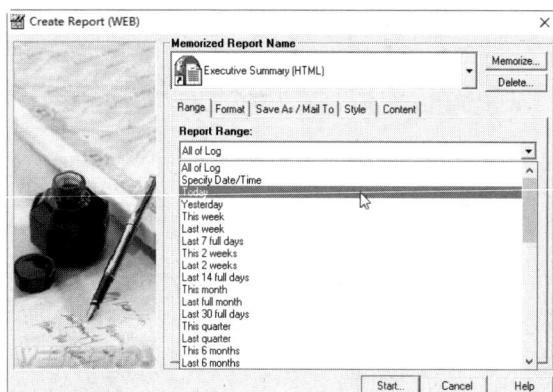

图 11-26 "Create Report（生成报告）"对话框

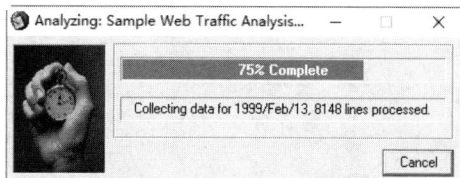

图 11-27 分析并生成日志报告

步骤03 分析完毕后，即可看到 HTML 形式的日志报告，在其中可以看到该站点的各种日志信息，如图 11-28 所示。

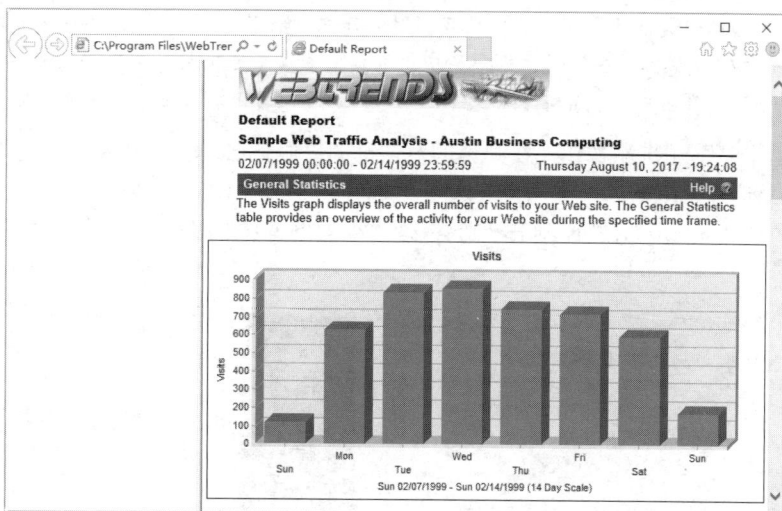

图 11-28　HTML 形式的日志报告

11.3　清除入侵的痕迹

黑客在入侵服务器的过程中，其操作会留下痕迹，清除掉日志是黑客入侵后必须要做的一件事情。下面为大家详细介绍黑客是如何把记录自己痕迹的日志删除掉的。

11.3.1　删除系统服务日志

使用 SRVINSTW 可以删除系统服务日志，具体的操作步骤如下：

步骤01 如果攻击者已经通过图形界面控制对方的计算机，在该计算机上运行 SRVINSTW.exe 程序，弹出"欢迎使用本软件"对话框，在其中选中"移除服务"单选按钮，如图 11-29 所示。

步骤02 单击"下一步"按钮，弹出"请选择将要执行的计算机类型"对话框，选中"本地机器"单选按钮，如图 11-30 所示。

图 11-29　"欢迎使用本软件"对话框

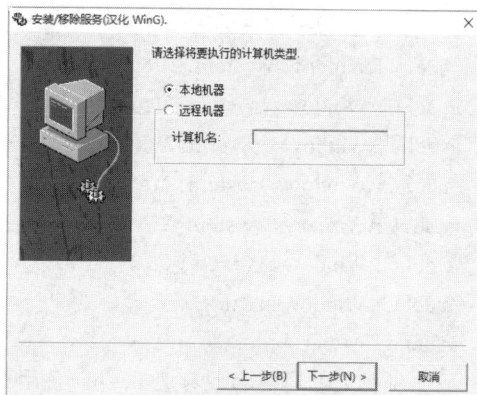

图 11-30　"请选择将要执行的计算机类型"对话框

提示：如果没有控制目标计算机，但已经和对方建立具有管理员权限的 IPC$ 连接，此时应该在"请选择将要执行的计算机类型"对话框中选中"远程机器"单选按钮，并在"计算机名"文本框中输入远程计算机的 IP 地址后，单击"下一步"按钮，同样可以将该远程主机中的服务删除。

步骤03 单击"下一步"按钮，在弹出的对话框的"服务名"下拉列表框中选择需要删除的服务选项，这里选择"IP 转换配置服务"选项，如图 11-31 所示。

步骤04 单击"下一步"按钮，弹出"服务移除向导准备好移除服务"对话框，如图 11-32 所示。

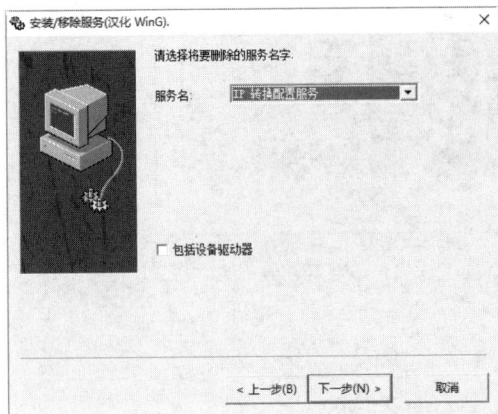

图 11-31 选择需要删除的服务选项

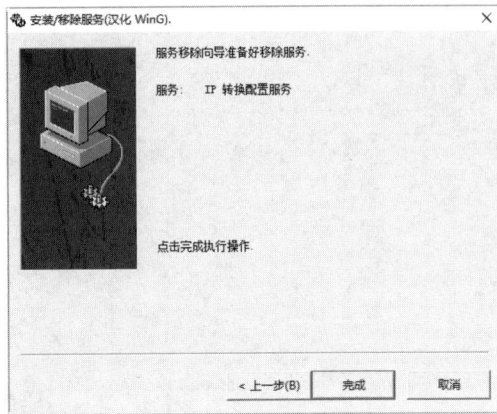

图 11-32 "服务移除向导准备好移除服务"对话框

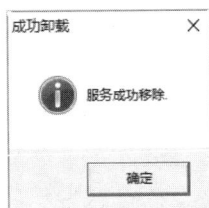

图 11-33 信息提示框

步骤05 如果确定要删除该服务，单击"完成"按钮，弹出"服务成功移除"信息提示框。单击"确定"按钮，即可将主机中的服务删除，如图 11-33 所示。

11.3.2 批处理清除日志信息

一般情况下，日志会忠实地记录它接收到的任何请求，用户可以通过查看日志来发现入侵的企图，从而保护自己的系统。所以黑客在入侵系统成功后，首先会清除该计算机中的日志，擦去自己的形迹。除了手动删除，还可以通过创建批处理文件来删除日志。

具体的操作步骤如下：

第 1 步：在记事本中编写一个可以清除日志的批处理文件，其具体的内容如下：

@del C:\Windows\system32\logfiles*.*

@del C:\Windows \system32\config*.evt

@del C:\Windows \system32\dtclog*.*

@del C:\Windows \system32*.log

@del C:\Windows \system32*.txt

@del C:\Windows *.txt

@del C:\Windows t*.log

@del c:\del.bat

第 2 步：把上述内容保存为 del.bat 备用。再新建一个批处理文件并将其保存为 clear.bat 文件，其具体内容如下：

@copy del.bat \\1\c$

@echo 向肉鸡复制本机的 del.bat……OK

@psexec \\1 c:\del.bat

@echo 在肉鸡上运行 del.bat，清除日志文件……OK

在上述代码中，echo 是 DOS 下的回显命令，在它的前面加上"@"前缀字符，表示执行时本行在命令行或 DOS 里面不显示，它是删除文件命令。

第 3 步：假设已经与"肉鸡"进行了 IPC 连接，在"命令提示符"窗口中输入"clear.bat 192.168.0.10"命令，即可清除该主机上的日志文件。

11.3.3　清除 WWW 和 FTP 日志信息

黑客在对目标服务器实施入侵后，为了防止网络管理员对其进行追踪，往往会删除留下的 IP 记录和 FTP 记录，但这种系统日志使用手动方法很难清除，这时需要借助其他软件进行清除。在 Windows 操作系统中，WWW 日志一般存放在 %winsystem%\sys tem32\logfiles\w3svc1 文件夹中，包括 WWW 日志和 FTP 日志。

Windows 10 操作系统中一些日志的存放路径和文件名如下：

❑ 安全日志：C:\windows\system\system32\config\Secevent.evt。

❑ 应用程序日志：C:\windows\system\system32\config\AppEvent.evt。

❑ 系统日志：C:\windows\winsystem\system32\config\SysEvent.evt。

❑ IIS 的 FTP 日志：C:\windows\system%\system32\logfiles\msftpsvc1\，默认每天一个日志。

❑ IIS 的 WWW 日志：C:\windows\system\system32\logfiles\w3svc1\，默认每天一个日志。

❑ Scheduler 服务日志：C:\windows\winsystem\schedlgu.txt。

❑ 注册表项目：[HKLM]\system\CurrentControlSet\Services\Eventlog。

❑ Schedluler 服务注册表所在项目：[HKLM]\SOFTWARE\Microsoft\SchedulingAgent。

1. 清除 WWW 日志

在 IIS 中，WWW 日志默认的存储位置是：C:\windows\system\system32\logfiles\w3svc1\，每天都产生一个新日志。如果管理员对其存放位置进行了修改，则可以运用 iis.msc 命令对其进行查看，再通过查看网站的属性找到其存放位置，此时，就可以在"命令提示符"窗口中通过"del *.*"命令来清除日志文件了。

但这个方法删除不了当天的日志，这是因为 w3svc 服务还正在运行着。可以用"net stop w3vsc"命令把这个服务停止后，再运行"del *.*"命令，就可以清除当天的日志了。

还可以用记事本把日志文件打开，删除其内容后再进行保存，也可以清除日志。最后，使用"net start w3svc"命令再启动 w3svc 服务就可以了。

提示：删除日志前必须先停止相应的服务，再进行删除。日志删除后务必要记得再打开相应的服务。

2. 清除 FTP 日志

FTP 日志的默认存储位置为 C:\windows\system\system32\logfiles\msftpsvc1\，其清除方法和清除 WWW 日志的方法差不多，只是所要停止的服务不同。

清除 FTP 日志的具体操作步骤如下：

步骤01 在"命令提示符"窗口中运行"net stop msftpsvc"命令，即可停止 msftpsvc 服务，如图 11-34 所示。

步骤02 运行 "del *.*" 命令或找到日志文件，并将其内容删除。

步骤03 最后，运行 "net start msftpsvc" 命令，再打开 msftpsvc 服务即可，如图 11-35 所示。

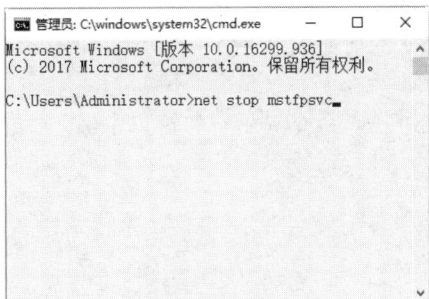

图 11-34　停止 msftpsvc 服务

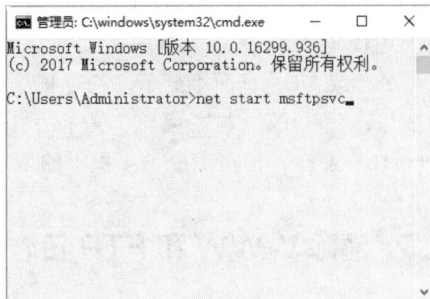

图 11-35　运行 msftpsvc 服务

提示：也可修改目标计算机中的日志文件，其中 WWW 日志文件存放在 w3svc1 文件夹下，FTP 日志文件存放在 msftpsvc 文件夹下，每个日志都是以 eX.log 命名的（其中 X 代表日期）。

11.4　实战演练

11.4.1　实战 1：保存系统日志文件

将日志文件存档可以方便分析日志信息，从而找出异常日志信息。将日志文件存档的具体操作步骤为如下：

步骤01 右击 "开始" 按钮，在弹出的快捷菜单中选择 "计算机管理" 命令，如图 11-36 所示。

步骤02 打开 "计算机管理" 窗口，在其中展开 "事件查看器" 选项，右击要保存的日志，如这里选择 "Windows 日志" 选项下的 "系统" 选项，在弹出的快捷菜单中选择 "将所有事件另存为" 命令，如图 11-37 所示。

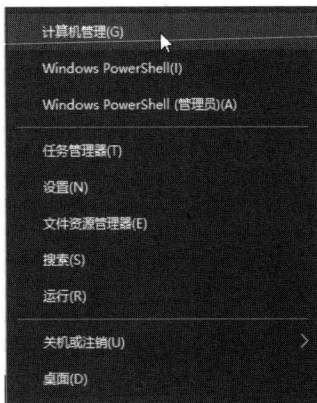

图 11-36　选择 "计算机管理" 命令

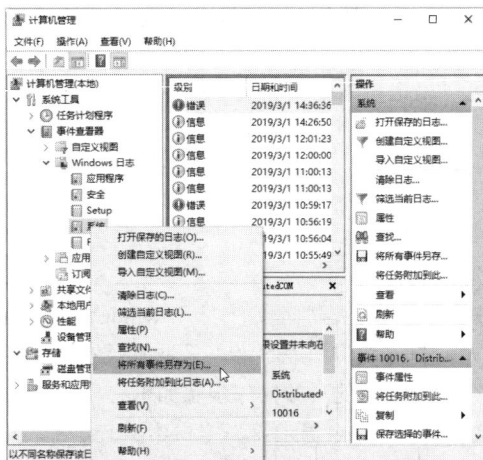

图 11-37　选择 "将所有事件另存为" 命令

步骤03 弹出"另存为"对话框，在"文件名"文本框中输入日志名称，这里输入"系统日志"，如图 11-38 所示。

步骤04 单击"保存"按钮，弹出"显示信息"对话框，选择相应的单选项，然后单击"确定"按钮，即可将日志文件保存到本地计算机中，如图 11-39 所示。

图 11-38　"另存为"对话框

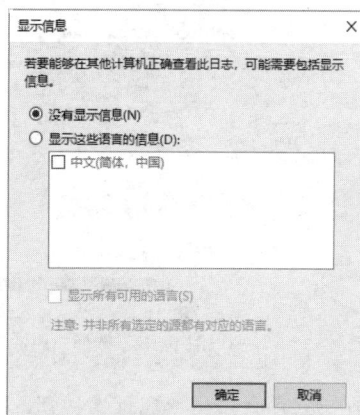

图 11-39　"显示信息"对话框

11.4.2　实战 2：手动指定 DNS 服务

当 IE 浏览器无法浏览网页时，可以先尝试用 IP 地址来访问，如果可以访问，那么应该是 DNS 配置的问题。造成 DNS 配置出现问题的原因可能是联网时获取 DNS 出错或 DNS 服务器本身的问题，这时用户可以手动指定 DNS 服务。

具体的操作步骤如下：

步骤01 双击桌面上的"控制面板"图标，打开"所有控制面板项"窗口，如图 11-40 所示。

步骤02 选择"网络和共享中心"选项，打开"网络和共享中心"窗口，如图 11-41 所示。

图 11-40　"所有控制面板项"窗口

图 11-41　"网络和共享中心"窗口

步骤03 选择"更改适配器设置"选项，打开"网络连接"窗口，右击"WLAN"图标，在弹出的快捷菜单中选择"属性"命令，如图 11-42 所示。

步骤04 弹出"WLAN 属性"对话框，在"此连接使用下列项目"列表框中选择"Internet 协议版本 6（TCP/IPv6）"选项，如图 11-43 所示。

图 11-42　选择"属性"命令

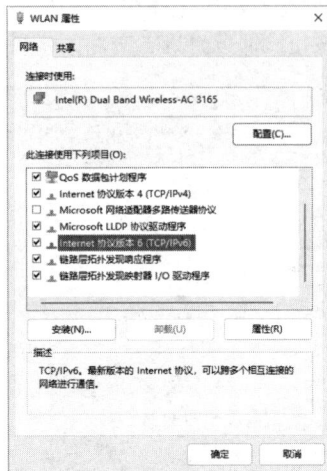

图 11-43　"WLAN 属性"对话框

步骤05 单击"属性"按钮，弹出"Internet 协议版本 6（TCP/IPv6）属性"对话框，在"首选 DNS 服务器"和"备用 DNS 服务器"文本框中重新输入服务商提供的 DNS 服务器地址，单击"确定"按钮，即可完成设置，如图 11-44 所示。

图 11-44　设置相应的选项

第 12 章

系统备份与还原工具，让网络设备"重生"

随着计算机大范围的普及和应用，计算机安全问题已经是计算机使用者面临的最大问题，而且计算机病毒也不断出现并迅速蔓延，这就要求用户做好系统安全的防护，从而提高计算机的性能。

12.1　重装 Windows 系统

在安装有一个操作系统的计算机中，用户可以利用安装光盘重装系统，而无须考虑多系统的版本问题，只需将系统安装盘插入光驱，并设置从光驱启动，然后格式化系统盘后，就可以按照安装单操作系统一样重装单系统。

12.1.1　什么情况下需要重装系统

具体来讲，当系统出现以下 3 种情况之一时，就必须考虑重装系统了。

1. 系统运行变慢

系统运行变慢的原因有很多，如垃圾文件分布于整个硬盘而又不便于集中清理和自动清理，或者是计算机感染了病毒或其他恶意程序而无法被杀毒软件清理等，这就需要对磁盘进行格式化处理并重装系统。

2. 系统频繁出错

众所周知，操作系统是由很多代码组成的，在操作过程中可能因为误删除某个文件或者被恶意代码改写等原因，致使系统出现错误，此时，如果该故障不便于准确定位或轻易解决，就需要考虑重装系统。

3. 系统无法启动

导致系统无法启动的原因有多种，如 DOS 引导出现错误、目录表被损坏或系统文件 ntfs.sys 丢失等。如果无法查找出系统不能启动的原因或无法修复系统以解决这一问题，就需要重装系统。

12.1.2　重装系统前应注意的事项

在重装系统之前，用户需要做好充分准备，以避免重装之后造成数据丢失等严重后果。在重装系统之前应该注意的事项如下：

1. 备份数据

在因系统崩溃或出现故障而准备重装系统之前，首先应该想到的是备份好自己的数据。这时，一定要静下心来，仔细罗列硬盘中需要备份的资料，把它们一项一项地写在一张纸上，然后逐一对照进行备份。如果硬盘不能启动，这时需要考虑用其他启动盘启动系统，然后复制自己的数据，或将硬盘挂接到其他计算机上进行备份。但是，最好的办法是在平时就养成每天备份重要数据的习惯，这样就可以有效避免硬盘数据不能恢复造成的损失。

2. 格式化磁盘

重装系统时，格式化磁盘是解决系统问题最有效的办法，尤其是在系统感染病毒后，最好不要只格式化 C 盘，如果有条件将硬盘中的数据都备份或转移，尽量备份后将整个硬盘都格式化，以保证新系统的安全。

3. 牢记安装序列号

安装序列号相当于一个人的身份证号，标识着安装程序的身份，如果不小心忘记了自己的安装序列号，那么在重装系统时，如果采用的是全新安装，安装过程将无法进行下去。正规的安装光盘的序列号会标注在软件说明书或光盘封套的某个位置上。但是，如果用的是某些软件合集光盘中提供的测试版系统，那么，这些序列号可能存在于安装目录的某个说明文本中，如 SN.txt 等文件。因此，在重装系统之前，首先将序列号找出并记录下来，以备稍后使用。

12.1.3 重装 Windows 系统

当前，Windows 11 作为主流操作系统，备受关注，本节将介绍 Windows 11 专业版操作系统的安装方法，具体的操作步骤如下：

步骤01 将 Windows 11 操作系统的安装光盘放入光驱中，重新启动计算机，这时会进入 Windows 11 操作系统安装程序的运行窗口，提示用户安装程序正在加载文件，如图 12-1 所示。

步骤02 文件加载完成后，进入 Windows 程序启动界面，如图 12-2 所示。

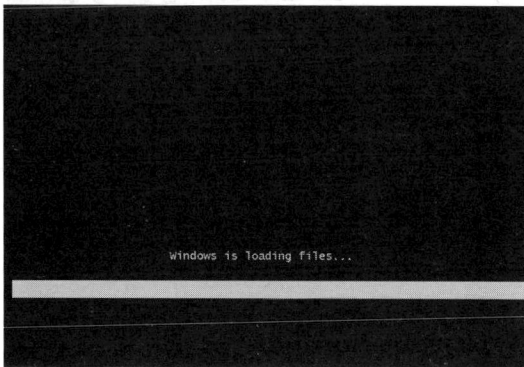

图 12-1 系统运行窗口

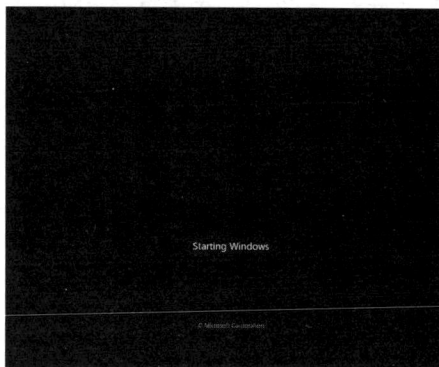

图 12-2 程序启动界面

步骤03 随后，进入程序运行界面。开始运行程序。运行程序完成后，就会弹出安装程序正在启动页面，如图 12-3 所示。

步骤04 安装程序启动完成后，还需要选择需要安装系统的磁盘，如图 12-4 所示。

步骤05 单击"下一步"按钮，开始安装 Window 11 操作系统并进入系统引导页面，如图 12-5 所示。

步骤06 安装完成后，进入 Windows 11 操作系统主页面，系统安装完成，如图 12-6 所示。

图 12-3　程序运行界面

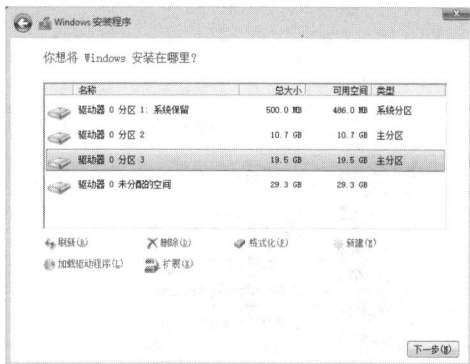

图 12-4　选择系统安装盘

图 12-5　系统引导页面

图 12-6　系统安装完成

12.2　系统备份工具

常见的备份系统的方法为使用系统自带的工具备份和 Ghost 工具备份。

12.2.1　使用系统工具备份系统

Windows 11 操作系统自带的备份还原功能更加强大，为用户提供了高速度、高压缩的一键备份还原功能。

1. 开启系统还原功能

要想使用 Windows 系统工具备份和还原系统，首先需要开启系统还原功能。具体的操作步骤如下：

步骤01 右击计算机桌面上的"此电脑"图标，在弹出的快捷菜单中选择"属性"命令，如图 12-7 所示。

步骤02 在打开的窗口中单击"系统保护"超链接，如图 12-8 所示。

步骤03 弹出"系统属性"对话框，在"保护设置"列表框中选择系统所在的分区，并单击"配置"按钮，如图 12-9 所示。

图 12-7　选择"属性"命令

图 12-8　"系统"窗口

步骤04 弹出"系统保护本地磁盘"对话框，选中"启用系统保护"单选按钮，拖动"最大使用量"滑块到合适的位置，然后单击"确定"按钮，如图 12-10 所示。

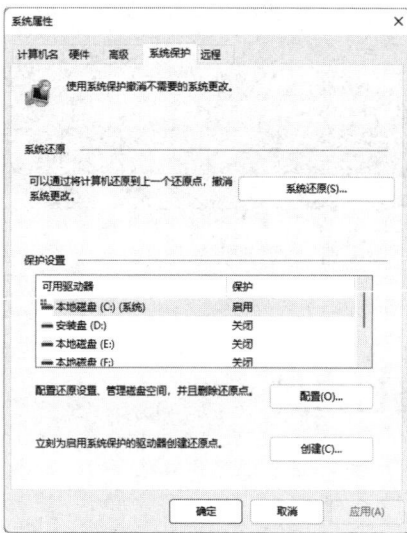

图 12-9　"系统属性"对话框

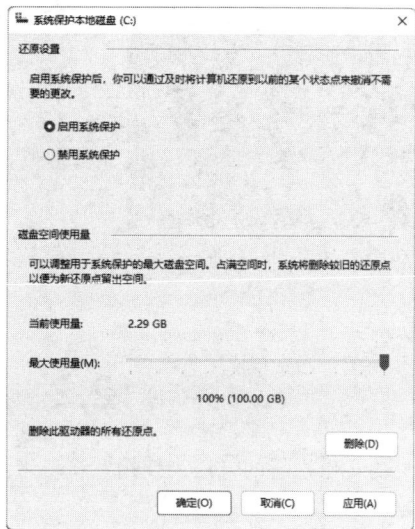

图 12-10　"系统保护本地磁盘"对话框

2. 创建系统还原点

用户开启系统还原功能后，默认打开保护系统文件和设置的相关信息来保护系统。用户也可以创建系统还原点，当系统出现问题时，就可以方便地恢复到创建还原点时的状态。具体的操作步骤如下：

步骤01 在上面打开的"系统属性"对话框中选择"系统保护"选项卡，然后选择系统所在的分区，单击"创建"按钮，如图 12-11 所示。

步骤02 弹出"创建还原点"对话框，在文本框中输入还原点的描述性信息，如图 12-12 所示。

步骤03 单击"创建"按钮，即可开始创建还原点，如图 12-13 所示。

步骤04 创建还原点的时间比较短，稍等片刻就可以了。创建完毕后，将弹出"已成功创建还原点"提示信息，单击"关闭"按钮即可，如图 12-14 所示。

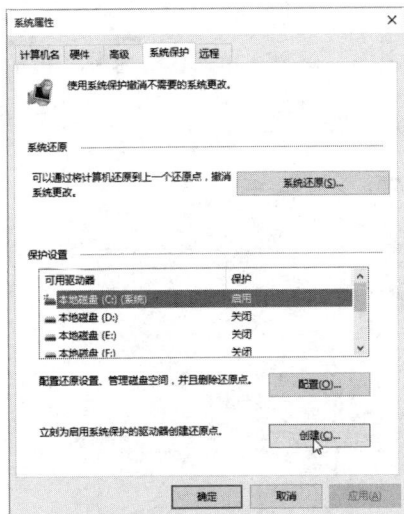

图 12-11 单击"创建"按钮

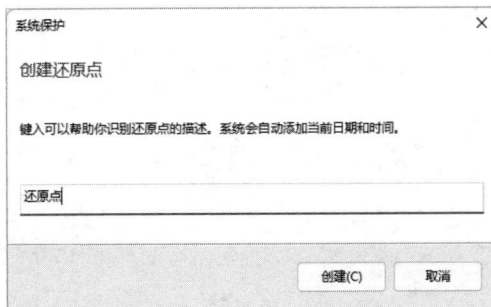

图 12-12 "创建还原点"对话框

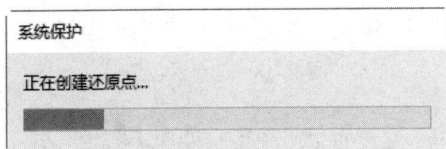

图 12-13 开始创建还原点

图 12-14 创建还原点完成

12.2.2 使用系统映像备份系统

Windows 11 操作系统为用户提供了系统映像的备份功能，使用该功能，用户可以备份整个操作系统，具体的操作步骤如下：

步骤01 在"控制面板"窗口中选择"备份和还原"选项，如图 12-15 所示。

步骤02 打开"备份和还原"窗口，选择"创建系统映像"选项，如图 12-16 所示。

图 12-15 "控制面板"窗口

图 12-16 "备份和还原"窗口

步骤03 弹出"你想在何处保存备份？"对话框，这里有 3 种类型的保存位置，包括在硬盘上、在一张或多张 DVD 上和在网络位置上，本实例选中"在硬盘上"单选按钮，单击"下一步"按钮，如图 12-17 所示。

步骤 04 弹出"你要在备份中包括哪些驱动器？"对话框，这里采用默认的选项，单击"下一步"按钮，如图 12-18 所示。

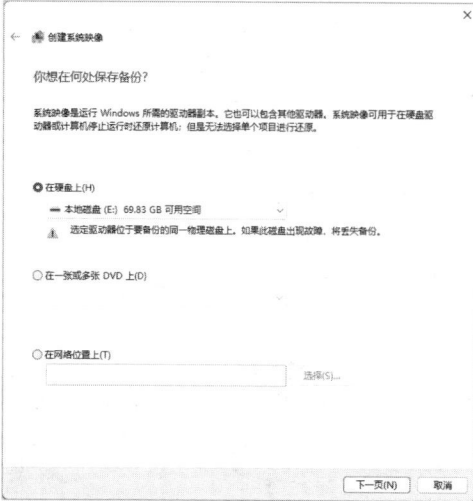

图 12-17 选择备份保存位置

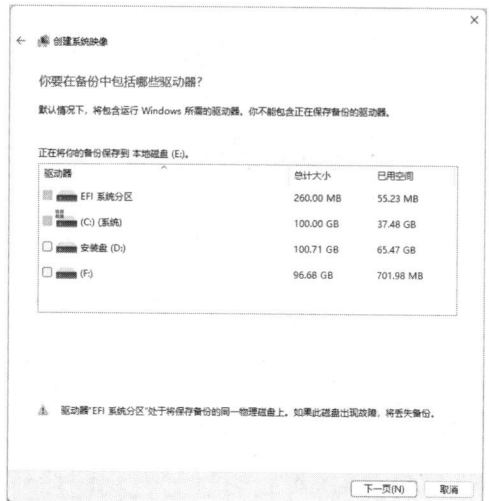

图 12-18 选择驱动器

步骤 05 弹出"确认你的备份设置"对话框，单击"开始备份"按钮，如图 12-19 所示。

步骤 06 系统开始备份，备份完成后，单击"关闭"按钮即可，如图 12-20 所示。

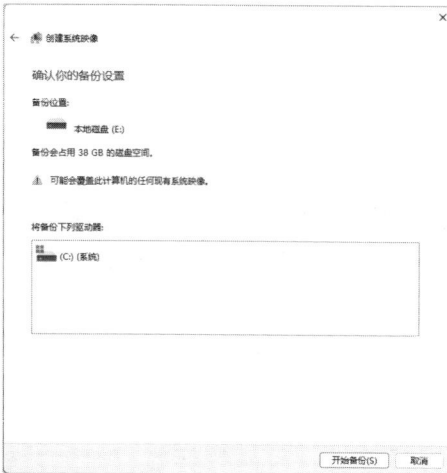

图 12-19 确认备份设置

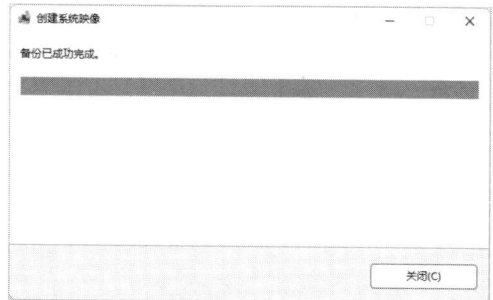

图 12-20 备份完成

12.2.3 使用 GHOST 工具备份系统

一键 GHOST 是一个图形安装工具，主要包括一键备份系统、一键恢复系统、中文向导、GHOST、DOS 工具箱等功能。使用一键 GHOST 备份系统的具体操作步骤如下：

步骤 01 下载并安装一键 GHOST 后，即可弹出"一键备份系统"对话框，此时一键 GHOST 开始初始化。初始化完毕后，将自动选中"一键备份系统"单选按钮，单击"备份"按钮，如图

12-21 所示。

步骤02 弹出"一键 GHOST"信息提示框，单击"确定"按钮，如图 12-22 所示。

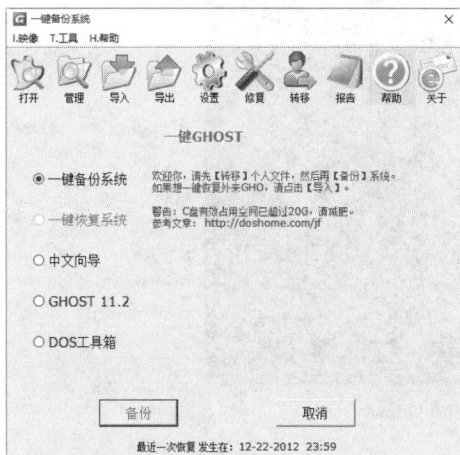

图 12-21　"一键备份系统"对话框

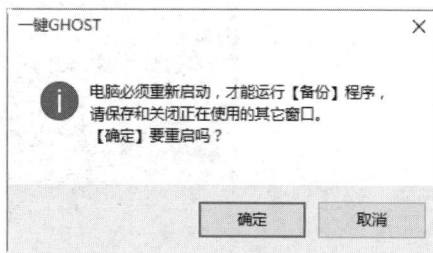

图 12-22　"一键 GHOST"信息提示框

步骤03 系统开始重新启动，并自动打开 GRUB4DOS 菜单，在其中选择第一个选项，表示启动一键 GHOST，如图 12-23 所示。

步骤04 系统自动选择完毕后，接下来会打开"MS-DOS 一级菜单"界面，在其中选择第一个选项，表示在 DOS 安全模式下运行 1KEY GHOST 11.2，如图 12-24 所示。

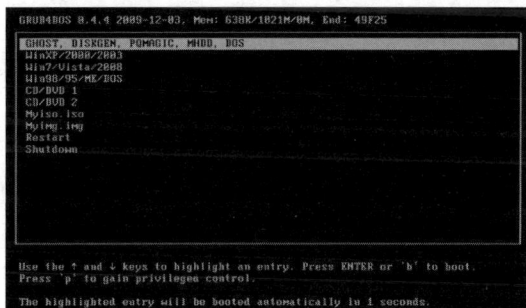

图 12-23　选择一键 GHOST 选项

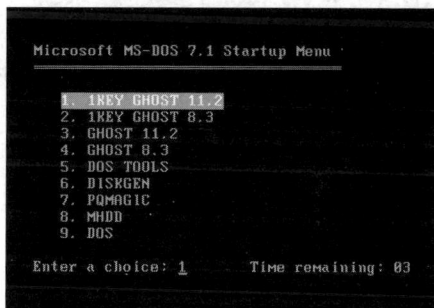

图 12-24　"MS-DOS 一级菜单"界面

步骤05 选择完毕后，接下来会打开"MS-DOS 二级菜单"界面，在其中选择第一个选项，表示支持 IDE、SATA 兼容模式，如图 12-25 所示。

步骤06 根据 C 盘是否存在映像文件，将会从主窗口自动进入"一键备份系统"警告窗口，提示用户开始备份系统。单击"备份"按钮，如图 12-26 所示。

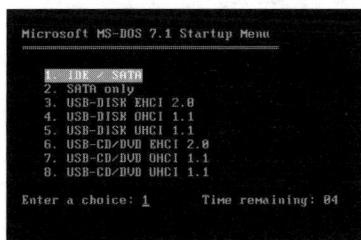

图 12-25　"MS-DOS 二级菜单"界面

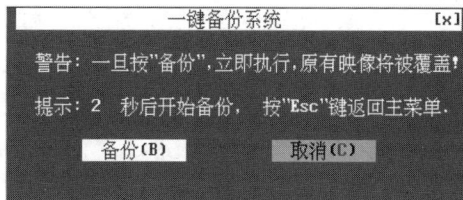

图 12-26　"一键备份系统"警告窗口

步骤07 此时，开始备份系统，如图 12-27 所示。

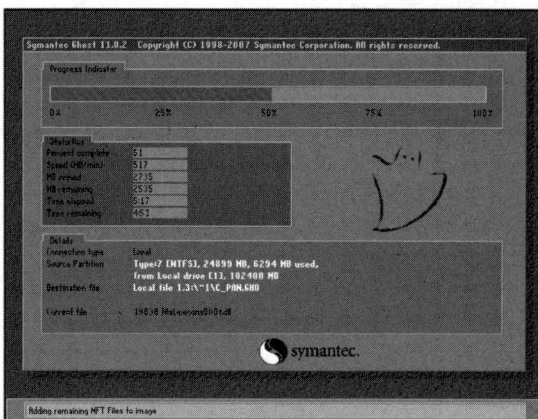

图 12-27　开始备份系统

12.3　系统还原工具

系统备份完成后，一旦系统出现严重的故障，即可还原系统到未出故障前的状态。

12.3.1　使用系统工具还原系统

在为系统创建好还原点后，一旦系统遭到病毒或木马攻击，致使系统不能正常运行，这时就可以将系统恢复到指定还原点。

下面介绍如何还原到创建的还原点，具体的操作步骤如下：

步骤01 在"系统属性"对话框中选择"系统保护"选项卡，然后单击"系统还原"按钮，如图 12-28 所示。

步骤02 即可弹出"还原系统文件和设置"对话框，选择"推荐的还原"单选按钮，单击"下一步"按钮，如图 12-29 所示。

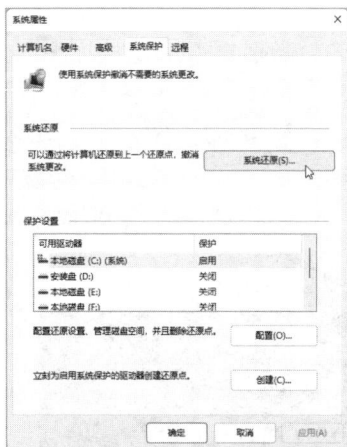

图 12-28　单击"系统还原"按钮

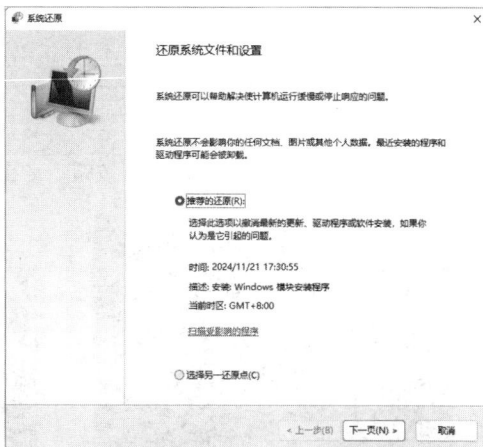

图 12-29　"还原系统文件和设置"对话框

步骤03 单击"下一步"按钮，弹出"确认还原点"对话框，如图 12-30 所示。

步骤04 单击"完成"按钮，弹出信息提示框，提示"启动后，系统还原不能中断，您希望继续吗？"，单击"是"按钮，计算机自动重启后，还原操作会自动进行，如图 12-31 所示。

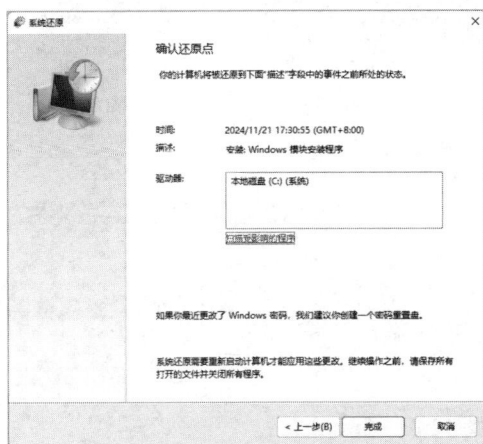

图 12-30　"确认还原点"对话框　　　　　　　图 12-31　信息提示框

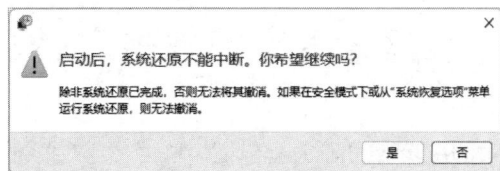

12.3.2　使用系统映像还原系统

完成系统映像的备份后，如果系统出现问题，可以利用映象文件进行还原操作，具体的操作步骤如下：

步骤01 右击"开始"按钮，在弹出的快捷菜单中选择"设置"命令，打开"设置"窗口，选择"Windows 更新"→"高级选项"选项，如图 12-32 所示。

步骤02 打开"高级选项"窗口，在右侧的列表框中选择"恢复"选项，进入"系统"→"恢复"窗口，在"恢复选项"下方单击"立即重新启动"按钮，如图 12-33 所示。

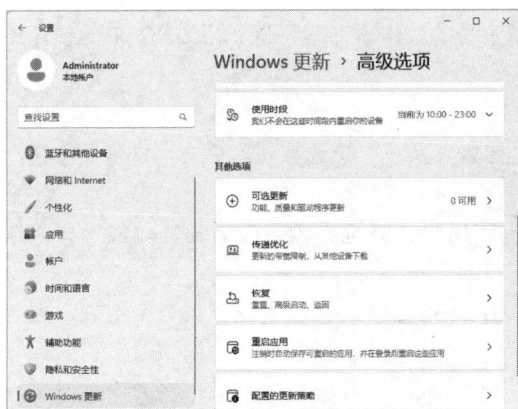

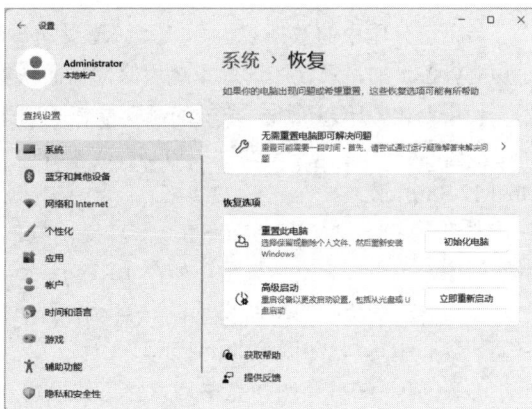

图 12-32　"设置"窗口　　　　　　　　　　图 12-33　单击"立即重新启动"按钮

步骤03 弹出"选择其他的还原方式"对话框，采用默认设置，直接单击"下一步"按钮，如图 12-34 所示。

步骤04 弹出"你的计算机将从以下系统映像中还原"对话框，单击"完成"按钮，如图

12-35 所示。

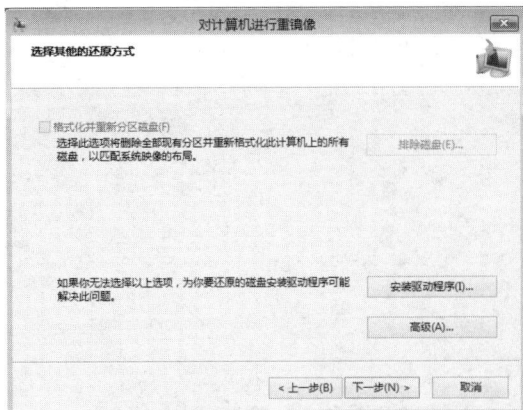

图 12-34 "选择其他的还原方式"对话框

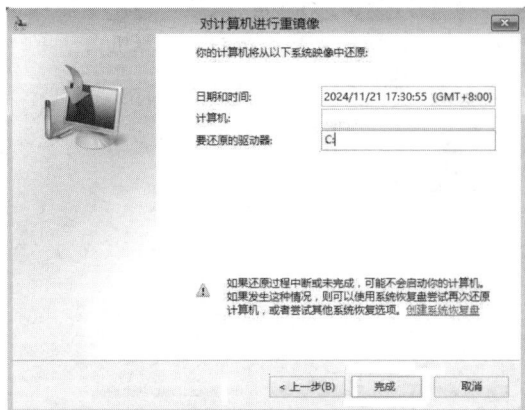

图 12-35 选择要还原的驱动器

步骤05 弹出信息提示框，单击"是"按钮，如图 12-36 所示。

步骤06 系统映像的还原操作完成后，弹出"是否要立即重新启动计算机？"对话框，单击"立即重新启动"按钮即可，如图 12-37 所示。

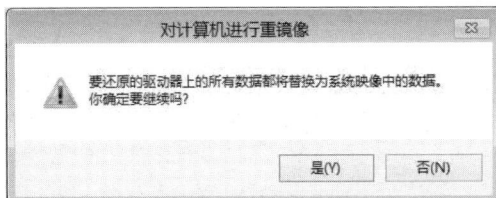

图 12-36 信息提示框

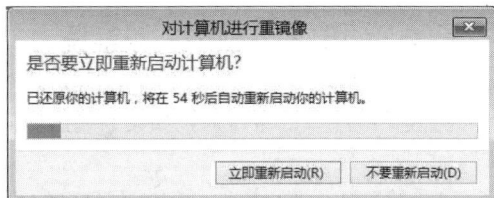

图 12-37 重新启动计算机

12.3.3 使用 GHOST 工具还原系统

当系统分区中的数据被损坏或系统遭受病毒和木马的攻击后，就可以利用 GHOST 的镜像还原功能将备份的系统分区进行完全还原，从而恢复系统。

使用一键 GHOST 还原系统的具体操作步骤如下：

步骤01 在"一键 GHOST"对话框中选中"一键恢复系统"单选按钮，单击"恢复"按钮，如图 12-38 所示。

步骤02 弹出"一键 GHOST"信息提示框，提示用户计算机必须重新启动，才能运行"恢复"程序。单击"确定"按钮，如图 12-39 所示。

步骤03 系统开始重新启动，并自动打开 GRUB4DOS 菜单，在其中选择第一个选项，表示启动一键 GHOST，如图 12-40 所示。

步骤04 系统自动选择完毕后，接下来会打开"MS-DOS 一级菜单"界面，在其中选择第一个选项，表示在 DOS 安全模式下运行 GHOST 11.2，如图 12-41 所示。

步骤05 选择完毕后，接下来会打开"MS-DOS 二级菜单"界面，在其中选择第一个选项，表示支持 IDE、SATA 兼容模式，如图 12-42 所示。

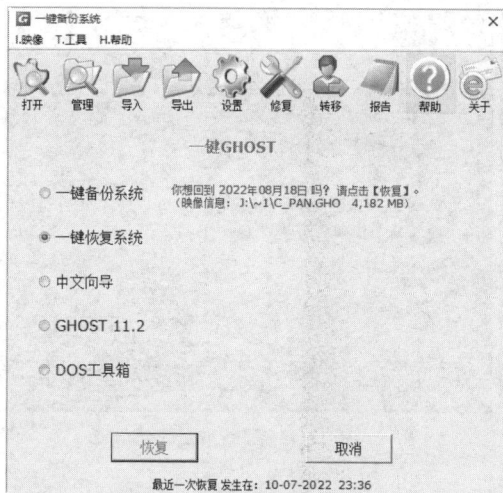

图 12-38　"一键恢复系统"单选项

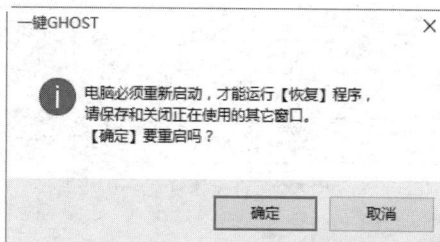

图 12-39　信息提示框

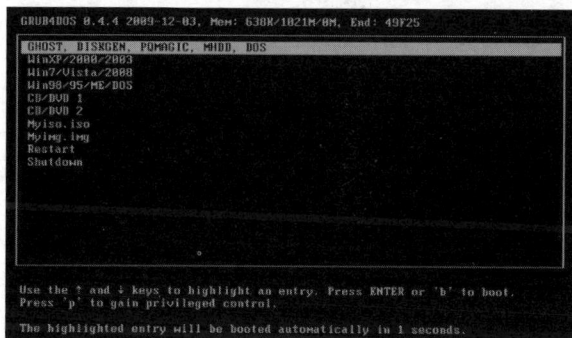

图 12-40　启动一键 GHOST

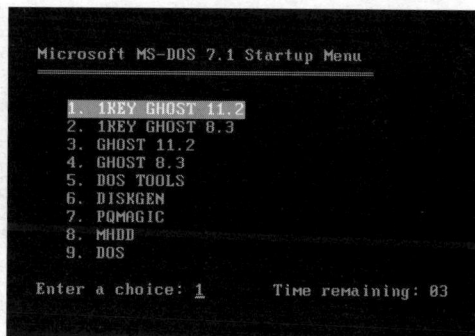

图 12-41　"MS-DOS 一级菜单"界面

步骤 06 根据 C 盘是否存在映像文件，将会从主窗口自动进入"一键恢复系统"警告窗口，提示用户开始恢复系统，如图 12-43 所示。

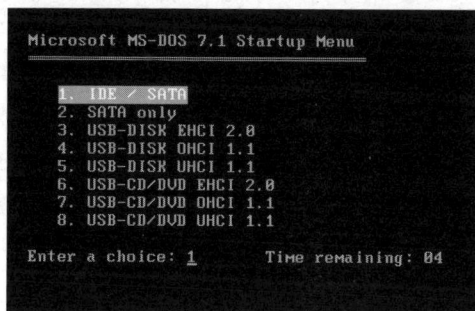

图 12-41　"MS-DOS 二级菜单"界面

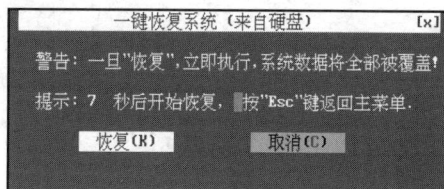

图 12-42　"一键恢复系统"警告窗口

步骤 07 单击"恢复"按钮，即可开始恢复系统，如图 12-44 所示。

步骤 08 系统还原完毕后，将弹出一个信息提示框，提示用户恢复成功，单击"Reset Computer"按钮重启计算机，然后选择从硬盘启动，即可将系统恢复到以前的系统。至此，就完成了使用 GHOST 工具还原系统的操作，如图 12-45 所示。

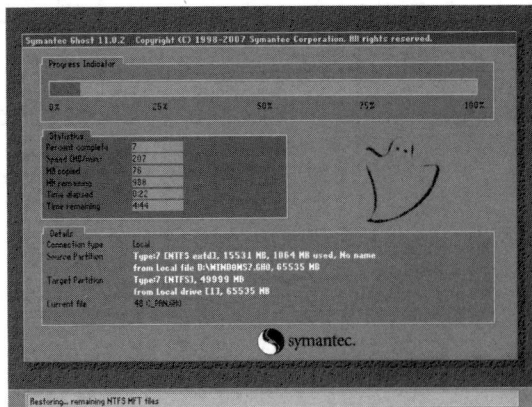

图 12-44　开始恢复系统

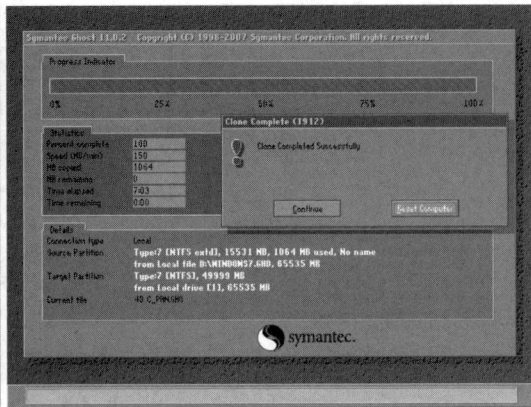

图 12-45　系统恢复成功

12.4　将计算机恢复到初始状态

对于系统文件出现丢失或者文件异常的情况，可以通过重置的方法来修复系统。重置计算机操作，可以在计算机出现问题时，方便地将系统恢复到初始状态，而不需要重装系统。

12.4.1　在可开机的情况下恢复

在可以正常开机并进入 Windows 11 操作系统的情况下，重置计算机的具体操作步骤如下：

步骤01 右击"开始"按钮，在弹出的快捷菜单中选择"设置"命令，打开"设置"窗口，选择"Windows 更新"选项，如图 12-46 所示。

步骤02 进入"Windows 更新"窗口，在其中选择"高级选项"选项，如图 12-47 所示。

图 12-46　"设置"窗口

图 12-47　"Windows 更新"窗口

步骤03 进入"高级选项"窗口，选择"恢复"选项，如图 12-48 所示。

步骤04 进入"恢复"窗口，单击"初始化电脑"按钮，如图 12-49 所示。

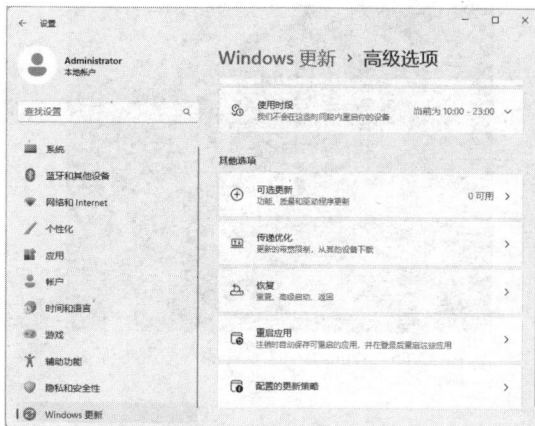

图 12-48　"高级选项"窗口

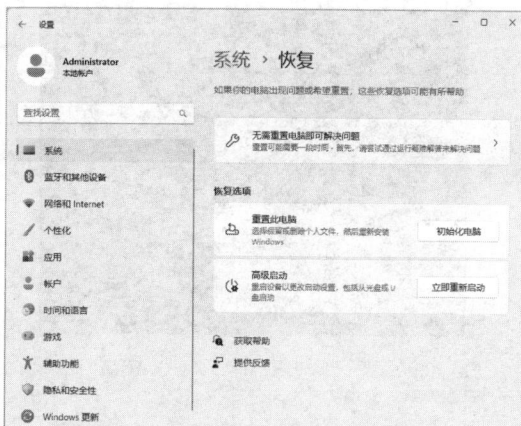

图 12-49　"恢复"窗口

步骤 05 打开"选择一个选项"界面，选择"保留我的文件"选项，如图 12-50 所示。

步骤 06 打开"将会删除你的应用"界面，单击"下一步"按钮，如图 12-51 所示。

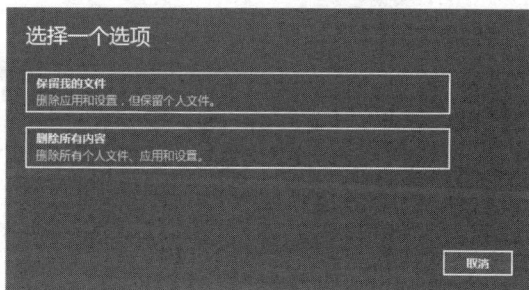

图 12-50　选择"保留我的文件"选项

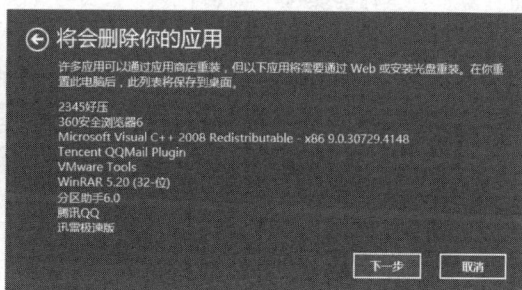

图 12-51　"将会删除你的应用"界面

步骤 07 打开"警告"界面，单击"下一步"按钮，如图 12-52 所示。

步骤 08 打开"准备就绪，可以重置这台电脑"界面，单击"重置"按钮，如图 12-53 所示。

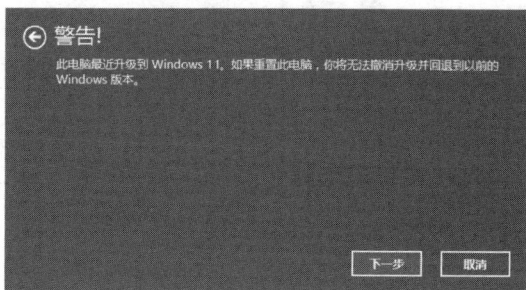

图 12-52　"警告"界面

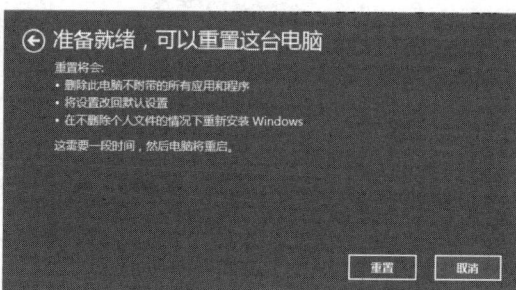

图 12-53　"准备就绪，可以重置这台电脑"界面

步骤 09 计算机重新启动，进入"重置"界面，如图 12-54 所示。

步骤 10 重置完成后会进入 Windows 11 操作系统安装界面，安装完成后自动进入 Windows 11 操作系统桌面，如图 12-55 所示。

图 12-54 "重置"界面

图 12-55 Windows 11 操作系统安装界面

12.4.2 在不可开机的情况下恢复

如果 Windows 11 操作系统出现错误，开机后无法进入系统，此时可以在不开机的情况下重置计算机，具体的操作步骤如下：

步骤01 在开机界面选择"更改默认值或选择其他选项"选项，如图 12-56 所示。

步骤02 进入"选项"界面，选择"选择其他选项"选项，如图 12-57 所示。

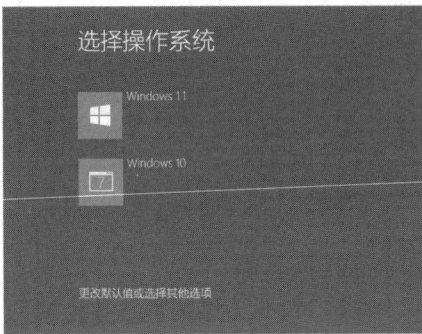

图 12-56 开机界面

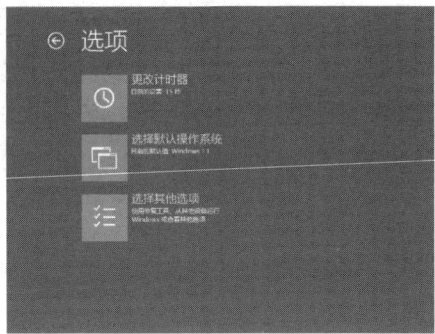

图 12-57 "选项"界面

步骤03 进入"选择一个选项"界面，选择"疑难解答"选项，如图 12-58 所示。

步骤04 在打开的"疑难解答"界面中选择"重置此电脑"选项即可。其后的操作与在可开机的状态下重置计算机的操作相同，这里不再赘述，如图 12-59 所示。

图 12-58 "选择一个选项"界面

图 12-59 "疑难解答"界面

12.5　实战演练

12.5.1　实战 1：一个命令就能修复系统

SFC 命令是一个在 Windows 操作系统中使用频率比较高的命令，主要作用是扫描所有受保护的系统文件并完成修复工作。下面以最常用的 sfc/scannow 为例进行讲解，具体的操作步骤如下：

步骤 01 右击"开始"按钮，在弹出的快捷菜单中选择"运行"命令，弹出"运行"对话框，在"打开"文本框中输入"cmd"命令，如图 12-60 所示。

步骤 02 单击"确定"按钮，打开命令提示符窗口，输入命令"sfc/scannow"，按 Enter 键确认，如图 12-61 所示。

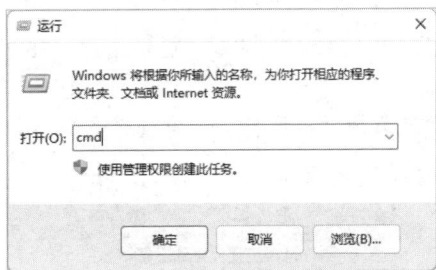

图 12-60　"运行"对话框

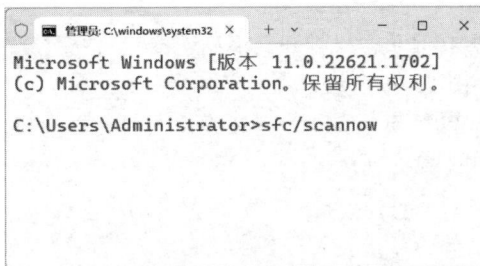

图 12-61　输入命令

步骤 03 开始自动扫描系统，并显示扫描进度，如图 12-62 所示。

步骤 04 在扫描的过程中，如果发现损坏的系统文件，会自动进行修复操作，并显示修复后的信息，如图 12-63 所示。

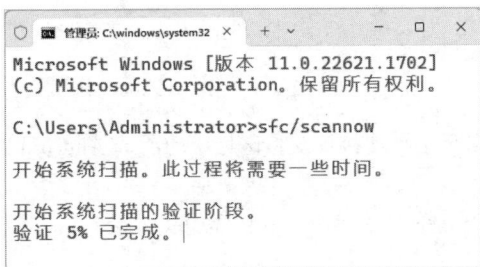

图 12-62　自动扫描系统

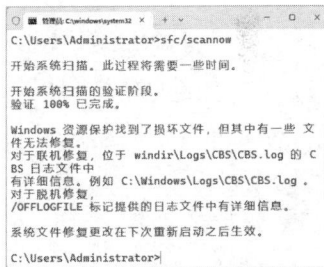

图 12-63　自动修复系统

12.5.2　实战 2：Windows 11 操作系统的手机连接功能

Windows 11 操作系统的"添加手机"功能为用户提供了极大的便利，使得手机与计算机之间的操作更加简单。通过简单的设置，用户可以实现信息同步、文件共享、通话功能等多种操作，大大提高了工作效率和生活便利性。

在 Windows 11 操作系统中，添加手机连接功能的具体操作步骤如下：

步骤 01 单击桌面上的"开始"按钮，在打开的面板中单击"设置"按钮，打开"系统"窗口，如图 12-64 所示。

步骤02 选择"蓝牙和其他设备"选项，进入"蓝牙和其他设备"窗口，如图 12-65 所示。

图 12-64　"系统"窗口

图 12-65　"蓝牙和其他设备"窗口

步骤03 单击"打开'手机连接'"按钮，弹出"手机连接"对话框，提示用户正在下载更新，如图 12-66 所示。

步骤04 更新完毕后，在弹出的对话框中提示用户选择手机设备，这里选择"Android"选项，如图 12-67 所示。

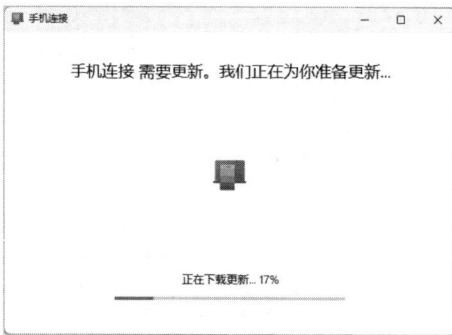

图 12-66　"手机连接"对话框

图 12-67　选择"Android"选项

步骤05 弹出"支持的设备"对话框，提示用户手机连接仅支持区域中的所选 Android 设备，如图 12-68 所示。

步骤06 单击"继续"按钮，进入"Microsoft 登录"对话框，如图 12-69 所示。

图 12-68　"支持的设备"对话框

图 12-69　"Microsoft 登录"对话框

步骤07 单击"Microsoft 登录"按钮，弹出"登录"对话框，在其中选择登录的账户，如图 12-70 所示。

步骤08 选择完毕后，进入"输入密码"对话框，在其中输入账户的密码，如图 12-71 所示。

图 12-70　"登录"对话框

图 12-71　输入密码

步骤09 单击"登录"按钮，弹出"让我们来保护你的账户"对话框，在其中输入备用电子邮件地址，也可以暂时跳过此项，如图 12-72 所示。

步骤10 单击"下一步"按钮，进入"链接账户和设备"界面，这里使用手机扫描二维码，即可开启手机连接功能，如图 12-73 所示。

图 12-72　跳过此项

图 12-73　"链接账户和设备"界面

第13章

AI工具，让网络更安全

随着信息技术的飞速发展，网络攻击的手段也在不断演变，传统的网络安全技术已经难以应对日益复杂的网络安全威胁，而 AI 技术为网络安全提供了一种新的解决方案。本章就来介绍 AI 智能工具在网络安全中的应用。

13.1　快速了解 AI

随着科技的发展，AI 已经"学会"了思考，它可以利用大数据进行智能分析，完成一些创新性的操作。因此，越来越多的行业开始尝试用 AI 进行文案创作、绘图、编码等。在计算机安全领域，AI 的应用也越来越广泛。

13.1.1　AI 改变了人们的工作方式

AI，即人工智能（Artificial Intelligence），是新一轮科技革命和产业变革的重要驱动力量。人工智能是智能学科重要的组成部分，还是十分广泛的科学，包括机器人、语言识别、图像识别、自然语言处理、计算机系统处理、机器学习、计算机视觉等。

人工智能（AI）技术的诞生改变了人们的工作方式。从工作方式到生活方式，再到认知方式，AI 技术都在深刻地影响着人们的生活。

1. 改变工作方式

首先，AI 技术改变了人类的工作方式。传统的生产方式需要大量的人工操作，而现在越来越多的工作被自动化和智能化取代。例如，在制造业中，机器人已经取代了大量的人力，实现了生产过程的自动化和智能化。在金融领域，智能投顾、智能客服等应用也取代了部分人类工作。这些自动化和智能化的应用不仅提高了工作效率，也减少了人为错误和失误。

2. 改变生活方式

AI 技术可以实现各种智能化应用，如智能家居、智能出行等，让人们的生活更加便利、舒适和安全。例如，智能家居可以实现智能化控制，让人们的家居环境更加舒适和节能；智能出行通过智能导航和智能交通控制系统，可以提高出行效率和安全性。

3. 改变认知方式

AI 技术可以帮助人们更好地认识和理解世界。例如，AI 技术可以通过自然语言处理和机器学习等技术，帮助人们更好地理解和处理大量的数据和信息。AI 技术还可以通过模拟实验和虚拟现实等技术，帮助人们更好地了解和探索未知领域。

13.1.2　好用的 AI 助手，ChatGPT

ChatGPT 是一个强大的人工智能工具，可以帮助人们更快速、更准确地获取信息、知识和灵感，提高工作效率。ChatGPT 是由 OpenAI 开发的一个基于人工智能技术的语言模型，它于 2022 年 11 月 30 日发布，能够通过学习和理解人类语言来进行对话。图 13-1 所示为利用 ChatGPT 生成的一个图片。

ChatGPT 可以帮助人们解决各种问题，提供有用的信息和建议。那么，如何使用 ChatGPT 呢？首先，用户需要访问 ChatGPT 的官方网站（网址：https://openai.com/index/chatgpt/）或者通过其他途径下载并安装它的应用程序，一旦成功登录，就可以与 ChatGPT 进行交互了。图 13-2 所示为 ChatGPT 的官方网站，单击"Download ChatGPT desktop"超链接下载即可。

图 13-1　素材图片

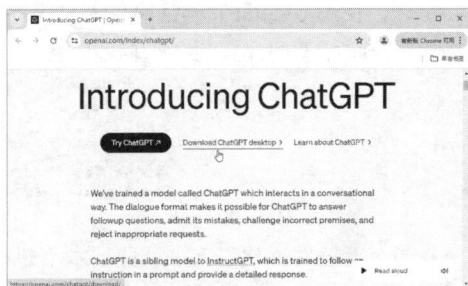

图 13-2　ChatGPT 的官方网站

与 ChatGPT 交流非常简单，用户只需要在聊天窗口中输入问题或者想要讨论的话题，然后等待 ChatGPT 的回复即可。ChatGPT 会根据用户的输入，自动分析并生成相应的回答，这些回答通常都是非常准确和有用的。图 13-3 所示为是使用 ChatGPT 生成的一篇工作日报。

图 13-3　工作日报

除了简单的问答，ChatGPT 还可以帮助用户完成更复杂的任务。例如，可以向它请教编程问题，或者请它帮助制订旅行计划。ChatGPT 会根据用户的需求，提供详细的步骤和建议，让用户能够轻松地完成这些任务。图 13-4 所示为是使用 ChatGPT 生成的如何到那拉提大草原的乘车方式。

此外，ChatGPT 还可以帮助用户提高语言能力。通过与它进行对话，可以练习口语和写作能力，提高语言水平。ChatGPT 会根据用户的输入，给出相应的语法和词汇建议，帮助用户更好地表达自己的意思。图 13-5 所示为使用 ChatGPT 生成的一份英文自我介绍。

图 13-4　乘车方式

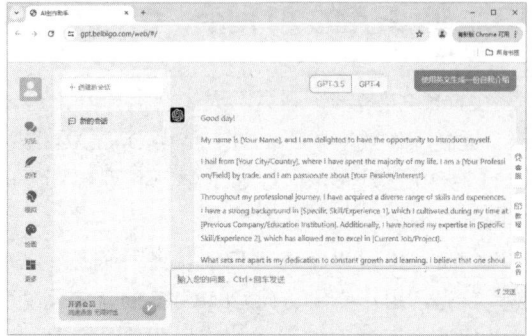
图 13-5　英文自我介绍

总之，使用 ChatGPT 非常简单，只需要与它进行对话即可，它能够为用户提供准确、有用的信息和建议，帮助用户解决各种问题，提高用户的语言能力。

13.2　常见的 AI 大模型

在当今互联网时代，人工智能技术不断成熟，本节就来介绍几种常见的 AI 大模型。

13.2.1　文心一言

文心一言（英文名为 ERNIE Bot）是百度全新一代知识增强大语言模型，能够与人对话互动、回答问题、协助创作，进而高效便捷地帮助人们获取信息、知识和灵感。图 13-6 所示为文心一言 AI 大模型的应用界面。

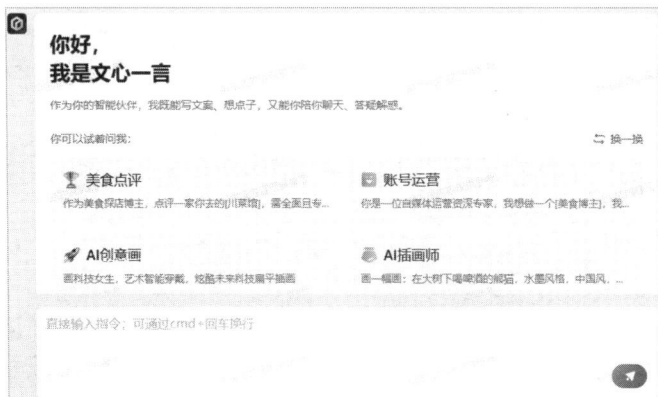
图 13-6　文心一言模型

13.2.2　讯飞星火认知大模型

讯飞星火认知大模型是科大讯飞发布的大模型，该模型具有 7 大核心能力，即文本生成、语言理解、知识问答、逻辑推理、数学能力、代码能力和多模交互，该模型几乎可以与 ChatGPT 相媲美。图 13-7 所示为讯飞星火认知大模型的应用界面，单击"开始对话"按钮，即可与讯飞星火认知大模型进行对话。

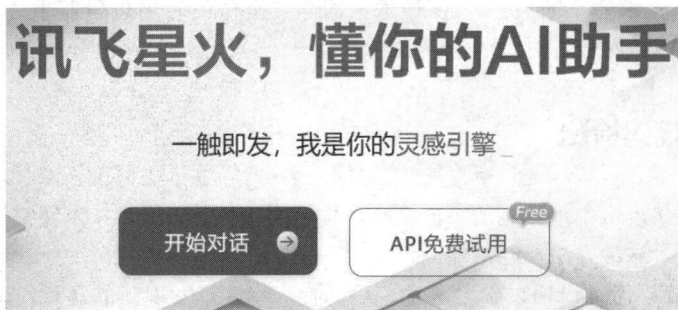

图 13-7　讯飞星火认知大模型

13.2.3　腾讯混元助手

腾讯混元助手是一款基于腾讯混元大模型的多模态对话产品，具有回答各类问题的能力，能够处理多种任务，如获取知识、解决数学问题、翻译、提供旅游攻略和工作建议等。图 13-8 所示为腾讯混元大模型设置界面，可以一键开启腾讯混元大模型服务。

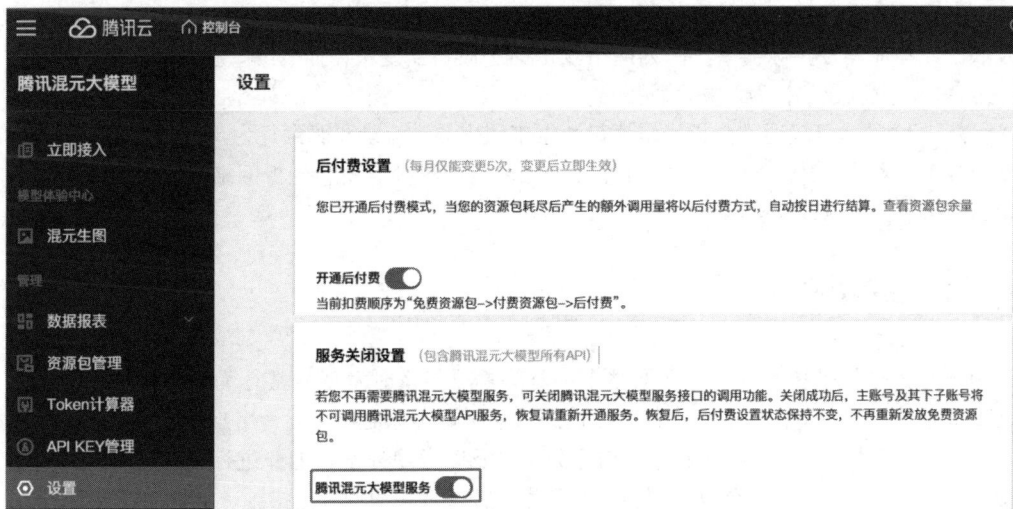

图 13-8　腾讯混元大模型

腾讯混元助手的主要优势如下：

（1）AI 问答：可以回答用户提出的各种问题，覆盖各种领域和主题。无论是生活常识、学术问题还是科技动态，它都能提供准确、有用的答案。

（2）AI 绘画：这一功能可以根据用户的描述或指令生成绘画作品，为用户提供一个全新的创作和表达平台。

（3）任务处理：除了问答和绘画，腾讯混元助手还能处理多种任务，如数学知识解答、文本翻译、旅游攻略及工作建议等。

13.3　AI 在网络安全中的应用

随着人工智能技术的不断成熟，AI 技术在网络安全中的应用也日益重要，通过应用 AI 技术，可以有效提高网络安全防护水平。

13.3.1　恶意代码检测

恶意代码是网络攻击中最常见的手段之一，传统的恶意代码检测技术通常依赖于特征匹配或签名去识别。不过，这种方法已经不能满足实际需求了，因为恶意代码变化速度较快，很难及时更新特征库。而 AI 学习可以通过学习恶意代码的行为模式，发现新的恶意代码，并及时更新检测模型。

AI 系统通过分析 DNS 流量可以自动对域名进行分类，如恶意代码、垃圾邮件、钓鱼和克隆域名等。在 AI 应用以前，主要依赖黑名单来管理，但大量更新的工作非常繁重，尤其是在使用域名自动生成技术后，当需要创建大量域名时还要不断切换域名。这时，就需要使用 AI 智能算法来学习、检测并阻止这些来历不明的域名。

13.3.2　系统入侵检测

入侵检测是指监测网络中的异常行为。传统的入侵检测技术通常依赖于规则或特征匹配，这种方法已经不能满足实际需要，因为网络攻击的手段日益复杂，而 AI 系统可以通过学习网络正常行为模式，发现异常行为，并及时报告。

另外，AI 技术可以通过分析网络流量数据来识别异常流量和恶意行为，及时发现并阻止潜在的安全威胁。利用 AI 系统和深度学习算法，可以实现实时监测和分析网络流量，准确识别各种类型的网络攻击，有效保护网络安全。

13.3.3　用户行为分析

用户行为分析是指监测用户在网络上的行为，以便及时发现异常行为。传统的用户行为分析技术依赖于规则或特征匹配，这种方法已经不能满足实际需要，因为用户行为具有很大的变化性。通过 AI 技术对用户和设备的行为进行分析，及时发现异常行为并进行风险评估和预警。通过学习用户正常行为模式，可以识别出异常行为，并采取相应的安全措施，保护系统免受攻击。

另外，AI 系统可以基于机器学习和自然语言处理技术，自动分析和识别网络攻击，发现攻击者的攻击模式、技术手段和攻击目标，并采取相应的措施进行防御和反击，从而提高网络安全性。

13.3.4　检测伪造图片

检测伪造图片技术是一种利用递归神经网络和编码过滤器的 AI 算法，可以识别"深度伪造"，发现照片中的人脸是否已被替换。此功能对于金融服务中的远程生物识别特别有用，可防止骗子通过伪造照片或视频来进行诈骗。

13.3.5　检测未知威胁

通过深度学习和自然语言处理技术，AI 系统可以用大规模分析网络中不同类型的威胁情报，包括已知威胁和未知威胁，从而预测未来可能出现的网络攻击，并采取相应的措施进行防御。

基于统计数据，AI 可以推荐使用哪些保护工具或需要更改哪些设置，以自动化地提高网络的安全性。而且，由于反馈机制的存在，AI 处理的数据越多，给出的推荐就会越准确。例如，麻省理工学院的 AI2，对未知威胁的检测准确率高达 85%。此外，智能算法的规模和速度是人类无以比拟的。

13.4　实战演练

13.4.1　实战 1：使用 AI 进行数据分析

做好数据分析，往往离不开工作表中的数据，但如果只会一点一点地输入表格数据，会花费很多时间，这不利于提高工作效率。不过，现在有了 AI，很多数据的输入工作可以交给 AI。

AEE 工具是一款在线 AI 全自动 Excel 编辑器（网址：https://www.yishijuan.com/），使用 AEE 可以告别传统的烦琐做表流程。用户只需输入简单的提示语，即可对 Excel 表格实现全自动化操作，包括智能录入、自动插入公式、样式修改、生成数据、生成模板、增删改查等。

例如，在"汽车配件月销售额分析"工作簿中记录了当月销售的各种汽车配件的销售额，现在需要分析各种销售配件对总销售额的贡献，方便抓住重点产品。下面以使用 AEE 工具进行数据分析为例，来介绍相关操作。具体的操作步骤如下：

步骤01 在浏览器的地址栏中输入"https://www.yishijuan.com/"，打开 AEE 工具网站首页，如图 13-9 所示。

步骤02 单击"开始使用"按钮，进入如图 13-10 所示的页面，页面右侧为 Excel 表格，页面左侧为 AI 工作界面。

图 13-9　AEE 工具网站首页

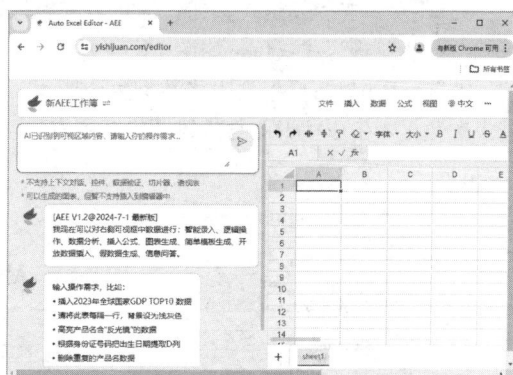

图 13-10　AEE 工作簿页面

步骤03 选择"文件"→"导入 XLSX"命令，如图 13-11 所示。

步骤04 弹出"打开"对话框，在其中选择需要的 Excel 工作簿，如图 13-12 所示。

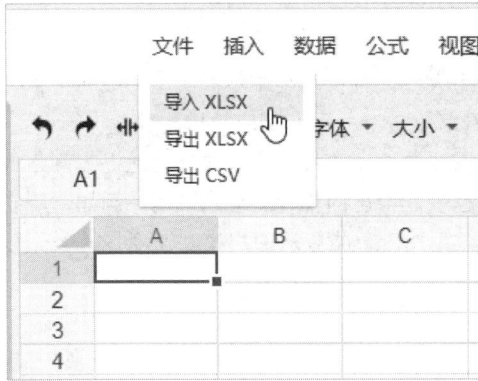

图 13-11 选择"导入 XLSX"命令

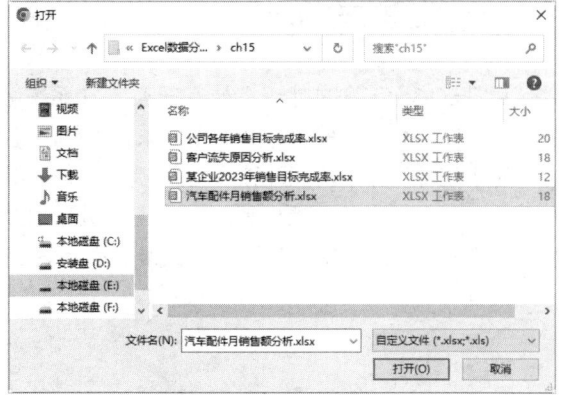

图 13-12 "打开"对话框

步骤05 单击"打开"按钮，即可将 Excel 工作簿中的数据导入到 AEE 的表格中，如图 13-13 所示。

步骤06 在 AI 提问框中输入提出的问题，这里输入"请将此表每隔一行，背景设为浅灰色"，如图 13-14 所示。

图 13-13 导入数据

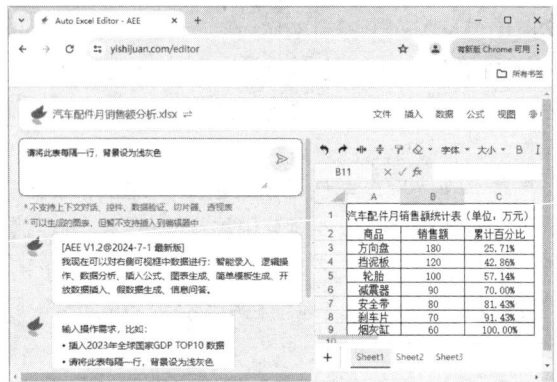

图 13-14 输入提出的问题

步骤07 单击"发送"按钮，即可将问题描述发送给 AI，AI 就会将表格中的显示效果设置为每隔一行，背景为浅灰色，如图 13-15 所示。

步骤08 如果想要根据表格数据生成图表，可以向 AI 送给问题描述，这里输入"根据选中区域中的数据，生成柱形图与折线图组合图表"，如图 13-16 所示。

图 13-15 表格显示效果

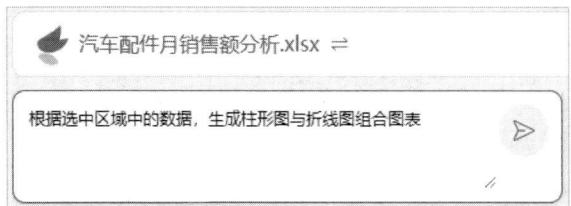

图 13-16 输入描述信息

步骤09 单击"发送"按钮，将问题发送给 AI 后，AI 就会根据描述信息，生成柱形图与折线图组合图表，然后根据需要在图表中添加数据描述信息，最终的图表效果如图 13-17 所示。

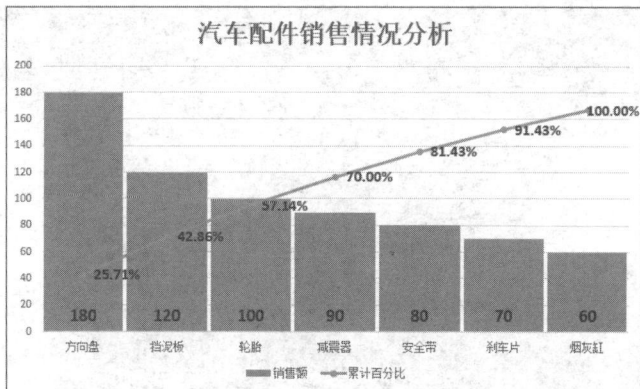

图 13-17　图表效果

13.4.2　实战 2：谨防 AI 音频视频欺诈

在 AI 时代，眼见不一定为实！一些别有用心的不法分子，利用 AI "换脸""拟声"等技术实施诈骗，已经成为一种新型骗局。"AI 诈骗"是指不法分子利用人工智能（AI）技术，模仿、伪造他人的声音、面容等信息，制作虚假图像、音频、视频，仿冒他人身份进行欺骗、敲诈、勒索等犯罪活动。图 13-18 所示为使用 AI 模型，通过给出的提示词所生成的图片。具体的提示词为"人形机器人在写字，机器人手持钢笔，现代科技与传统书法结合，室内书房，柔和光线，长焦镜头，逆光，金属质感，沉思。"

图 13-18　使用 AI 模型生成的图片

AI "拟声"是指利用 AI 技术将文本或其他形式的信息转换为语音输出。不法分子通过骚扰电话录音等来提取某人声音，获取素材后再进行声音合成，从而可以用伪造的声音骗取目标人群。

AI "换脸"是指利用 AI 技术将一张人脸图像替换到另一张人脸图像上，并保持原图像中的其他部分不变。不法分子通过网络搜集获取人脸生物信息，通过 AI 技术筛选人群，在视频通话中利用 AI 技术换脸，骗取目标人群财物。图 13-19 所示为泡咖 AI 创作平台，可以轻松实现图片换脸操作。

图 13-19　泡咖 AI 创作平台

面对这种新型"AI 诈骗"，如何才能防范呢？可以通过以下几种手段：

1. 多重验证，确认身份

在涉及金钱、财产等重要事项时，可要求对方提供更多证据，进行更多交流，尤其涉及"朋友""领导"等熟人要求转账、汇款的，务必通过电话、见面等途径核实确认，不要未经核实随意转账汇款。

2. 保护个人信息，谨慎分享

AI 诈骗是隐私信息泄露与诈骗陷阱的结合，因此，要加强对个人隐私的保护，不轻易提供人脸、指纹等个人生物信息给他人，不过度公开或分享动图、视频等。不管是在因特网还是社交软件上，尽量避免过多地泄露自己的信息，以免被骗子"精准围猎"。

3. 提高安全意识，确保各类账号安全

避免在不可信的网络平台上下载未知来源的应用程序，不打开来路不明的邮件附件，不点击陌生链接，不随便添加陌生好友，防止手机、计算机中病毒，以及微信、QQ 等被盗号。

总之，一个"声音很熟的电话"、一段"貌似熟人的视频"都有可能是不法分子的诈骗套路，这时一定要谨慎，提高警惕！